連氣喘都能改善，還能順帶瘦身

改變人生的最強呼吸法！

派屈克．麥基翁（Patrick McKeown）著　　蔡孟儒　譯

The Oxygen Advantage:

Simple, Scientifically Proven Breathing Techniques to Help You Become Healthier, Slimmer, Faster, and Fitter

僅將此書獻給我的學生和讀者，謝謝你們推廣正確的呼吸觀念。

獻給我過世的父親派屈克，是你鼓勵我從不同角度看世界。

獻給母親泰瑞莎、妻子希妮德和女兒蘿倫，謝謝你們美麗的笑容。

折磨你的不是屹立在眼前的高山，
而是鞋裡的石子。

——拳王阿里

【閱讀前注意事項】

「氧氣益身計畫」對絕大多數人而言，是一項非常安全的健康計畫，不過計畫的部分內容是模擬高地訓練的高效練習，跟一般高強度運動相似。這種高強度練習僅適合健康與體適能良好的人，若是身體有任何健康問題，不建議進行模擬高地訓練的練習，包括通鼻練習和其他模擬高地訓練等等的練習。

本書的練習計畫不適合孕婦。高血壓、心血管疾病、第一型糖尿病、腎臟病、憂鬱症和癌症患者等，建議在休息時間和體能活動時間，只做鼻呼吸和其他較溫和的練習，例如「復元呼吸」和「從輕慢呼吸到正確呼吸」。待身體康復後，再進行其他高強度的練習。

凡有任何健康問題者，務必先徵求醫師同意，再進行此計畫。

詳情請參考網站：www.OxygenAdvantage.com。

改變呼吸習慣，享受健康好體能

—推薦序—

根據研究紀錄，住在高海拔的人通常比較長壽。目前背後確切的因果關係仍未釐清，長壽的因素可能也不只一種。不過，其中較受認同的解釋是高海拔的低氣壓。

研究報告清楚指出，限制卡路里攝取量可以延長壽命外，還有一個就是，經常被忽視的營養——氧氣。卡路里過量會損害身體的代謝功能，而氧氣過量產生太多自由基時，也會永久損害細胞組織。自由基是活性度極高、破壞力強的分子，會損害細胞膜、蛋白質和DNA的脂肪。新陳代謝作用分解氧氣時，會自然產生自由基。我們平常光是呼吸，就會產生定量的自由基。如果能將呼吸練習融入生活，維持健康的呼吸量，就能有效將體內的氧氣量控制在理想水平，把自由基對身體的傷害降到最低。

另外，許多傑出的耐力型運動員會採取高地訓練，增加自己的競爭優勢。有一種激發人體天然潛力的方法，就是刻意在短時間內降低攝氧量。這麼做可以提高血液的攜氧能力，以及運動員能消耗的氧氣量上限，又稱最大攝氧量（VO_2 max）。

當然，我們多數人都住在平地，享受不到高海拔的好處。不過，其實只要採取幾項簡單的策略：閉起嘴巴呼吸，並且進行本書介紹的多種呼吸練習，你就能感受到高地攝氧量較低的優點。要在高強度運動途中控制呼吸是一項高難度的挑戰，因爲這會使得身體更加渴求空氣，然而大部分的健康功效卻是在此時發揮的。我個人在進行高強度運動時，也會採取本書建議的呼吸法。我花了數週時間才改變習慣，成功地在運動全程用鼻子呼吸。一旦達成目標，呼吸效率就自然提高。

想必有不少人都知道，我一直奉行簡約的生活習慣，診療病人時也極力避免昂貴又危險的療程和手術。本書推介的策略正是你應該融入日常生活的健康妙招。就我所知，正確的呼吸法並不會對身體造成任何負面影響，所產生的正面效果卻是數也數不清。我個人是本書呼吸法的使用者，並且強烈建議你改變呼吸習慣，好好享受健康的好體能。

——本文作者約瑟夫·默寇拉醫師（Joseph Mercola）是一位經美國國家認證的家庭醫師、知名的天然保健網站Mercola.com創始人，同時是《紐約時報》暢銷書作家，且被譽爲天然保健先驅。

經鼻腔輕柔緩慢的呼吸，氣喘可能不藥而癒

「爲什麼現代睡覺打鼾的人口越來越多，而且年齡越來越年輕呢？」我經常問前來上止鼾課程的學員這個問題。

「爲什麼現在牙科矯正醫師的患者越來越多呢？」

「爲什麼文明社會大家都會用牙刷刷牙，蛀牙發生率卻越來越高，但是以前原始部落的人雖然沒有牙刷可以刷牙，卻很少蛀牙？」

這些問題的答案簡單到很多人都不敢相信，那就是現代人已經習慣張嘴呼吸，而且是從小孩就開始不知不覺養成張嘴呼吸的習慣。您可不要小看張嘴呼吸這個簡單，似乎微不足道的小動作，它對健康的影響絕對遠遠超過您的想像。對呼吸道的影響最直接，如鼻塞、睡覺打鼾、咳嗽、氣喘等；對消化道的影響如牙齒蛀牙、齒列不正、腸胃脹氣、腸道細菌分布異常（我經常勸告患者，與其拚命吃益生菌，不如好好注意閉上嘴巴經鼻腔呼吸）；因爲長期張嘴呼吸可能引發過度換氣，導致自律神經失調而發生高血壓、顳顎關節症候、失眠、焦慮、耳鳴等。

在耳鼻喉科的門診，經常會有患者抱怨：早上起床後喉嚨痛，到中午就不痛了；也有些患者抱怨早上起床後就頭痛或頭暈，到大醫院檢查都說沒問題；我經常問這些患者一個很奇怪的問題，「半夜睡覺時會不會起來上廁所？」然後我會給患者兩個治療的選項：吃止痛藥（這是絕大部分醫師的處方），或者睡覺時用舒眠閉嘴膠布將嘴巴貼上，強迫睡覺時閉上嘴巴經鼻腔呼吸，因爲這些問題其實都是睡覺時張開嘴巴呼吸的緣故，包括半夜起來上廁所也和張嘴呼吸有關。

此外經常有患者抱怨喉嚨癢、咳嗽，看了好幾家醫院都看不好，不咳就不咳，一咳起來就連續咳得要命，尤其是說話的時候咳嗽更頻繁，我都會建議患者，只要做到常喝水、閉上嘴巴經鼻腔輕柔緩慢的呼吸，這種咳嗽根本就不用吃藥，而且立即見效，因爲咳嗽的根本原因就是張嘴大口呼吸。

菩提格醫師的呼吸訓練完全是從醫學的角度出發，他觀察到病危患者的呼吸幾乎都是快速且沉重，他嘗試逆向思考如果輕柔緩慢呼吸的話，會有什麼結果？由於菩提格醫師本身有嚴重的高血壓，所以他以自身做實驗，當他閉上嘴巴經鼻腔輕柔緩慢呼吸時，血壓竟然下降，當他恢復平常快速沉重呼吸時，血壓很快就飆高（血壓受到自律神經控制，而呼吸方式又與自律神經有密切關聯）。隨後，他觀察到氣喘患者如果能夠閉上嘴巴經鼻腔輕柔緩慢的呼吸，很多氣喘患者都能不藥而癒。

目前菩提格醫師呼吸法是全世界成千上百種呼吸法中，極少數獲得醫學界認可，對於氣喘確實有幫助的呼吸法（英國二〇一六年版的氣喘治療指引，更明確的指出菩提格呼吸訓練對氣喘治療有幫助，但是瑜伽的呼吸法目前無法證實對氣喘的治療有幫助）。菩提格呼吸的核心觀念就在於閉上嘴巴，回歸鼻腔呼吸，同時由於現代人普遍呼吸過量，所以他提倡放鬆減量呼吸，希望將呼吸習慣調整爲安靜、輕柔、緩慢、均勻。

本書作者派屈克·麥基翁更可說是現身說法的一位嚴重氣喘患者，當他成功藉助菩提格醫師呼吸訓練擺脫氣喘的糾纏後，更進一步的希望藉著推廣菩提格呼吸訓練，來讓全世界眾多氣喘患者也能像他一樣，成功遠離氣喘的威脅，而能重新享受健康的人生。他除了風塵僕僕於歐美教學、演講來推廣菩提格呼吸訓練外，更出版了一系列重量級的書籍來介紹菩提格呼吸訓練。本書除了介紹菩提格呼吸訓練外，更進一步教導您如何強化呼吸的耐力，在從事各項運動時仍然能夠輕鬆自在的呼吸而不致氣喘吁吁。如果您能確實按照書中指導持續練習，將會體認到這是改變您一生的一本好書。

——本文作者曾鴻鉦爲耳鼻喉科專科醫師，自陽明醫學系畢業後，曾任職台中榮總耳鼻喉科主治醫師，現擔任台中世鴻耳鼻喉科診所院長，同時也是台灣少數菩提格醫師呼吸訓練認證講師。

—前言—

光減少呼吸量就能獲得各種健康好處

人類不吃不喝可以撐好幾天，但是少了空氣，短短幾分鐘就會致命。大家都知道每日該攝取的食物和飲水質量，不宜太多或太少。我們花了大把時間和精神注重飲食，卻幾乎不曾注意過呼吸的空氣。儘管我們都認同空氣品質很重要，但空氣的量呢？要吸進多少空氣對身體最好？比起水和食物，人類更需要空氣確保生存，難道空氣就沒有每日基礎攝取量嗎？

不論你是努力想擺脫沙發的誘惑去運動、偶爾週末跑個十公里，或是想突破職涯表現的運動員，你吸進的空氣量，有可能會改變你所認知的身體、健康和體能表現。

空氣量要如何計算呢？空氣又不是晚上在餐桌上大快朵頤的美食，也不是週末痛快暢飲的酒水，根本無法計算。不過，就某種程度來說，要是空氣也跟飲食一樣呢？要是健康的呼吸習慣，其實也和飲食習慣一樣能改善身體，甚至比飲食更爲重要呢？

本書將帶你發現氧氣和人體的基本關係。改善身體的關鍵在於釋放更多氧氣給肌肉、器官和細胞組織。增加氧合作用不只能維持身體健康，從事高強度的運動時，呼吸也能更順暢。簡而言之，你的健康、體適能和運動表現都將一併提升。

如果你是專業運動員，你會更享受訓練和競賽的過程，因爲花的力氣變少，成績更卓越。人的體能和運動表現通常不是受限於手腳或意志，而是肺部。平常有運動習慣的人就知道，肌肉疲勞通常不是問題，激烈喘氣才是限制運動強度的主因。因此，維持高效率呼吸，你才能眞正享受運動，得到更佳的表現。

慢性過度呼吸造成體能和健康變差

科學研究以及與數千人合作的經驗在在證明，正確呼吸有多重要。問題是，人類應該天生就會的正確呼吸法，在現代卻顯得異常困難。我們以爲身體知道該吸入多少空氣，可惜事實並非如此。數世紀以來，環境劇變下，許多人已忘了先天的呼吸法。現代人的慢性壓力、久坐的生活型態、垃圾食物、氣溫暖化、體能下降，皆扭曲了原本的呼吸過程，造成不良呼吸習慣，進而引發嗜睡、體重增加、睡眠障礙、呼吸問題和心臟疾病。

人類祖先以天然食物維生，環境的競爭壓力較小，平時從事體力活居多，這種生活型態有助於保持有效的呼吸模式。反觀現代人，每天無精打采地坐在桌前打電腦、講電話，寶貴的午休時間只能塞一些速食，努力完成看似永無止境的工作和家庭責任。

現代生活不知不覺提高了我們吸進的氧氣量。把更多氧氣吸入肺部乍聽之下很棒，實際上輕慢呼吸才是健康體能的基石。試想，一位過胖觀光客和一位奧運選手一起搭飛機抵達夏季奧運大會。他們提著行李走上階梯時，誰會爬到喘不過氣來呢？想必不是那位選手吧。

檢視一下，你是否有過度呼吸的情況

慢性過度呼吸是健康與體能的最大阻礙，卻經常被忽視。我們常不自覺地吸入正常攝氧量的兩到三倍空氣。請回答下列問題，計算你回答了幾個「是」，看看你是否過度呼吸：

□從事日常活動時，是否不自覺會用嘴巴呼吸？

□熟睡時會用嘴巴呼吸嗎？（如果不確定，想想早上起床時，口腔是否很乾澀？）

□睡覺會打呼或呼吸中斷嗎？

□休息時，你能明顯注意到自己在呼吸嗎？要知道答案，請現在就花一分鐘觀察每次呼吸的胸部和腹部起伏動作。起伏的動作越頻繁，呼吸就越重。

□觀察呼吸動作時，胸部的起伏是否比腹部更多？

□一整天下來很常嘆氣嗎？（偶爾嘆氣沒關係，經常嘆氣就會造成慢性過度呼吸。）

□休息時會聽到自己的呼吸聲嗎？

□是否經歷過慣性過度呼吸的症狀，例如鼻塞、呼吸道緊縮、疲勞、暈眩或輕微頭痛？

以上問題如果全部或部分回答「是」，表示你有過度呼吸的傾向。當我們吸進的空氣超過所需量，就會發生以上徵兆。食物和水有每日建議攝取量，呼吸的空氣也不例外。正如吃太多有害健康，過度呼吸也會傷害身體。

工業化國家不自覺過度呼吸的人口比例極高，對健康損害非常大。**慢性過度呼吸會造成身體不健康，體能低落，運動表現不佳，以及焦慮、哮喘、疲勞、失眠、心臟疾病、甚至肥胖等諸多問題**。你也許覺得奇怪，光是過度呼吸竟然會引發或惡化這麼多不同的疾病。沒錯，呼吸真的會從各個面向影響身體健康。

本書宗旨在於幫助眾人重拾正確的呼吸方式。我將教各位一些簡單的方法，破除不良的呼吸習慣，培養強健的心血管，進而改善整體健康狀態。職業運動員使用本書可以突破自我表現，熱中運動的人則可以開發更多體內潛能，而努力想重獲健康的人，將跨越重重障礙，尋回健康人生。

和所有病症一樣，想要痊癒，就得先了解疾病本身。

平時的呼吸方式會決定運動的呼吸方式。如果每天每小時每一分鐘都吸入過量的空氣，運動時就會過度喘氣。如果平常休息時間就用錯誤方式在呼吸，我們又怎能期望運動時，呼吸方式會自動修正？很多人白天或睡覺時間用嘴巴呼吸，休息時間的呼吸動作又很明顯，這些呼吸模式看似無傷大雅，在實際訓練時，將使你更容易喘不過氣，害你無法進一步提升速度和耐力。

這些不良的呼吸習慣決定了你能擁有健康多彩或疾病纏身的生活。過度呼吸會使呼吸道變窄，限制身體的充氧能力，並使血管收縮。血管一旦收縮，心臟、其他器官和肌肉收到的血液就會減少。無論你是專業運動員，或者把爬家裡樓梯當唯一運動，這類身體的變化都會對健康造成深遠影響。如果運動員過度呼吸，其偉大的職業生涯可能會進入停滯期，甚至提早中斷。肺部喘不過氣會迫使人放慢腳步。身體其他部位練得再強壯，不必要的多餘呼吸仍會傷身。大部分運動員都很清楚，比起手腳，每次最快棄權的總是肺部。

總歸一句，決定健康的關鍵就是肉眼看不見，但對生存至關重要的基本要素：氧氣。不過有件事很矛盾，肌肉、器官和細胞組織能使用的氧氣量，並非取決於血液的含氧量。紅血球的百分之九十五到九十九都是氧氣，因此就算是從事最艱辛的運動也足以提供充沛的氧氣。（我的少數客戶患有嚴重的肺部疾病，血氧飽和度較低，但這種情況很罕見。）**身體能從紅血球取用多少氧氣，實際上要看血液的二氧化碳含量**。還記得生物課教過，人體吸進氧氣O_2，吐出二氧化碳CO_2。幾乎所有人都學到了，二氧化碳只是肺部排出的廢氣，但事實並非如此。**二氧化碳是讓紅血球釋放氧氣，交給身體新陳代謝的關鍵，這個過程稱爲「波耳效應」**（Bohr Effect）。了解此生理原則並加以運用，你就能戒除過度呼吸。

一百多年前，人們發現波耳效應可以解釋血液如何釋放氧氣到運作肌群和器官。大多數人不曉得，身體能使用的氧氣量原來是取決於血球細胞的二氧化碳含量。重點來了，我們的呼吸方式會決定血液的二氧化碳含量。**只要正確呼吸，我們就能保有足夠的二氧化碳，讓呼吸呈安靜、受控、節奏穩定的狀態**。如果過度呼吸，呼吸就會變得沉重、更緊繃又不穩定，而且肺部會排出太多二氧化碳，使身體更渴望吸到氧氣。

這是非常直觀的因果關係：越是正確呼吸，體內二氧化碳含量越多，肌肉和器官（如心臟和大腦）就能獲得越多氧氣，進而改善體能。**我們要做的，就是幫助身體回到先天的運作正軌。**

模擬高地訓練，提高血液攜氧量

在了解「氧氣益身」（參見〈第2篇〉）的運作方式前，先來看看多數人都聽過的訓練法：高地訓練。這是一種頂尖運動員經常採用的技巧，能提升心血管強度，增加耐力。

一九六八年夏季奧運大會在海拔兩千三百公尺的墨西哥城舉辦，教練和運動員因此首次注意到高地訓練。當時許多出賽的運動員事後回到平地，紛紛打破自己的個人最佳紀錄，教練於是開始懷疑，把運動員送到高海拔地區居住或受訓，是不是會提升運動員的表現？

高地空氣稀薄，人體能獲得的氧氣分壓較低，因此身體會增加紅血球數量以適應環境。紅血球細胞就像大力水手吃的菠菜，只不過大力水手要打開罐頭才能吃到菠菜，紅血球則是身體自備的細胞。**只要體內紅血球細胞增加，送往肌肉的氧氣就越多，可降低乳酸堆積，強化整體表現，包括耐力更持久、發炎受傷的機率更低等**。當然，高地訓練不是人人隨時隨地都能進行的，這時候本書就派上用場了。

你不必大老遠跑去爬山，高山就在隨手可得處。

我會教授幾招簡單的技巧，讓你彷彿身處一千六百公尺的高地。了解如何模擬高地訓練，你就能提高血液的攜氧能力，讓紅血球細胞爲身體注入更多燃料，開發全新的潛力。除此之外，從事體能活動時，你的注意力將從呼吸轉移到身體動作，你就能更專注在維持正確的運動體態，或是在比賽中擬定下一步策略。

如果能降低呼吸頻率，適當調節吸入的空氣量，你就能訓練身體更有效地呼吸，達到健康功效。不論你的運動基礎值高低，正確呼吸都能爲體能、耐力和運動表現帶來改變。我自己親身經歷過這段變化，所以我知道此話不假。因爲我也曾經過度呼吸過。

一九九七年，我在一家企業擔任主管。然而，我從小就受哮喘所苦，身體狀況並不好。不要說是別人了，我看自己也是體能差、不健康、缺乏自信。這讓我更迫切尋求健康的解方，結果皇天不負苦心人。

自從接觸到康斯坦丁．菩提格（Konstantin Buteyko）的研究成果，我的人生就徹底改變了。已故的菩提格是一位聰明絕頂的俄國醫師，他曾在美蘇太空競賽時期進行一項開創性研究，鑽研太空人的最佳呼吸方式。由於美蘇當時仍在冷戰，美國人無緣見識到藏在鐵幕後的先進研究。直到一九九〇年代，世界各地才開始認識菩提格的呼吸法。**按照菩提格的教導練習呼吸之後，我的睡眠呼吸障礙和慢性哮喘不藥而癒，從小折磨我的所有症狀都消失了**。我受到極大啓發，決定辭去工作，接受菩提格醫師的親自訓練。多虧他的研究，我的人生才得以徹底翻盤。凡是經歷過這一番變化的人，一定會想要與他人分享。我個人則把分享正確的呼吸觀念當成畢生的興趣和職志。

十多年來，我以菩提格醫師創新的呼吸法爲基礎，發展出「氧氣益身計畫」。計畫宗旨除了大幅改善哮喘症狀外，我也想幫助眾人改善健康和體能。計畫迄今已超過五千人參加，從整天能躺就不坐的懶惰蟲，到腹肌線條分明的奧運選手，都是我的合作對象。

在此，我首先要跟各位分享三個案例。這三名案主都在停止過度呼吸之後，體驗到一百八十度的轉變。第一位是職業運動員，第二位是剛迷上健身的運動新手，第三位則是希望透過減重，改善身體狀況。

◎個案一：改善呼吸過度，提升運動表現的大衛

我的家鄉都柏林有一座克羅克公園運動場，那裡經常湧入超過八萬名球迷，爲自己支持的足球隊打氣吶喊。克羅克每一場足球比賽都像美國的美式足球超級盃一樣熱鬧。在愛爾蘭人心中，足球不只是運動比賽，更是一種畢生熱愛的生活方式，也是國人的驕傲。儘管球員只是半職業選手，管理階層仍會灑大把鈔票爲球員介紹最新的運動科技，並全天密切關注球員的生活習慣和生理參數。要是球員半夜偷吃薯條，絕對逃不過管理階層的法眼。

我認識大衛的時候，他正是克羅克公園的熱門新秀。他那年二十歲，一週五天跟著球隊受訓。他的體態絕佳，卻經常喘不過氣、鼻塞和咳嗽。對大衛來說，能在座無虛席的球場出賽是全世界最爽的事。但是每次賽後，他總是哮吼不止，肺部彷彿充滿了廢氣。他很努力鍛鍊，更努力隱瞞這個症狀不讓教練和電子監控儀器發現。最後，他仍躲不過得向醫院報到的噩運，領了處方藥之後，情況才稍微好轉。但他仍然得花更多力氣，才能追上其他隊員的進度，同時也擔心教練一發現他的狀況，就會把他踢出球隊。

一開始和大衛合作，他表現出來的徵兆完全符合呼吸過度的症狀。他連平時休息都用嘴巴呼吸，且呼吸很沉重。他確實把氧氣吸進肺裡，問題是吸得太多了。一般職業運動員懂得自我調節呼吸，也知道必須調節呼吸，大衛卻沒那麼做。長年積累的壞習慣使得大衛的身體與呼吸不同步，於是他開始達不到體內二氧化碳的需求量。

大衛參與計畫後，執行本書所介紹的呼吸練習：減少呼吸頻率、受訓時刻意屏氣、晚上睡覺閉口用鼻子呼吸。現在，大衛已躋身隊上的明星球員之列，不必再對教練隱瞞喘不過氣的事實。唯獨愛吃薯條這一點改不掉。

許多職業運動員和大衛一樣，無論受訓多少年，他們都沒注意到呼吸過度的毛病。有些人因此再怎麼努力訓練也達不到最佳體能，而且爲了維持體能，他們必須付出比同儕更多的時間精力。運動員第一次聽到慢性過度呼吸，可能要花點時間消化資訊，但他們通常都會領悟到，多年來一直參不透的問題，關鍵竟然就是呼吸。他們也因此能從全新的角度理解自己的訓練內容。**只要在現有的訓練計畫加入簡單的呼吸練習，你就能享受強度更高的運動，不必擔心加重肺部負擔**。頂尖運動員之所以勝出，其中一項優勢就是從事高強度運動時，能保持順暢呼吸。本書會教你如何將氧氣釋放給器官和運作肌群，藉此提高跑步效率（減少跑步消耗的能量），增加最大攝氧量（身體輸送並消耗氧氣的上限）。

這些年，我見證各種運動員發生奇蹟般的轉變，包括英式橄欖球球員、足球球員、賽跑選手、單車選手、游泳選手和奧運選手。有不少運動員都受呼吸困難、橫膈膜疲弱和低效率呼吸所苦，看著他們因提高呼吸效率，運動能力跟著強化，著實讓人驚嘆不已。培養體力卻忽視呼吸效率，只會造成反效果。本書將引導各位將呼吸耐力練習加進你的運動訓練計畫。

◎個案二：治好哮喘、運動潛能爆發的道格

大衛的案例很振奮人心，但是別以為正確的呼吸技巧只對頂尖運動員管用。就算是一般人，也能體會到正確呼吸帶來的改變，甚至效果更為顯著。道格就是一個很好的例子。

道格是將近五十歲的美國人，從事專門行業，精力非常旺盛。他從小與哮喘抗戰，從不認為自己是塊運動的料。道格的哥哥則相反，學生時期就獲選進入校隊。這對兄弟小時候會和爸爸一起去公園，哥哥和爸爸一起打籃球，道格只能坐在旁邊當觀眾。道格老是覺得自己身體不對勁，雖然大學曾試圖跟隨父親的腳步，參加了一年的賽艇隊，但是每次訓練結束，肺部總是痛苦萬分。他的有氧能力低落，導致運動表現受限，無力養成運動習慣。直到後來，父親的健康開始走下坡，道格意識到擁有健康才能安享天倫之樂，於是決心採取行動以解決問題。

道格開始去跑步，但沒跑多久，呼吸困難的老毛病又犯。他知道自己必須從頭打造健康的心血管，於是聯絡我，開始在忙碌的工作與家庭生活間，安排一點時間練習本書簡單的呼吸技巧，並且越來越進步。道格起初跑三公尺就要張口喘氣，短短幾個月內，他已經進步到跑十公里不喘氣。再過幾個月，跑半馬也不成問題。最後，計畫進行不滿一年，道格已經能參加美國大蘇爾馬拉松了。

道格必須放下一輩子的呼吸習慣。過度呼吸扭曲了他的自我認知，把他變成另外一個人。我告訴道格，體內帶有哮喘的遺傳基因，不代表一輩子都要受呼吸問題所苦。哮喘病史長達數千年，最久回溯至古埃及時代，但是直到一九八〇年代才開始變得普遍。有鑑於基因庫四十年才會產生變化，我們更應該從生活習慣著手，降低哮喘對呼吸的影響。現在每十位成人和幼童就有一位患有哮喘，再加上單車選手的咳嗽後遺症、運動引起的哮喘和其他肺活量問題，實際罹患率高得嚇人。

過去幾年，我遇過上千位跟道格一樣診斷出哮喘的人。他們的故事如出一轍：空有一身蓄勢待發的運動潛能，卻受限於看似永遠無法痊癒的呼吸痼疾。像道格這樣熱愛運動的人，往往把強大的意志力耗在訓練，而不是根治問題上，以至於狀況總是不見改善。其實事情還有轉圜的餘地。只要持續練習簡單的呼吸技巧，一小段時間就能破除數十年的體能限制。這種事乍聽之下很難相信，但正確呼吸的改變力量就是這麼強大。屏氣練習可以解除鼻塞，緩解氣喘和咳嗽。即使是業餘運動員，無論是否爲哮喘患者，都能將對運動的熱愛提升到更高的境界。

或許你沒有遠大的運動目標，只是想控制體重，照鏡子時心情更好一點。許多人只想滿足這一點小心願，卻遇上阻礙。而這個阻礙並不在眼前，只不過是體內天天吸入的空氣量。缺乏正確的呼吸技巧，就像是從向下的手扶梯往上爬般，哪裡也去不了。

◎個案三：試過各種減肥法都無效，灰心喪志的唐娜

唐娜什麼飲食法都用上了，而且那些方法你或許都聽聞過：低醣飲食法、邁阿密飲食法、區間飲食法、慧優體飲食法、珍妮·克雷格飲食法、地中海飲食法、阿金飲食法、速纖代餐……隨便舉一個，唐娜都試過。一打開唐娜的藥櫃，裡面滿滿都是燃脂錠、碳水化合物阻斷劑，還有一大堆抑制食欲的藥物。二十五年來，每次換一套新飲食法，她都相信能擺脫身上多餘的二十公斤贅肉，丟掉所有遮掩身材的黑色衣服，重拾年輕的健康體態。然而，每次飲食法的新鮮感一褪去，減掉的體重就又重新長回來，讓她深感挫敗。

唐娜來找我的那天，她看起來灰心極了。她已經花了數十萬美元一再試圖瘦身，身上的二十公斤贅肉卻不爲所動，人生沒有變得美好。除了飲食法之外，唐娜試過的運動計畫數也數不清。而且每次認眞運動沒多久，她就會感到呼吸困難，不得不停下動作。許多人和唐娜遭遇一樣的困境，氧氣彷彿成了敵人，而不是盟友。**比起肌肉疲勞，嚴重的呼吸困難才是限制體能耐力的最大阻礙**。

唐娜表示：「我太胖了，沒辦法運動。不運動就瘦不下來。」唐娜只有上過幾次健身房，她覺得自己非常突兀，與其他人格格不入。當她在跑步機上喘得要命，轉頭卻看到左右兩邊的人穿著合身服裝，身材線條分明，跑起來毫不費力，她的自信在在受到打擊。

唐娜掉入了減重惡性循環，這種例子我看得太多了。她的身體並沒有妥善利用氧氣行新陳代謝。唐娜需要簡單的例行練習，在不增加身體和呼吸的負擔下，而能在短時間感受到具體成效，好讓她有動力持續下去，並恢復自信心。我教她一招簡單的呼吸練習，鼓勵她在看電視或工作時用鼻子呼吸。

兩週內，唐娜就甩掉了三公斤。她完全沒有改變飲食，光靠減少呼吸的練習就提高了血液含氧量，讓身體更高效率地消化食物，自然抑制食欲。唐娜完全感受到氧氣益身計畫的驚人之處：**光是坐在沙發上，身體機能就大幅改善**。話又說回來，一旦開始接觸計畫，你大概也不想繼續賴在沙發上了。

迄今，唐娜已減去十五公斤，而且不再復胖。唐娜和其他許多相同狀況的人一樣，問題不在吃什麼或不吃什麼。我們必須往後退一步，離開餐桌和體重計，把眼光放在眞正的問題上。**身體燃燒的脂肪多過攝取的脂肪，體重才能降低，而呼吸就是其中的關鍵**。注意吃進多少食物的同時，也要注意吸進多少空氣，這樣燃燒的熱量才能抵銷攝取的熱量。含氧量充足的細胞能幫助身體有效運轉，即使是坐著或從事靜態活動，身體也能持續進行新陳代謝。這時候，你自然會想喝更多水，少吃加工食品。這也是爲什麼本書完全不提飲食法。我對唐娜和其他人的唯一建議，就是餓了再吃，飽了就停下來，由身體自主控制進食量。**把健康計畫的重點放在正確呼吸，絕對能讓你容光煥發，輕鬆愉快**。

本書詳實介紹的「氧氣益身計畫」，是我和大衛、道格、唐娜及其他數千人的合作成果。不論運動量多寡，氧氣益身計畫都能讓人獲得力量，即使不加強訓練，不服用藥物或營養補給，也能改善健康、體能和運動表現。各位還能學習如何輕鬆準確地衡量進步的幅度，以及如何安全地練習呼吸，減少受傷風險。最後，不論你是誰，過著什麼樣的生活，氧氣益身計畫都能與你的日常生活與運動習慣融合一體。

下一章將介紹呼吸的知識與技巧，讓體內每個細胞釋放足夠的氧氣量。我接下來要說明的簡單呼吸法，從古代流傳至今，效果極佳，但意外地很多運動員並不知道。只要了解呼吸如何影響身體的氧合作用，你就能學會正確的呼吸技巧。

本書〈第1篇：呼吸的秘密〉將深入解釋氧氣和二氧化碳在體內的功能，幫助你評估自己的實際健康程度。你將學到鼻呼吸更勝口呼吸，以及能停止過度呼吸的關鍵技巧。另外，古代盛行數世紀的呼吸訣竅也會在本篇的最後章節揭曉。

〈第2篇：體能的秘密〉將帶各位認識紅血球，學習奧運選手運用紅血球的方式，將體能提升到更高的新境界。同時也會詳細說明，如何模擬高地訓練，找到生理和心理的「無意識狀態」。

〈第3篇：健康的秘密〉將探索正確呼吸如何達到自然減輕體重、降低運動傷害風險，並解釋氧合作用與強化心臟機能的因果關係。哮喘患者可以在本篇學到如何消除運動引起的哮喘。

〈實踐篇〉將綜合以上所述，說明如何量身打造你個人的氧氣益身計畫。本篇將針對特定人士的健康和體能狀態制定專屬計畫。呼吸可說是一種無意識的活動，我們很少想起這件事，然而呼吸卻是時時刻刻在進行著，並且左右我們身體的健康。本書的要旨在於喚起意識，駕馭呼吸以恢復身體自然的呼吸能力，幫助眾人維持一輩子的健康和體能，不論是追著孩子跑，或是衝向終點線拿金牌，都不成問題。我在此保證，只要應用本書的觀念和簡單練習，不管有沒有運動習慣，每個人的健康、體能和運動表現，都能在幾週內獲得有感且深遠的改善。花更少的力氣，輕鬆鍛鍊出好體格，勇奪勝利且長命百歲。

【目錄】

第1篇
呼吸的秘密

第1章 顛覆常識！氧氣的悖論

唐恩．戈頓（Don Gordon）熱愛運動，他很享受運動的一切——流汗、競爭、逆境、勝利。少年時期，他跟著父親觀賞不少場運動比賽和足球賽。看著支持的選手在場上發光發熱，唐恩決定長大後要向他們看齊。沒有什麼比一場精采的比賽更震撼人心了。運動迷的興奮之情、觀眾席的加油吶喊（如果比數落後，就會變成髒話連篇），都讓唐恩衷心期盼能成爲自己所崇拜的那種運動員。

唐恩在學生時代騎單車，投注無數小時受訓，但總是跟不上同學的進度。他很快就疲憊不已，經常上氣不接下氣，只能眼巴巴望著朋友騎得更久更遠。時間一久，唐恩不得不放棄兒時願望，不再以單車選手爲目標。他看清職業單車沒有自己的容身之處。

二十年後，唐恩進入一家領先全球的美國科技公司，擔任歐洲分部主管。有一次飛往歐洲的旅途中，他恰巧看到我的「氧氣益身計畫」。唐恩之前已經試過各種方法，所以心裡有點存疑，但還是決定一試，於是主動聯繫我。第一次療程開頭，我如前言所述地介紹了「輕慢呼吸法」，他頗受衝擊地表示，他不曾想過體能和正確呼吸有所關聯。在了解改善身體氧合作用的好處之後，他開始練習正確的呼吸。短短幾天，他已經覺得身體更有活力、精神飽滿。現在，唐恩已擺脫哮喘、過敏和適七年的藥物治療，並且躋身長距單車選手之列，上一場比賽還在同齡組取得第一名佳績。最棒的是，五十八歲的唐恩全程比賽耗時，在三百二十名選手中排名二十九，遠遠勝過許多體能處於巔峰的二、三十歲車手。唐恩終於成爲兒時夢想中的運動員。

唐恩體能大轉變的關鍵，就在於正確呼吸。呼吸是自然無意識的動作，我們不必提醒自己要吸吐。有意識的呼吸只有兩種可能，一是我們正專注在呼吸的動作，二是我們失去身體的自主權。儘管呼吸是最直覺的行爲，現代生活卻有許多因素對呼吸造成負面影響。更糟的是，人們經常接收錯誤的資訊，誤解運動時呼吸對人體的作用。有一次，我對一群隔天要參加都柏林馬拉松的跑者做簡報。我問選手：「休息時間深呼吸可以增加血液的含氧量，認爲正確的請舉手。」在場九成五的人毫不遲疑舉起手。他們錯了，而且他們不是唯一認知錯誤的運動員。運動界和健身界普遍都認同此觀念。然而，休息時間深吸一大口氣，並不能增加含氧量。**如果你想增強耐力，大口呼吸絕對是禁忌**。

許多抱持錯誤觀念的運動員，往往會在休息、受訓和疲勞時刻意深呼吸。其實，深呼吸反而會限制，甚至拉低運動表現。

我將爲各位解釋如何對抗現代生活的負面因素，養成身體在休息時間吸進適量空氣的好習慣。這麼做可以確保肌肉和心肺接收到足夠的氧氣，減少運動時喘氣的程度，讓體能更上一層樓。正確呼吸是通往健康新境界的最佳途徑，可使大腦、心臟和其他運作肌群擁有最大含氧量。

進行氧氣益身的呼吸練習之前，你必須先掌握呼吸系統的基本知識，以及二氧化碳在人體扮演的角色。如果你想跳過背後的科學理論，請直接翻到第2章。不過，了解越多，你就越能善用身體機制，而不是背道而馳。

呼吸系統

人體的呼吸系統負責將外部的氧氣送進細胞和組織，並將組織製造的二氧化碳送回外部。

你的呼吸系統具備一切所需工具，可以在一般運動和高強度運動時，進行充足的氧合作用……前提是你必須讓呼吸系統正常運作。每次吸吐之間，空氣會進入體內，順著氣管往下，分流進入兩根支氣管，抵達左肺和右肺。支氣管進入肺部之後，又分成細支氣管，最後變成眾多名爲肺泡的小氣囊。請想像一棵上下顛倒的樹木。氣管就像樹幹，長出兩根主要分枝，稱爲支氣管。主要分枝又冒出更多細枝，稱爲細支氣管，而細枝末端萌芽的樹葉，就是圓圓的肺泡氣囊，負責將氧氣送入血液。大自然製造氧氣的樹木，竟然跟吸收氧氣的肺部結構相同，這眞是演化平衡且美麗的奇妙之處。

肺部約有三億個肺泡，每個肺泡周圍布滿了細小的微血管。更具體地說，肺泡和微血管接觸的總面積，等於一整座網球場。由肺部控制的這一大片面積，能效率極佳地將氧氣注入血液。

前面解釋過，氧氣是肌肉有效運作的燃料。但是人們常誤以爲吸進大量空氣，就能提高血液的含氧量。深呼吸並不能提高血氧飽和度，因爲血液的氧氣量早就幾乎飽和了，這麼做就像是往盛滿的杯子繼續倒水一

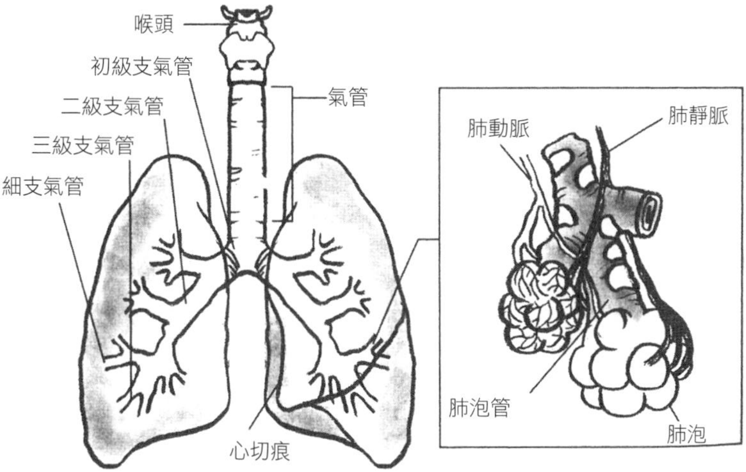

支氣管、支氣管叢與肺部

樣。話說回來，血氧飽和度到底是什麼？跟適當爲肌肉充氧又有何關係？

血氧飽和度（SpO_2）是負責攜氧的紅血球細胞（血紅素分子）在血液裡攜帶氧氣的比例。健康成人的休息時間標準呼吸量是每分鐘四到六公升空氣，此時血氧飽和度幾乎全滿，介於百分之九十五至九十九。由於氧氣會持續從血液擴散至細胞，因此無法隨時保持百分百飽和。若出現百分百飽和度，表示紅血球和氧氣分子的連結過強，削弱了紅血球爲肌肉、器官和組織輸送氧氣的能力。血液必須釋放氧氣，而不是巴著不放。人體血液攜帶的氧氣量其實綽綽有餘。休息時，肺部會呼出百分之七十五的氧氣，運動時，也有百分之二十五的氧氣會被排掉，因此將血氧飽和度提高到百分之百並無益處。

吸進更多空氣以求獲得更多氧氣，就像是叫一個攝取熱量已經達一日需求量的人吃更多一樣。很多學員一開始很難接受這個觀念。多年來，壓力管理師、瑜伽老師、物理治療師和運動教練都一再提醒深呼吸的好處，更別提歐美媒體有多愛強調這一點。這個錯誤觀念一直很難破除，因爲就算深呼吸可能會傷害身體，但大口呼吸感覺還眞的挺好的。貓咪喜歡在午覺醒來伸個懶腰，人們也喜歡伸展上半身，深吸一大口氣，享受隨之而來的那股放鬆的感覺。但很多人因此誤以爲吸越大口氣，對身體越好。

調節呼吸

呼吸有兩大面向：「頻率」，也就是一分鐘呼吸的次數；以及「量」，即每次呼吸吸進肺部的空氣量。這兩個面向會交互影響。

吸吐的空氣量以公升為單位，通常計時一分鐘。傳統醫學訂定的健康成人呼吸次數是每分鐘十到十二次，每次呼吸約吸入五百毫升的空氣，一分鐘共計五至六公升。請想像一下，三個兩公升的汽水空瓶，裡面的空氣量大概等於一分鐘吸入的空氣量。假設有人呼吸頻率更高，每分鐘吸吐二十次，那麼吸入的空氣量就會更多。不過，呼吸次數太多不是過度呼吸的唯一成因。如果呼吸次數太少，例如一分鐘呼吸十次，每次吸入一千毫升的空氣，也會造成過度呼吸。下一章將介紹「身體氧氣含量測試」（簡稱BOLT），說明如何測量呼吸量。

我們要如何確認自己的呼吸方式正確，好讓呼吸系統充分發揮作用呢?答案可能讓人出乎意料。**決定呼吸效率的最大因素不是氧氣，而是二氧化碳。**

呼吸頻率和呼吸量由大腦的受器決定，原理類似調節室溫的恆溫系統。不過，恆溫系統是監控溫度變化，大腦受器則是監控血液的二氧化碳和氧氣濃度，以及血液的酸鹼值。二氧化碳濃度超過定量，感應受器就會促進呼吸，排除多餘氣體。換句話說，**呼吸的主要觸發原因，是為了排除體內多餘的二氧化碳。**

攝取的脂肪和碳水化合物分解到最後，會自然產生二氧化碳。二氧化碳透過血管從組織和細胞回到肺部，肺部則排除多餘的二氧化碳。不過重點來了，吐氣的時候，體內有一部分二氧化碳會留下來。**把適量的二氧化碳留在肺部，是正確呼吸的要訣**，也是應得的結果。不論你想保持基本運動習慣、想減重，或是專業運動員，人人都應該理解這一點。

不妨這麼想吧，二氧化碳是氧氣進入肌肉的入口。假如入口的門只開一半，就只有一半的氧氣能進入肌肉，於是運動沒多久，我們就開始大口喘氣，通常還會四肢抽筋。假如入口的門全開，氧氣能全部進入肌肉，運動時間就能延長，強度也能再提高。要了解呼吸的運作原理，就得深入探討二氧化碳如何能提高呼吸的效率。

慢性過度換氣，又稱過度呼吸，是指慣性吸入超過身體所需的空氣量。過度呼吸的症狀不太劇烈，比如恐慌症發作時的喘氣，就是過度呼吸。當吸進的空氣量超出需求，肺部就會排出過多二氧化碳，帶走血液中的二氧化碳。此時入口的門縫會變得更窄，使氧氣難以通行。短時間內呼吸太多次，看似沒什麼問題，因爲身體沒出現永久變化。但是連續數天或數週呼吸過度，體內就會出現生化改變，使身體對二氧化碳更敏感，降低身體對二氧化碳的耐受度。耐受值下降之後，大腦受器會持續刺激呼吸，排出受器認定爲過量的二氧化碳，因此呼吸量將會繼續超標。這麼一來，你就會開始養成慢性過度呼吸或過度換氣的習慣，各種負面徵兆也隨之而來。換句話說，某些生活習慣，會讓身體違反天性，以不正確的方式呼吸。

爲了戒除這些不良習慣，你必須將呼吸方式拉回正軌。

我經常問學員：「有沒有人覺得自己累得莫名其妙？」通常八成學員都會舉手，而我的工作就是幫助他們了解箇中原因。我用「脈搏血氧濃度計」替數千人量過血氧飽和度，絕大多數人的血氧飽和度都介於百分之九十五到九十九的正常值（我偶爾見過血氧飽和度偏低的人，但他們通常是慢性阻塞性肺臟疾病患者，肺部有嚴重阻塞的情況）。他們的血氧飽和度正常，爲什麼仍一直感到疲累？問題**不是血液缺乏氧氣，而是血液送到組織和大腦等器官的氧氣不足，引發嗜睡和疲憊感**。而問題的根源，就是肺部排出太多二氧化碳。後面會提到，慣性過度呼吸會影響紅血球釋放氧氣的能力，進而影響日常身體狀況，以及運動表現。這個問題跟前面提過的波耳效應有關，待後面詳述。

一個人的呼吸量就算是所需的二至三倍，平時也不容易察覺。過度呼吸的習慣養成之後，你會開始偶爾深呼吸或嘆氣。當習慣成自然，你每分鐘、每小時、每天呼吸的量，都會超過身體眞正的需求。人體的先天功能一但經過細微變化，健康可能就會受到極大影響。而且過度呼吸不只發生在清醒時刻，許多人連入睡後都會張口呼吸。無論你察覺與否，這種行爲都會消耗你的體能和精神。

那麼，爲何多數人不曉得輕慢呼吸的好處呢？我們很難找出確切答案，不過有幾個要點值得注意。首先，空氣沒有重量，很難測量，而且在測量過程中，呼吸方式可能會在短時間內不經意改變。第二，教科書把波耳效應放在最基礎的教材，醫學院的學生很早就學到紅血球釋放氧氣的原理，所以畢業之後可能已經忘掉這回事了。第三，過度呼吸對每個人的影響各有不同，症狀範圍極廣，例如心血管疾病、呼吸道疾病、腸胃疾病、一般疲勞等，很難讓人全部聯想到呼吸問題。更何況，過度換氣的影響還要看遺傳傾向，不是所有過度呼吸的患者都會出現明顯症狀。

最後，人們根本不曉得呼吸量會影響健康。太多慢性過度呼吸患者只能每天忍受錯誤呼吸造成的精神不濟和體能低落。如果我們能放下對呼吸的成見，把呼吸擺在健康的第一位，就能體會到比採取飲食法更顯著的改變。

那麼，我們該如何調節呼吸量，恢復最佳體能和運動表現呢？你現在應該知道答案了。關鍵就是二氧化碳。

二氧化碳：不只是廢氣

地球大氣層的二氧化碳濃度很低，所以**呼吸的時候並不會把二氧化碳吸進肺部。我們呼出的二氧化碳，實際上來自組織細胞把食物和氧氣轉換成能量的過程**。維持正確的呼吸量，才能確保肺部、血液、組織和細胞的二氧化碳量也保持在理想數值。

人體的二氧化碳有幾項重要功能，包括：

1. 釋出血液的氧氣，供細胞使用。
2. 使呼吸道內壁和血管的平滑肌鬆弛。
3. 調節血液酸鹼值。

把血液的氧氣送往肌肉和器官

血紅素是血液裡的蛋白質，能把肺部的氧氣帶到組織和細胞。氧氣益身技巧的重點之一，是先理解「波耳效應」，也就是血紅素釋放氧氣到肌肉與器官的原理。波耳效應是一把鑰匙，可以開啓身體眞正的潛在體能，提升整體狀態，達到追求的成果。

一九〇四年，丹麥生理學家克里斯欽．波耳（Christian Bohr，是一九二二年諾貝爾物理獎得主，量子力學教父尼爾斯．波耳的父親）發現波耳效應。他表示：「我們應將血液的二氧化碳分壓視爲體內呼吸代謝的重要因素。**若人體能適量使用二氧化碳，吸進體內的氧氣就能在全身發揮更高效率。**」

這裡有個大重點請記下來：唯有**遇到二氧化碳，血紅素才會釋放氧氣**。一旦呼吸過度，肺部、血液、組織和細胞就會排出過多二氧化碳，這個狀況稱爲「血二氧化碳過低症」。此時血紅素會守著氧氣不放，造成組織和器官獲得的氧氣變少。肌肉若得不到充足氧氣，就不能發揮正常效率。儘管聽起來不合理，運動進入撞牆期時，其實深呼吸並不能爲肌肉提供更多氧氣，反而會進一步降低氧合作用。相反地，只要將呼吸量調整至接近正確數值，血液的二氧化碳分壓就會提高，弱化血紅素對氧氣的親和力，加速運輸氧氣至肌肉和器官。《呼吸生理學》（*Respiratory Physiology*）的作者約翰・魏斯特（John West）說過：「運動中的肌肉會發熱，並製造二氧化碳。微血管若能釋放更多氧氣，將對肌肉有益。」運動期間爲肌肉提供越多氧氣，肌肉就能動得越久、強度也越高。根據波耳效應的論點，過度呼吸會限制血液的釋氧量，影響肌肉的運動能力。

呼吸道和血管的鬆弛與收縮

呼吸過量可能也會導致血流量降低。多數人只要大口呼吸兩分鐘，就足以降低全身包括大腦的血液循環，因而感到一陣頭昏眼花。整體來說，腦血流減少的速度和二氧化碳減少的量成正比。丹尼爾・吉伯斯博士（Daniel M. Gibbs）在《美國精神醫學期刊》發表過一篇研究，評估過度呼吸引起的動脈收縮，結果發現有些人的血管直徑最多縮小一半。根據 πr^2 的圓面積公式，血流量將減至四分之一。這下你就知道，過度呼吸對血流的影響有多大了。

多數人都曾經歷過度呼吸引起的腦血流收縮。只要張口大力吸吐幾次，你馬上就會頭暈。同樣道理，睡覺時張開嘴巴呼吸的人，早上起床很難立刻清醒。不管睡眠時間多長，醒來之後的兩、三個小時仍感覺渾渾噩噩。許多研究指出，清醒或睡眠期間張嘴呼吸的人，容易疲勞、專注力不足、生產力低落，且情緒不佳。簡直是高品質生活和高效率運動計畫的絆腳石。

工作中必須一直開口說話的人也會遇到一樣的問題，比如老師和業務。從事這些職業的人一整天工作下來，往往會明顯露出疲態。不過**開完會議馬拉松後的虛脫感，不一定是來自身心勞累，反而可能是說太多話、呼吸量提高的後果**。從事體能活動時，身體需要更多氧氣把食物轉換成能量，所以呼吸會加快。但是說話的時候，身體即使不需要更多氧氣，呼吸量也會變多，導致血液氣體量變動，降低血流。

某些人天生帶有哮喘易感基因，當血液缺乏二氧化碳，呼吸道的平滑肌就會收縮，導致氣喘和呼吸困難。只要增加二氧化碳量，呼吸道就能重新打開，更快運輸氧氣。研究指出，這麼做可以改善哮喘患者的症狀。但是說到底，每個人的呼吸狀況都在同一條光譜上，一端是呼吸狀況良好，另一端則是呼吸狀況不佳。正確呼吸法不僅能造福呼吸道受限的哮喘患者，也是所有人的福音。無論有沒有哮喘病史，許多運動員都有過胸悶、過度呼吸困難、咳嗽和氣吸不飽的狀況。只要調整呼吸方式，就能避免以上問題。

調節血液酸鹼值

二氧化碳除了掌握血紅素提供給組織細胞的氧氣量，也是調節血液酸鹼值的關鍵。一般血液酸鹼值是七．三六五。人體的血液酸鹼值必須維持在嚴格界定的範圍內，否則身體會被迫做出補償。比如血液偏鹼性，呼吸量就會降低，使二氧化碳變多，恢復正常酸鹼值。另一方面，如果血液偏酸性（吃太多加工食品），呼吸量就會上升，以便排出酸性的二氧化碳，使酸鹼值回到正常數字。保持正常血液酸鹼值。**身體才會健康**。假如血液過酸，酸鹼值掉到六．八以下，或者血液過鹼，升到七．八以上，就會有致命危險，因爲酸鹼值會直接影響內臟和新陳代謝功能。

科學證據清楚指出，**二氧化碳之所以重要，除了可以調節呼吸、促進血流、釋放氧氣給肌肉，二氧化碳還能維持血液的正常酸鹼值。**總歸一句話，人體與二氧化碳的關係，決定了我們的健康程度，以及幾乎所有身體部位的運作功能。採取正確呼吸法，二氧化碳就能協助人體環環相扣的每個部位正常運作，互助互惠，在運動表現、耐力和

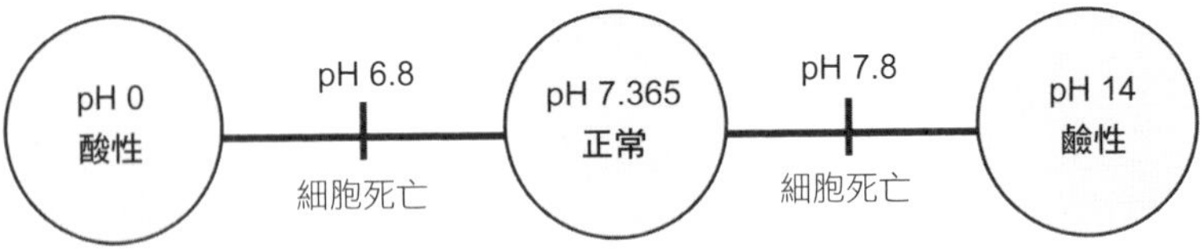

血液酸鹼值與二氧化碳的關係

體力方面，展現出最佳效能。

血液的二氧化碳若未達所需含量，血管就會收縮，血紅素也無法將氧氣釋放到血液裡。一旦缺乏足夠氧氣，運作肌群就沒辦法發揮百分百的實力。你會開始喘氣，或進入撞牆期，最後形成惡性循環：先是努力想呼吸導致氣喘，氣喘又令呼吸更困難。接下來的章節會教你如何打破惡性循環，重新建立良性循環。

停止過度呼吸，就能重新啓動人體使用二氧化碳的內建機制。第一步，先了解呼吸系統的運作方式。熱愛騎單車的業餘運動員艾莉森就辦到了。

我認識艾莉森的那一年，她三十七歲。她從二十歲左右開始認真騎單車，每週訓練兩到三次，從不間斷，每次最多騎六十公里。艾莉森喜歡享受騎單車的獨處時光，拋開所有思緒，感受微風吹拂臉龐，徜徉在大自然裡。然而，經過長年的定時受訓，艾莉森騎車時仍喘不過氣，就算沒有刻意加速，肺部依舊渴望吸到更多空氣。騎長途路程時，她經常頭暈噁心，必須下車在路邊休息幾分鐘才能復元。狀況嚴重時，甚至差點嘔吐或暈倒。艾莉森不懂，自己如此認真訓練，爲什麼還是追不上其他體能好的騎車夥伴？

隨著噁心頭暈持續發作，艾莉森決定去看醫生，並請教專家意見。醫生和專家都判定艾莉森沒有哮喘或心臟問題，並開了一張健康診斷書給她，但她的症狀並未改善，艾莉森於是焦慮了起來。儘管健康檢查的結果良好，她卻很清楚自己的身體有地方不對勁。

艾莉森透過地方運動教練找上我，我立刻認出她有慣性口呼吸的徵狀，包括上胸呼吸過度的動作。她經常嘆氣，常覺得氣吸不足，而且不只運動時呼吸困難，連平時的呼吸都有問題。她不斷自我強化這個惡性循環，最後嚴重限制了呼吸能力。大部分的健康專家可能不會去考慮艾莉森的呼吸方式，我卻一眼認定改善呼吸方式就能根除問題。

我點出艾莉森習慣過度呼吸，是所有症狀的源頭。她一聽如釋重負，隨即理解若平常吸入太多空氣，運動的呼吸頻率想必會成正比增加，導致過度呼吸困難。許多人即使沒有運動習慣，也會像艾莉森一樣，整個身體都被過度呼吸拖垮。當身體急需把氧氣送到心臟、其他肌肉、肺部和頭部時，呼吸卻偏偏一直流失二氧化碳，這無疑是自廢武功。口呼吸造成的呼吸困難更形成了惡性循環，迫使艾莉森想吸入更多空氣，進一步加大呼吸量。

照著本書指示練習呼吸兩週後，艾莉森的氣喘問題改善了，騎車也不再感到頭暈噁心，她的健康和體能程度更是顯著提升。她感到心平氣和，睡眠品質提升，一整天精力充沛。當然，不是每個過度呼吸的人都會頭暈目眩，畢竟過度呼吸的症狀因個人的易感基因而異（詳見第12章）。不過每個人一定都會發生一些副作用，而且醫生專家通常診斷不出原因，就跟艾莉森的案例一樣。已故的胸肺科醫師克勞德．盧姆（Claude Lum）解釋，過度呼吸會「產生一連串怪異且通常不相關的症狀，影響範圍遍布全身，任何器官或系統皆無一例外。」及早意識到過度呼吸的問題，才不會演變成艾莉森這樣的極端症狀。

下一章要介紹一種非常簡單的方法，測量身體對二氧化碳的耐受度和相關呼吸量，並了解測量結果與健康和運動表現有何關聯。最後，也是最重要的一點，我們將邁出學習改善身體氧合作用的第一步。

第2章 你的身體有多健康？自我檢測體內的含氧量

想像你跟著一位優秀運動員一起慢跑，這位運動員的呼吸想必輕慢有節奏，而且毫不費力，絕不可能像蒸汽火車發出大聲又吃力的喘氣。事實上，研究顯示在相同的運動量之下，運動員的呼吸困難程度比一般沒受過訓練的人少了六成。

運動強度和速度無法再提升，往往是因為呼吸困難，所以放輕呼吸絕對有助於加強表現。能在從事體能活動時輕鬆緩慢呼吸，不僅是體能強健的象徵，更能保障健康與安全。

從事費力的體能運動時，身體的耗氧量會提高，造成血氧濃度稍微下降。同時，肌肉活動和代謝率提高，會在體內製造更多二氧化碳，造成血液二氧化碳濃度上升。

前面提過，每一口呼吸都受到動脈二氧化碳分壓的影響（氧氣分壓的影響較小）。**當二氧化碳量增多，氧氣量減少，大腦就會促進呼吸**。

有個非常簡單的實驗，可以體驗二氧化碳促進呼吸的效果：輕吸一口氣，然後捏住鼻子停止呼吸。閉氣的時候，二氧化碳會在血液裡堆積。不用多久，大腦和頸部的受器就會發出訊號，命令負責呼吸的肌肉恢復呼吸，排除多餘的二氧化碳。這些訊號會使頸部和胃部的肌肉收縮，同時你會非常想呼吸。只要一感受到大腦的呼吸訊號，請立刻鬆手用鼻子吸氣。別忘了，這時候呼吸的目的只是排除多餘的二氧化碳，並非排除越多越好。若是好幾天或好幾週都過度呼吸，身體就會排掉過多二氧化碳，使大腦受器對二氧化碳更加敏感。

受器對二氧化碳和氧氣的敏感度，會影響身體處理體能運動的方式。如果呼吸受器對二氧化碳和血液氧氣分壓降低的反應比較大，呼吸就會變得激烈。如此一來，身體將更辛苦地工作以維持住提高的呼吸量。但是過度呼吸又會造成二氧化碳減少，使運動的肌肉得不到足夠的氧氣。一來一往的下場就是過度疲勞、表現差強人意，甚至發生運動傷害。

相反地，受器若能耐受更多的二氧化碳，不僅能減緩喘氣程度，運動過程血液傳輸氧氣給肌肉的效率也會更好。呼吸受器對二氧化碳濃度的敏感度一旦降低，身體就能更輕鬆執行更高強度的運動，呼吸困難的狀況也會減少。不論平時休息或從事體能運動，呼吸都能放得更輕。有效呼吸可以減少體內產生的自由基，降低發炎、組織受損和受傷的風險。

自由基（又稱氧化劑）是吸入的氧氣轉換成能量的產物。運動時，呼吸明顯加重，造成自由基產量增加。自由基是身體正常功能的一部分，可以由抗氧化物抵銷。唯有自由基和抗氧化物失衡，我們才需要擔心。當自由基太多，體內就會形成氧化壓力。抗氧化物不足以制衡自由基時，自由基就會攻擊其他細胞，造成發炎、肌肉疲勞和訓練過度。

有人認爲，耐力型運動員和一般人的主要差異，在於身體對低氧分壓（缺氧）和高二氧化碳濃度（高二氧化碳血症）的反應。換句話說，耐力型運動員可以在運動時，忍受血液裡更高的二氧化碳濃度和更低的氧氣濃度。**激烈的體能運動會提高身體的耗氧量和二氧化碳產量，運動員必須培養能力以應付這種氣體變化。**

爲了取得優異的運動表現，身體必須緩和呼吸對高二氧化碳濃度和低氧氣濃度的反應。長期的激烈體能訓練可以調整身體適應血液的氣體變化，而本書將傳授你更有效率的方法。氧氣益身計畫的呼吸練習可以輕鬆搭配任何運動形式和體能強度，即使因傷臥床的人也能練習。**就連平常坐著，只要花十分鐘練習呼吸，體能就會改善。**

提高最大攝氧量（VO_2）

請記住這個有關體能表現的專有名詞：最大攝氧量。這個字是指當身體處於最大運動或力竭運動時，一分鐘內能傳輸並消耗的最大氧氣量。**最大攝氧量是決定運動員能持續進行體能運動的因素之一，也是心肺耐力和有氧體能的最佳指標。**一些如單車、划船、游泳、跑步等，特別需要耐力的運動項目，世界級運動員通常都擁有極佳的最大攝氧量。除此之外，大部分訓練耐力的計畫也都以提高最大攝氧量爲目標。

研究顯示，運動員在二氧化碳濃度提高、氧氣濃度下降時的運動能力，與最大攝氧量有關。換句話說，越能耐受血液的高二氧化碳濃度，最大攝氧量就越高，運作肌群就能收到並使用越多氧氣。

毋庸置疑，正確且長期的體能訓練可以幫助減緩身體對二氧化碳的反應，提高運動強度和最大攝氧量。從事體能運動時，增加的新陳代謝活動會產生比平時更高的二氧化碳濃度。時間一久，呼吸受器適應升高的二氧化碳濃度，運動時就能更輕鬆呼吸，並改善肌肉的氧合作用。大部分運動員的訓練目標，就是在高強度運動時更有效率地供應氧氣，以提高最大攝氧量。

第7章會介紹模擬高地訓練。閉氣的時候，血氧飽和度會下降，此時紅血球數量會增加，以彌補減少的氧氣量。既然紅血球帶著氧氣，血液的紅血球數量變多，有氧能力和最大攝氧量也會提高。除了最大攝氧量之外，運動教練看重的另一項能力指標叫「跑步效率」。跑步效率的定義是，在低於最大強度的跑步過程中，每一步所消耗的能量或氧氣量。通常消耗的能量越低越好。如果**身體能有效運用氧氣，表示跑步效率很高**。

頂尖跑者的跑步效率和長跑表現有很大的關聯，而且跑步效率比最大攝氧量更能反映出跑者的表現。因此，運動科學家、教練和運動員都喜歡採取能提升跑步效率的訓練技巧，例如肌力訓練和高地訓練。不過，還有第三種更容易執行的技巧可以提升跑步效率，那就是練習閉氣技巧。研究證實**練習閉氣可以強化呼吸肌的肌力和耐力**。研究人員在研究降低呼吸頻率時發現，**短時間的閉氣訓練就能讓跑步效率拉高百分之六**，效果卓越。

看到這裡你或許會想，假設體能訓練就能調整身體，耐受更高濃度的二氧化碳和較低的氧氣量，那何必再多做呼吸練習？好問題。現代人的生活幾乎擺脫不了會對呼吸產生負面影響的因素，就連體能極佳的運動員，在休息時也都呼吸過重，這點可從他們上胸的吸吐動作了解。或許他們的表現已經很耀眼，但實際上他們還能更上一層樓。

要是平時的呼吸效率不佳，你又怎能指望運動時的呼吸效率好到哪裡去？假如日常活動的呼吸方法就錯了，運動的那一兩個小時難道就會變正確嗎？當然行不通。氧氣益身計畫的重點是，重新養成休息和從事低強度活動，以及中至高強度活動的正確呼吸方式。這個呼吸法可以幫助你培養良好的呼吸習慣，爲身體創造受用不盡的益處，不論體能好壞、喜歡哪些運動，呼吸法都能成爲你的健康利器。

接下來的身體氧氣含量測試（ＢＯＬＴ）將測量你能舒適閉氣的時間，判斷你對二氧化碳的敏感度。首先，你會了解身體目前的狀況。下一步，我將說明氧氣益身計畫如何改善你的睡眠品質、專注力和體力，同時幫助你保持心平氣和、減少費力活動造成的喘氣程度，並達到運動員夢寐以求的目標——提高最大攝氧量。

身體氧氣含量測試（BOLT）

一九七五年，有研究人員發現只要測量舒適閉氣的時間長度，就能知道休息時間的呼吸量，以及體能運動期間的氣喘程度。身體氧氣含量測試（BOLT）是實用又準確的工具，可以判斷相對呼吸量。BOLT方法簡單又安全，不需要複雜的儀器，隨時都能檢測。BOLT和其他閉氣測試的不同之處，在於BOLT是測量從閉氣到第一個想呼吸念頭的時間。第一個自然想呼吸的念頭是很有用的資訊，你會知道大腦多快發現肺部停止呼吸，是評量呼吸困難的實用工具。其他閉氣測試通常只看閉氣能撐多久，但這種測量方式並不客觀，對象的意志力和決心都會影響測試結果。

運動員最不缺的就是意志力和決心，所以想必已有不少人都躍躍欲試，想看看自己能在BOLT閉氣多久。但是，如果你認眞想按照本書的閉氣練習，改善自己的呼吸效率和最大攝氧量，容我愼重建議各位務必小心按照指示，以正確方式進行BOLT測試。一想要呼吸，就停止計時。

簡而言之，BOLT**成績越低，代表呼吸量越大。而呼吸量越大的人，運動時就越容易喘不過氣**。爲了達到最準確的測量結果，開始前請先休息十分鐘。先詳細閱讀指示，並且準備好計時器。現在，你可以開始進行BOLT檢測了：

1.從鼻子正常吸氣，然後從鼻子正常吐氣。

2.用手指捏住鼻子，避免空氣進入肺部。

3.開始計時，直到腦中第一次出現想呼吸的念頭，或是身體第一次表現出想呼吸的徵兆，例如想吞口水，或者腹部或喉嚨的呼吸肌收縮，都是身體發出想恢復呼吸的訊號。（注意，BOLT的重點不是可以憋氣多久，而是身體花多久時間對缺乏空氣做出反應。）

4.鬆開手指，按停計時，恢復鼻呼吸。閉氣後的第一次呼吸應該是很平靜的吸氣。

5.恢復正常呼吸。

測量BOLT成績時，請注意下列重要事項：

・先輕鬆吐氣，才開始閉氣。

・呼吸肌一有動作，就要恢復呼吸。我們的目的不在於測量最長的憋氣時間。

・如果你沒有感覺到第一次呼吸肌的無意識動作，那請留意大腦

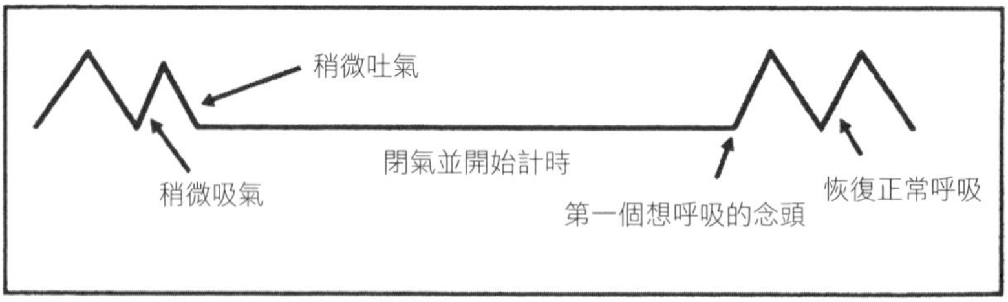

第一個想呼吸的念頭或迫切感，一有感覺就鬆開手指。

・BOLT只是測試，不是矯正呼吸的練習。

・別忘了，呼吸肌一產生無意識動作，BOLT就要停止計時。如果憋氣到最後，你必須大吸一口氣的話，就表示憋氣時間太長了。

身體氧氣含量測試（BOLT）的原理

閉氣的時候，氧氣無法進入肺部，身體就不會排掉二氧化碳。隨著閉氣時間逐漸拉長，二氧化碳在肺部和血液中累積，同時氧氣量稍微下降。既然二氧化碳是刺激呼吸的主要因素，閉氣時間的長短，就取決於身體能耐受多少二氧化碳，也可以說，是身體對二氧化碳的換氣反應。

身體對二氧化碳的換氣反應越強，耐受門檻就越低，閉氣時間也就越短。相反地，耐受門檻高、換氣反應小，閉氣時間就會長一點。

如果你的BOLT成績較低，表示大腦的呼吸受器對二氧化碳特別敏感，而且呼吸量較大，因爲肺部必須努力把高於預設門檻的二氧化碳全部排掉。不過等你恢復正常的二氧化碳忍受度，晉級到高一點的BOLT成績，就能在休息時間保持平靜的呼吸，減緩運動喘氣的程度。

第一次進行ＢＯＬＴ，你可能會很意外成績竟然比預期的低。沒關係，就算是頂尖運動員，ＢＯＬＴ的成績可能也高不到哪裡去！而且只要在日常生活或是運動行程加入一系列簡單的呼吸練習，你的ＢＯＬＴ成績一定能輕鬆進步。

定期做中強度運動的人，ＢＯＬＴ成績大多落在二十秒。如果你的ＢＯＬＴ成績低於二十秒，依照每個人易感基因不同，你在從事體能活動時可能會有過度喘不過氣，或是平常有鼻塞、咳嗽、氣喘、睡眠障礙、打呼、疲勞等症狀，而只要ＢＯＬＴ成績進步五秒，你就會感覺身體好一點，體力更好，運動時比較不容易氣喘吁吁。**氧氣益身計畫的目的是利用實際可行的練習，讓ＢＯＬＴ成績達到四十秒**。

提升ＢＯＬＴ成績，是增加體能耐力的關鍵。前面解釋過，增加對二氧化碳的耐受力，就能提高最大攝氧量，改善運動表現。**氧氣益身計畫的重點就是拉高你的ＢＯＬＴ成績，幫助你發揮最大潛能！**

ＢＯＬＴ成績與運動氣喘吁吁的關聯

健康成人的理想ＢＯＬＴ成績是四十秒。威廉・麥亞德（William McArdle）與同事合寫一本《運動生理學：營養、能量與人類體能表現》（*Exercise Physiology: Nutrition, Energy, and Human Performance*）。書裡寫道：「一個人在正常吐氣後閉氣，大約要四十秒，想呼吸的急迫感才會強烈到足以使人吸氣。」

理論不一定符合現實。實際上大多數人，包括運動員，大約閉氣二十秒就想恢復呼吸，有些人還更早。不過，爲了開發你的最大潛能，我們應該設定以BOLT四十秒爲目標。

研究員也會利用閉氣測試研究呼吸困難（缺氧），以及哮喘症狀的發作狀況和持續時間。推陳出新的研究結果一再證實，閉氣時間越短，休息和運動時發生呼吸困難、咳嗽和氣喘的機率就越高。

過去十多年來，與我合作過的孩童與成人哮喘患者達數千人。一般醫生很少用閉氣時間評估哮喘嚴重度，但BOLT其實非常適合拿來衡量呼吸狀況和症狀，例如咳嗽、氣喘、胸悶、呼吸困難和運動引起的哮喘。

如果你運動會伴隨喘不過氣或哮喘症狀，你的運動表現就可能受限於呼吸狀況。執行氧氣益身計畫，利用BOLT成績記錄進步幅度，你的運動表現就能輕鬆迅速提升，並消除運動引起的哮喘。氧氣益身計畫的終極目標是BOLT成績達到四十秒，不過**成績每進步五秒，你就會發現咳嗽、氣喘、胸悶、呼吸困難等症狀明顯減輕**。第12章將進一步說明如何消除運動引起的哮喘。

ＢＯＬＴ成績與呼吸量

現在，我們就來做個實驗：

1.準備一份紙筆，坐在桌前。

2.把注意力放在呼吸上，感受每次呼吸的速度和深度。

3.觀察自己呼吸的同時，把速度和深度畫在紙上。

4.記錄半分鐘，看看你的呼吸圖跟ＢＯＬＴ成績有何關聯，並比對下一頁的圖表。

從下頁（圖一）的呼吸圖範例，能看出呼吸量與ＢＯＬＴ成績十秒的關聯。

ＢＯＬＴ成績爲十秒的人（圖一），呼吸聽起來比較大聲且有雜音、頻率不規則、呼吸量大又沉重、不穩定且費力。而且每次呼吸之前沒有自然停頓。如果你的ＢＯＬＴ成績是十秒以下，即使平時坐著不動，你也會時常感覺氣吸不足。你習慣用上胸和嘴巴呼吸，休息時每分鐘呼吸數大約十五至三十次。

ＢＯＬＴ成績爲二十秒的人（圖二），呼吸算沉重，但是頻率很穩定，每次呼吸速度和深度都低於成績十秒的人，而且吐完氣會自然停頓一至兩秒。休息時每分鐘呼吸數大約爲十五至二十次，深度適中。

BOLT成績10秒

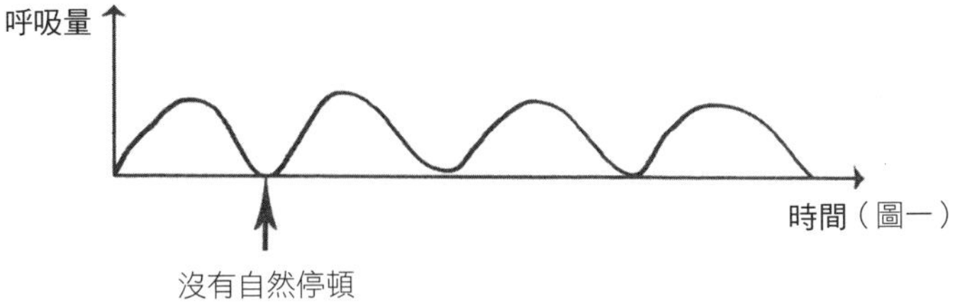

BOLT成績20秒

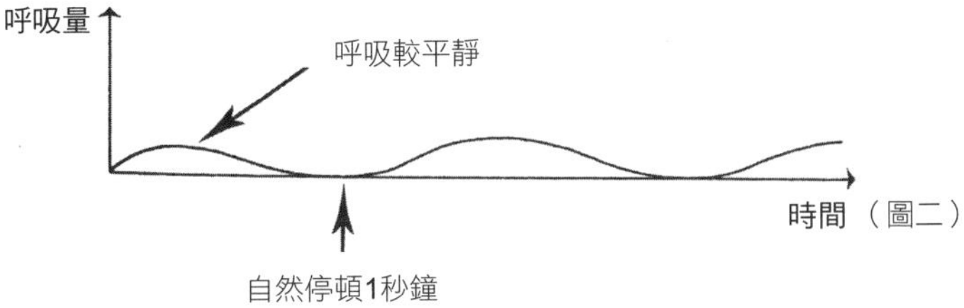

BOLT成績30秒

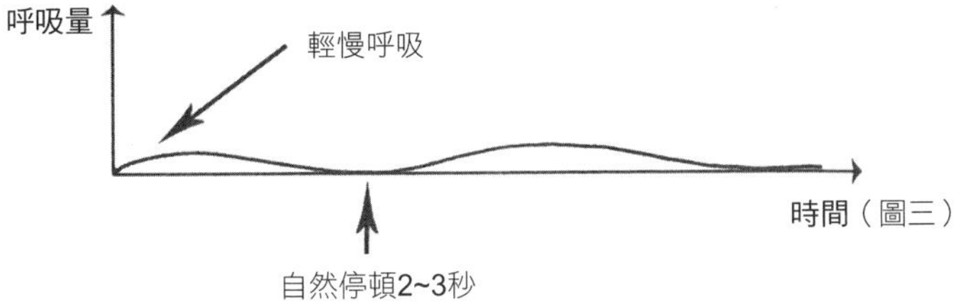

BOLT成績40秒

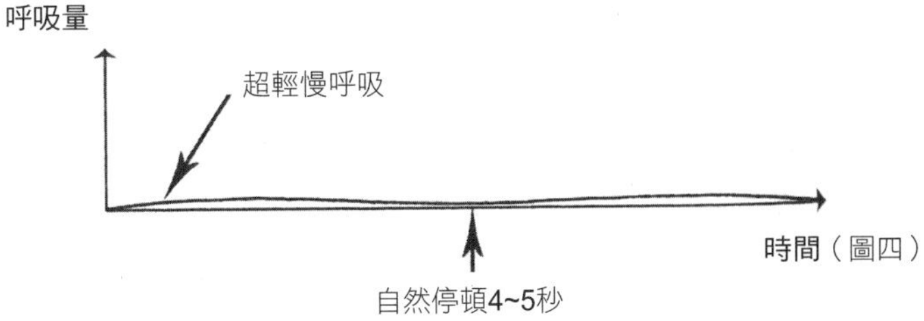

ＢＯＬＴ成績爲三十秒的人（圖三，見前頁），呼吸平穩輕柔、毫不費力又無聲。隨著ＢＯＬＴ成績提高，呼吸的速度和深度越趨降低，呼吸之間的自然停頓也會延長。休息時每分鐘呼吸數大約十至十五次，呼吸很淺。

ＢＯＬＴ成績爲四十秒的人（圖四，見前頁），呼吸毫不費勁、平穩輕柔、完全聽不到聲音，而且吸吐很淺。到了ＢＯＬＴ四十秒的境界，呼吸動作已經小到幾乎看不出來。每次呼吸之間的自然停頓一般約四到五秒，休息時每分鐘呼吸數大約六至十次，呼吸很淺。

ＢＯＬＴ成績與運動表現

從事體能運動時，呼吸量會跟著增加，但是二氧化碳製造量也會上升。如果你的ＢＯＬＴ成績高於三十秒，運動肌肉製造的二氧化碳應該足以抵銷呼吸吐出的二氧化碳。ＢＯＬＴ成績介於二十至三十秒的人，表示還有進步空間。但是ＢＯＬＴ成績如果低於二十秒，問題就來了。你吐出的二氧化碳比運動製造的二氧化碳更多，導致體內二氧化碳流失，血液釋放的氧氣不足，血管和呼吸道收縮。如此一來，不只你的運動表現受限，身體還會出現各種副作用。

ＢＯＬＴ成績和呼吸量之間的關係有一條通則：ＢＯＬＴ成績越低，呼吸量和新陳代謝活動差距就越大，越需要在休息和運動時控制呼吸。反之，BOLT成績越接近四十秒，呼吸量和新陳代謝需求就越相近，即使從事高強度運動，也能輕鬆以對，保持平穩且規律的呼吸方式。

幼童和青少年可能不大會正確進行BOLT測試。如果要確認他們進步的幅度，可以改成測試他們走路時可以閉氣走幾步。第二九四頁會更詳細地介紹幼童和青少年專屬的氧氣益身計畫。

第1章開頭，我就主張氧氣益身計畫連坐著練習，都保證能提高BOLT的成績。BOLT成績低於十五秒的人，大半都因爲過度呼吸困難不愛運動。但是，你只要先在坐下或散步時，開始練習稍微減少呼吸，即使BOLT成績不高的人，兩三週後就能感受到耐力和呼吸效率明顯改善。BOLT成績一旦超過二十秒，你就能開始培養運動習慣，搭配更進階的呼吸練習，持續提高成績。

所有運動員都能利用這套工具，開發身體的本能，加快訓練排程、提高運動強度，並享受更健康的身體。如果你是教練，只要掌握選手的BOLT成績，你就能針對選手的能力表現提出建議。俗話說得好，知識就是力量。了解身體的運動能力，你就能鞭策自己再加把勁，發揮全部的潛力。

三步驟提高BOLT成績

本書將一步一步領你完成這趟「呼吸練習」的各個階段，直到改善呼吸，強化體能和耐力。在進行練習之前，先來了解一下「提高BOLT成績的三大步驟」：

1. 停止流失二氧化碳

- 全天保持鼻呼吸。
- 停止嘆氣，把那股氣吞下去或忍住。每幾分鐘嘆一次氣足以造成慢性過度呼吸，所以你得把想吐掉的氣吞回去，或是憋住呼吸。如果你事後才意識到自己剛剛嘆氣，請憋氣十到十五秒，補償流失的二氧化碳。
- 打哈欠或講話時，避免大口吸吐空氣。BOLT成績低的人容易疲累，整天哈欠打不停。打哈欠時，盡量不要大力吸氣。同樣道理，工作時間必須一直講話的人，要注意講話時的呼吸應安靜無聲。如果你聽得見自己說話時的呼吸聲，最好放慢說話速度，縮短句子長度，並且在每個句子停頓時用鼻子輕慢呼吸。
- 觀察自己一整天的呼吸狀況。休息時間的良好呼吸不應發出聲音和明顯動作。

2. 提升身體對二氧化碳的耐受度

第二步驟，我們會加入專門的呼吸練習，將你的呼吸量逐漸調整成正常值。這一系列的呼吸練習可放鬆身體，幫助呼吸放慢放輕，其目標是在可忍受範圍內，使身體缺乏空氣。缺乏空氣的狀態只要持續十至十二分鐘，大腦受器就會重置，提高對二氧化碳濃度的耐受度。

若要讓ＢＯＬＴ成績進步十到二十秒，請進行步驟一及步驟二。

3. 模擬高地訓練

前面提過，從事體能活動期間，呼吸量會跟著新陳代謝活動一起升高，而新陳代謝也會製造二氧化碳。如果你能在訓練體能時縮減呼吸量，就能有效讓身體適應更高濃度的二氧化碳，同時忍受較低濃度的氧氣。

運動期間搭配氧氣益身呼吸技巧有個好處：運動比休息更容易缺乏空氣。若要讓ＢＯＬＴ成績進步二十至四十秒，身體必須先強烈渴望空氣。

提高ＢＯＬＴ分數注意須知

每次ＢＯＬＴ分數進步五秒，身體都會感覺更健康。

一開始BOLT成績的進步情況會是，前兩到三週進步三至四秒。等你的BOLT成績達到二十秒，進步幅度自然會減慢。不少人的成績會一直卡在二十秒，持續八到十週十分正常。爲了將二十秒延長至四十秒，你勢必一邊運動，一邊練習本書的呼吸技巧。這個階段必須保持毅力，即使成績不見進展，甚至暫時退步，也不要灰心喪志！別忘了，你已經見證二十秒成績帶來的益處。

BOLT成績進步速度緩慢，影響因素包括生活習慣，比如壓力、講太多話、生病等。健康問題的嚴重程度和持續時間，將決定成績進步的速度。但是不論你的身體狀況如何，一定有適合的運動能幫助你繼續前進。氧氣益身計畫絕對值得認眞執行，因爲哪怕BOLT成績只進步一點點，這個計畫帶來的健康好處都能讓你受益無窮。

一起床測量的BOLT成績最準確。人在睡眠期間無法干涉呼吸，所以一起床的測量結果會比較準確。早上的成績足以代表呼吸系統最自然的呼吸量。

你的目標是連續六個月維持BOLT成績四十秒。現代人的生活習慣會降低BOLT成績，你必須注意自己一整天的呼吸狀況，確認是否都是由鼻子輕慢呼吸，並在日常生活和運動時間搭配氧氣益身計畫。這麼一來，你就能長時間維持理想的BOLT成績。

以下是我爲不同BOLT成績安排的呼吸練習（更詳細的練習內容請見〈實踐篇〉）：

BOLT成績十秒以下：

- 復元呼吸練習，消除鼻塞
- 全天保持鼻呼吸
- 避免嘆氣和大口吸吐
- 休息時間練習從輕慢呼吸到正確呼吸
- 復元呼吸練習

BOLT成績十秒至二十秒：

- 通鼻練習
- 全天保持鼻呼吸
- 避免嘆氣和大口吸吐
- 休息時間和運動時間練習從輕慢呼吸到正確呼吸

BOLT成績二十秒至三十秒：

- 通鼻練習
- 全天保持鼻呼吸

・休息時間和運動時間練習從輕慢呼吸到正確呼吸
・快走或慢跑時進行模擬高地訓練

BOLT成績三十秒以上：

・全天保持鼻呼吸
・休息時間和運動時間練習從輕慢呼吸到正確呼吸
・慢跑或跑步時進行模擬高地訓練
・進階版模擬高地訓練

重申一次：凡是有任何健康問題，或者BOLT成績低於十秒，請勿刻意憋氣，造成極度缺氧，以免呼吸失控，健康狀況惡化。此外，唯有BOLT成績超過十秒的人，可以進行通鼻練習和模擬高地訓練。同時**建議BOLT成績至少要達到二十秒，再來嘗試一邊跑步，一邊閉氣。**

身體排毒作用

執行氧氣益身計畫期間，你或許會感受到身體正在排毒，排毒的成效視個人的BOLT成績和健康狀態而定。整體來說，BOLT成績越高、身體越健康的人，越難感受到排毒作用。相反地，BOLT成績偏低，多年健康欠佳的人，排毒現象很可能更明顯。別忘了，呼吸量恢復正常的過程中，血液循環和所有組織器官的氧合作用都會改善。既然器官和系統功能漸佳，身體就能排出更多廢物。

如果你發現身體正在排毒，恭喜你，這表示身體的健康狀況正在改善，你應該也能清楚感受到前後差異。一般而言，排除廢物的反應很溫和，將持續數小時至一兩週。

常見的排毒症狀包括：

- 想多喝水
- 失去胃口
- 嘴巴有難聞的味道
- 較容易情緒化
- 短暫頭痛
- 氣喘患者的肺部會分泌更多黏液

・感冒鼻塞（尤其是運動時）

・腹瀉

排毒作用的其一關鍵要素，就是胃口變小。你必須等到產生飢餓感再進食。一整天定時喝溫開水，持續練習降低呼吸量，就能幫助降低排毒反應的強度和時間。

下一章，將開始進行提高BOLT成績的第一步驟：保持鼻呼吸。首先將介紹鼻子的功能、如何消除鼻塞、了解鼻呼吸對身體健康、運動表現……以及閨房之樂有哪些益處。

第3章　鼻子用來呼吸，嘴巴用來吃飯

想降低呼吸量，提高BOLT成績，第一步就是**回歸基本，學習日夜都由鼻子呼吸**。每個小孩都知道，呼吸要用鼻子，吃飯要用嘴巴。人類天生靠鼻子呼吸，這條準則數百萬年來始終如一。

古早以前的人類祖先唯有遇到危險，才會改用嘴巴大口吸吐，蓄勢進行激烈的體能運動。由此可知，口呼吸代表發生緊急狀況，會觸發有如祖先遇到危急時的打鬥或逃跑反應。但是，現代人缺乏同樣激烈的體能活動，使呼吸系統無法恢復正常。從呼吸生理學的角度來看，口呼吸動用到上胸，鼻呼吸則是靠腹部。如果想知道胸式呼吸和腹式呼吸的差異，可以坐在鏡子前，一手按在胸口，一手按在肚臍上方。接著，從嘴巴做一次深度適中的呼吸，同時注意手的起伏。再由鼻子呼吸一次，比較兩次動作的差異。

胸式呼吸通常跟壓力反應有關，鼻呼吸則可透過橫膈膜確保呼吸穩定平靜。一般人經常誤以爲深呼吸就是讓胸腔吸飽空氣，同時肩膀高聳。其實這種呼吸沒什麼深度，也無助於身體的氧合作用。深呼吸可以舒緩壓力，這句話本身沒有錯，但是**眞正的深呼吸是輕柔安靜的**

腹式呼吸，跟平常爲了冷靜而大口吸吐的動作完全相反。

口呼吸會牽動上胸，呼吸量偏大，還可能降低動脈的攝氧量。無怪乎習慣從嘴巴呼吸的人，體力通常低下、缺乏專注力，且喜怒無常。看過好萊塢或寶萊塢電影的人應該知道，張嘴呼吸的角色通常都被塑造成白癡的形象。請不要怪我講話太刻薄，我自己就用嘴巴呼吸了二十年以上，深知不良呼吸的副作用。每次照鏡子，我都會看到多年口呼吸對身體的影響。牙醫和牙齒矯正師也發現，習慣口呼吸的人，會在臉上留下永久改變，包括上下頜窄化、牙齒歪斜、顴骨凹陷、鼻腔縮小。現代青少年普遍做過牙齒矯正治療、戴過牙套，不過人類祖先幾乎都是寬臉頰，擁有一口整齊的牙齒。

一九三〇年代，牙醫威史頓．普萊斯（Weston Price）著手調查多國人民的臉形變化和牙齒歪斜原因。他前往蘇格蘭的赫布里底群島拜訪蓋爾人，發現小孩子原本都是鼻呼吸，直到父母把原本的海鮮、燕麥等天然飲食，換成「天使蛋糕、精製麵包、各種精製麵粉食品、橘子醬、蔬菜罐頭、含糖果汁、果醬、糖果」等現代飲食，孩子就開始從口呼吸了。

普萊斯醫生的觀察揭示了現代飲食習慣和慢性過度換氣的關聯。加工食品會在體內製造黏液和酸性物質。演化過程中，人類的飲食一直都是百分之九十五的鹼性食物和百分之五的酸性食物。近來，酸鹼比例相反，變成百分之九十五的酸性食物和百分之五的鹼性食物。加工食品、乳製品、肉類、麵包、糖、咖啡、茶等酸性物質會刺激呼吸反應。身體在需要更多氧氣的時候，會自然地打開嘴巴吸進更多空氣。然而，長時間張嘴呼吸，大腦會逐漸適應增大的呼吸量，養成過度呼吸的習慣。

另一方面，**蔬果、白開水等鹼性食物容易被身體消化吸收，有益呼吸作用**。蔬果對身體很好，但我並非鼓勵大家改成全素飲食，因為蛋白質仍是健康飲食重要的一環，而肉類就是營養豐富的天然蛋白質來源。重點是，不要再吃加工食品了。加工食品在超市隨處可見，但對人體一點營養價值都沒有。

鼻子是人體的重要器官。十九世紀時，藝術家喬治・卡特林（George Catlin）在北美洲旅行，他注意到印地安人很注重嬰兒的呼吸。只要嬰兒開口呼吸，母親就會輕輕替孩子闔上嘴巴，保持鼻子呼吸。卡特林也發現，跟歐洲移民相比，印第安人很少生病。一八八二年卡特林出書，書名直白貼切：《想保命就閉上嘴巴》（*Shut Your Mouth and Save Your Life*）。卡特林在書裡寫道：「我在一片荒野之間，看見一位消瘦的印地安女性，放下懷中吸奶的嬰兒，在孩子慢慢陷入沉睡之際，輕輕把他的嘴巴闔起來……我對自己說：『多麼值得稱頌的教育！帝王就該交給這樣的母親養育。』」對比下，卡特林則描述歐洲移民的嬰兒都睡在通風不良的悶熱房間，張著嘴試圖吸到更多空氣。

動物生存和狩獵技巧的要素之一，就是透過鼻子呼吸。獵豹是公認陸地上速度最快的動物，從時速零公里加速到九十六公里只需三秒鐘。目前性能最高的跑車都達不到獵豹的境界，唯一例外是布加迪威龍（Bugatti Veyron）。但是如果你想駕駛這輛超級跑車，體驗獵豹的加速度，你起碼得豪撒台幣五千萬才行。獵豹憑著驚人的效率和速度，很快就能追上獵物，不過保持鼻呼吸也是追捕過程的一大優勢，以確保獵物會先跑到喘不過氣。

要說哪些動物經常從嘴巴呼吸，大家應該都會想到狗。天氣熱或剛散完步，狗通常會張嘴喘氣，幫助身體散熱。但除此之外，狗也只會從鼻子呼吸，嘴巴則用來吃東西、喝水、吠叫。大多數的陸地哺乳類都是鼻子後方接氣管，直接通往肺部。從自然的身體構造來看，動物從嘴巴呼吸反而吃力。

剛出生的嬰兒也一樣，只不過出生兩三個月後，氣管會往下掉到舌頭後方，讓寶寶能同時從嘴巴和鼻子呼吸。達爾文就曾表示他對人類和動物的這項差異感到困惑。爲何食物通往胃部的通道，和空氣通往肺部的通道要並列而行？食道和氣管並排似乎不符合最佳效益，因爲食物有可能不慎掉進氣管，使得人類必須演化出更複雜的吞嚥機制。我想原因或許在於，人類可以說話，又具有游泳能力，這兩種行爲都需要自主控制呼吸。要是達爾文當年也鑽研口呼吸造成的負面影響，我敢說比起吃東西噎到，他肯定會說口呼吸是食道與氣管並排不容忽視的一大缺點。

大自然的絕大多數居民都是鼻呼吸，只有某些物種爲了適應環境，才演化出口呼吸。好比說鳥類主要是鼻呼吸，只有企鵝、鵜鶘、塘鵝等會潛水的鳥類例外。一般來說，口呼吸的動物不是生病受傷，就是壓力大。天竺鼠和兔子即使在激烈活動途中，也只會從鼻子呼吸，如果從嘴巴呼吸，表示呼吸狀況異常。此外，如牛、羊、驢子、山羊和馬畜等，所有的畜養動物都是一樣的。主人一看到動物改用嘴巴呼吸，就應該知道有狀況發生了。有經驗的農畜戶，若是看到牛或羊站著不動，伸長脖子，嘴巴開開的，就曉得情況嚴重該請獸醫來了。

不論是狩獵者或獵物，鼻呼吸都是至關重要的生存條件，對馬和鹿來說尤其是一項優勢，因爲牠們可以一邊吃草一邊呼吸，隨時靠嗅覺留意附近的獵食者。如果各位哪一天有空，可以去賽馬場看看。你將發現那些俊美的馬兒們競賽的速度，每小時最快可以飆到四十八公里，同時仍保持鼻呼吸。

想知道你的鼻腔有多大嗎?用舌頭頂住上顎的最前端，一路往後到最底端，這個範圍都是鼻腔。你大概沒想到上顎就是鼻腔的底部吧!臉上的鼻子大約只占整個鼻腔的三成而已，剩下的七成則深埋在頭蓋骨裡。大自然充滿智慧，而且絕對不會浪費空間。在人類演化過程中，鼻腔逐漸在頭骨裡占了一大塊空間，可見其重要性絕不容小覷。

空氣進入鼻子，先通過螺旋狀的海綿質骨，稱爲鼻甲骨。鼻甲骨負責調節並引導吸入的空氣，形成穩定規律的空氣流。鼻子內部的盲囊、鼻閥和鼻甲骨會調整空氣的流向和流量，讓空氣盡可能接觸一整片細小的動脈、靜脈和黏液毯。如此一來，空氣進入肺部之前，就會先消毒，並且變得更溫暖濕潤。一九五四年，已故的莫里斯．卡托（Maurice Cottle）醫師成立美國鼻科學會（American Rhinologic Society）。他指出鼻子的功能至少有三十種，是肺部、心臟和其他器官不可或缺的輔助。鼻腔占了一大部分的頭蓋骨，可見鼻子的功能有多麼重要。

如果你想要達到更高的BOLT成績，改善運動表現，切記休息時間要隨時練習鼻呼吸。BOLT成績低於二十秒的人，避免運動時呼吸過度的唯一方法，就是時時保持鼻呼吸，連鍛鍊時間也不例外。當體能運動過於激烈時，你可以用嘴巴喘氣一小段時間。切記，這種高強度的鍛鍊必須等到BOLT成績超過二十秒才能進行。

全身上下最重要的器官——鼻子

一百多年前，瑜伽修行者拉瑪查拉卡（Yogi Ramacharaka）寫下《呼吸的科學》（*The Science of Breath*）這本瑜伽書。書裡提到鼻呼吸和口呼吸：「瑜伽呼吸科學的首要基礎觀念，就是學會如何透過鼻孔呼吸，改掉平時從嘴巴呼吸的習慣。」一世紀過去，我們的呼吸習慣似乎沒變，若真要說有什麼變化，大概是嘴巴呼吸變得更普遍了。拉瑪查拉卡非常推崇鼻呼吸的益處，他推測：「文明人得的許多病症，無疑是口呼吸造成的惡果。」鼻呼吸的功效簡單條列如下：

・一般人鼻子吸氣的阻力比嘴巴多百分之五十，因此吸入的氧氣會多出百分之十到二十。

・鼻腔會讓吸入的空氣變得溫暖潮濕（攝氏六度的空氣進入鼻子後，抵達喉嚨後側會變成三十度，等到最後進入肺部時，空氣已經跟體溫一樣是三十七度）。

・鼻腔會擋住一大部分的病菌和細菌。

・從事體能運動時，保持鼻呼吸即可使運動強度達到有氧鍛鍊的效果（視個人的心跳率和最大攝氧量比例）。

・鼻腔負責保存一氧化氮，是維持身體健康的重要氣體之一（詳見下一頁）。

接著來看看口呼吸對身體的影響：

・習慣口呼吸的孩童，頭部容易往前傾，而且呼吸肌力弱化。

・口呼吸會使身體脫水（睡覺時如果從嘴巴呼吸，醒來會覺得口乾舌燥）。

・嘴巴乾燥會引起口腔酸化，牙腔和牙齦更容易發病。

・口呼吸會改變口腔的細菌叢，造成口臭。

・研究證實，口呼吸會大幅提高打鼾和阻塞型睡眠呼吸中止症的機率。

一氧化氮的優質來源——鼻子

一九八〇年代以前，人們認爲一氧化氮（NO）是有毒物質，會形成煙霧並傷害環境。全球首例探討一氧化氮重要性的文章刊出時，科學界很難相信一氧化氮在體外是有毒的氣體，進入體內竟然成了重要元素。對醫學界來說，一氧化氮仍是個新課題，但相關研究報告已累積十幾萬篇了，可見醫生和科學家都很關注這個議題。

一九九二年，一氧化氮登上《科學》期刊的「年度分子」。雜誌稱一氧化氮只是單純的分子，卻結合了神經科學、生理學和免疫學，還徹底改寫科學家對細胞傳遞訊息和自我防衛機制的認知。

一九九八年，羅伯．佛契哥特（Robert F. Furchgott）、路易斯．路伊格納洛（Louis J. Ignarro）和費瑞．慕拉德（Ferid Murad）發現**一氧化氮是心血管系統用來傳遞訊息的重要分子**，因而獲頒諾貝爾生理醫學獎。我初次讀到一氧化氮的功效時，很訝異一個單純的氣體竟然深深影響人體的重要系統和器官，能幫助我們遠離癌症等疾病，並且活得更長壽，性生活更美滿。

奇怪的是，除了醫界似乎很少人知道一氧化氮對身體的影響和健康益處。我和數百位高血壓、心血管功能不佳、哮喘等患者聊過，沒有一個人知道一氧化氮的重要性。

一氧化氮是鼻子呼吸和閉氣練習重要的一環，由鼻腔內部和十幾萬公里血管的內皮細胞製造。科學研究發現鼻腔呼吸道會釋放這種驚人的分子，經由鼻子呼吸進入下呼吸道和肺部。瑞典知名卡羅琳學院（Karolinska Institute）的研究員喬恩．朗伯格（Jon Lundberg）和艾迪．衛斯柏格（Eddie Weitzberg）在著名醫學期刊《胸腔》發表論文：「人體的一氧化氮經由鼻腔呼吸道釋放。鼻子呼吸時，一氧化氮會順著氣流進入下呼吸道和肺部。」

梅默特．奧茲（Mehmet Oz）醫師深諳一氧化氮是身體氧合作用的關鍵，所以建議大家實行橫膈膜呼吸，「把鼻子後方和鼻竇的一氧化氮送到肺部。這種短暫存在的氣體能使肺部呼吸道和血管擴張。」

想享受一氧化氮的健康益處，首先一定要從鼻子呼吸，加上腹式呼吸，將身體的氧合作用最大化。想像你的鼻子是一座水庫，每次從鼻子輕慢呼吸，萬能的一氧化氮分子就會進入肺部和血液，在全身發揮作用。如果你用嘴巴呼吸，嘴巴無法製造一氧化氮，身體就得不到這種氣體帶來的健康益處。

一氧化氮對下列身體機能有重大影響：血管調節、恆定狀態（身體會保持穩定的生理平衡，維持生命）、神經傳導（大腦傳遞訊息的系統）、免疫防禦功能和呼吸。一氧化氮還能協助預防高血壓、降低膽固醇，保持血管年輕有彈性，避免斑塊和血塊堵塞血管。美國前三大死因包括心臟病和中風，而一氧化氮的健康功效就能降低這兩大疾病的風險。

隨著年紀增長，血管逐漸失去彈性，全身血液循環開始惡化，血流量降低引起的各種問題也會慢慢浮現，包括勃起障礙。一氧化氮可以擴張血管，我這麼說你應該就明白，這種氣體對勃起功能的影響也很大。醫學界發現這項事實之後，美國輝瑞藥廠於一九九八年推出威而鋼，獲得無數媒體報導，創下數十億美元的銷售金額。

有很多因素會讓人養成口呼吸的習慣，比如鼻子組織腫大，形成鼻息肉。有一份研究找來三十三位鼻子長息肉的男性，發現勃起障礙人數明顯高出許多。而且，當受試對象進行手術切除息肉、恢復鼻呼吸之後，勃起障礙隨即獲得顯著改善。

一氧化氮對女性生殖器也有同樣好處，可以幫助提升性欲。這麼說來，鼻呼吸的人性欲是否比口呼吸的人更旺盛，性生活也更美滿呢？

除了增進性生活品質，一氧化氮的抗病毒和抗菌能力也能在體內建立對抗微生物的防禦機制，有機會降低患病機率，強化體質。

對於想提升運動表現的運動員而言，**一氧化氮最重要的功效就是擴張呼吸道平滑肌。運動時保持呼吸道敞開，氧氣才能順利進出肺部**。假如呼吸道緊縮，呼吸效率就會低落且感覺不適，進而影響運動表現。

有一個很簡單的方法可以促進鼻竇製造一氧化氮，那就是哼唱。衛斯柏格和朗柏格在《美國呼吸及重症照護醫學》（American Journal of Respiratory and Critical Care Medicine）期刊，發表一篇論文指出，**比起安靜吐氣，哼唱時製造的一氧化氮可多達十五倍**。論文結論表示，哼唱大幅促進了鼻竇通暢和鼻腔釋放一氧化氮。

這麼一說，難怪有些冥想技巧都從鼻子發出哼聲。比如「蜂鳴呼吸法」（Brahmari）的技巧是從鼻子緩慢深度呼吸，接著每次吐氣發出如蜂鳴的嗡嗡聲。發明這種冥想技巧的人或許不懂其中的科學原理，但他們從中獲得了心靈平靜，足見這種呼吸法的功效。

通鼻練習

口呼吸會使鼻子的血管發炎擴大，再加上黏液分泌增加，鼻子很容易塞住，造成不適。鼻子一旦塞住，鼻呼吸就變得更困難，間接促成口呼吸的習慣。如果持續口呼吸，鼻塞就會變成常態，形成惡性循環。

鼻塞是鼻炎的主要症狀，歐美各國有許多人天天受鼻塞之苦。鼻塞的常見療法包括避開過敏原（例如花粉）、使用去鼻塞劑、鼻腔類固醇噴劑、抗組織胺藥，或者施打脫敏針。但是這些療法全都治標不治本，一旦停止施藥，鼻塞就會復發。

幾年前，愛爾蘭利莫瑞克大學（University of Limerick）專攻耳鼻喉科的約翰．芬頓（John Fenton）教授對我的研究產生興趣，因為他的患者參加過我的課程，鼻子狀況明顯改善許多。於是他發起研究，深入調查降低呼吸量的功效，結果發現鼻塞、嗅覺不靈、打鼾、鼻呼吸不通暢、睡眠障礙、口呼吸等症狀降低了七成。

下面是我教給受試對象的其中一種呼吸練習：（注意！BOLT成績低於十秒的人、高血壓、其他心血管疾病、糖尿病患者、孕婦、有其他重大健康問題的人請勿嘗試。）通鼻練習和其他呼吸練習一樣，不宜在飯後立刻進行。

【練習】

- 從鼻子安靜輕輕吸氣，再從鼻子安靜輕輕吐氣。
- 用手指捏住鼻子閉氣。
- 一邊閉氣，一邊盡快走路。閉氣直到中度至強度缺乏空氣，程度不要過於激烈。
- 再度從鼻子呼吸，試著立刻讓呼吸恢復平穩。
- 閉氣後第一次呼吸可能會比平常吸得更多，接下來第二、第三次呼吸要克制一點，盡快調整成平穩的呼吸。

・只要呼吸兩到三次，呼吸應該就能復元。如果呼吸比平常更沉重不穩，表示剛剛閉氣太久了。
・靜待一至兩分鐘，再次閉氣走路。
・一開始幾次閉氣可以輕鬆一點，後面幾次再多走幾步，拉長閉氣時間。
・每次練習總共閉氣六次，讓身體強烈需要空氣。

一般來說，即使你染上感冒，這項練習也能消除鼻塞。不過閉氣成效消退之後，鼻子可能又會再次塞住。隨著每次練習增加閉氣走路的步數，消除鼻塞的效果就會越加顯著。如果你可以閉氣走八十步，鼻子就不會再塞住了。八十步其實不難，而且之後每週都能再多走十步。

每週我都會帶領五到十歲的小朋友做這項練習，有些小朋友的呼吸狀況很糟，但是兩到三週後，大部分小朋友都能閉氣走六十步，有些人很快就走到八十步了。試試「通鼻練習」，看看你能走幾步吧。

如果你經常鼻塞，只要多做通鼻練習，鼻呼吸就會順暢許多，不再需要依賴去鼻塞劑、鼻腔類固醇和抗組織胺藥！

閉氣的時候，鼻腔的一氧化氮濃度會急遽上升，使鼻腔呼吸道暢通，鼻呼吸恢復正常。等你開始做下一章的呼吸練習，閉氣功夫會更厲害，鼻呼吸更是暢行無阻。

睡覺也要保持鼻呼吸

每個人所需的睡眠時間長短不一。已故英國首相瑪格麗特．柴契爾（Margaret Thatcher）據說一天只睡四小時，不過大多數人需要七至八小時的優質睡眠，才能好好迎接隔天的到來。如果躺在床上卻不能順利入睡，或是睡到一半因爲打鼾或睡眠呼吸中止而醒來，隔天起床一定會很痛苦。睡眠不足會嚴重影響專注力、情緒起伏，甚至妨礙日常活動。即使整個晚上都睡得很熟，口呼吸和沉重呼吸還是會降低睡眠品質，導致起床時口乾舌燥，昏昏欲睡。

五十歲的安妮特告訴我，她很少能連續睡滿八小時。從她孩子還小的時候，她的睡眠形式就是先躺在床上幾個小時，試圖入睡，接著淺眠兩三個小時，凌晨三點醒來，再花兩小時逼自己睡著。最後鬧鐘終於響了，她才不得不拖著疲倦沮喪的身體起床準備上班。

多年來，我和安妮特一樣，一起床就覺得累，睡也睡不飽，整天都無法專心。後來我發現**改善睡眠品質的方法，而且意外的簡單：睡覺時不要張開嘴巴就行了。**一旦睡著，我們就無法控制嘴巴開闔，所以唯一的辦法就是用膠帶貼住嘴巴，確保只從鼻子呼吸。我也請安妮特回家照做。如果你不喜歡貼膠帶，可以改用止鼾頭套，防止下顎在睡覺時往下掉。止鼾頭帶是阻塞型睡眠呼吸中止症患者常用的工具。

睡前用膠帶把嘴巴貼住，可以確保睡眠期間繼續保持良好呼吸習慣。你會更快入睡，不再睡睡醒醒，一覺起床還能精神百倍。3M通氣膠帶簡單好用、適合敏感性肌膚又輕薄，是我試過最適合的膠帶，一般藥局都買得到。**貼嘴巴之前，先用手背壓幾下膠帶，移除一點黏膠，起床之後會比較好撕下來。**首先，撕一段十公分的膠帶，兩端往內折，方便明早撕除，接著弄乾嘴唇、閉上嘴巴，把膠帶放橫，輕輕貼住雙唇。

一開始安妮特對於嘴巴貼膠帶感到有些不安，但是想到可以改善睡眠品質、增強體力，她就很勇於嘗試了。起初，嘴巴貼膠帶令她不太舒服，呼吸也因焦慮而加快。但是接下來幾天，她練習在家先貼個二十分鐘，同時做一些日常家務事，幫助自己適應鼻呼吸，並克服睡覺貼膠帶的恐懼。

一旦習慣嘴巴貼膠帶之後，安妮特下定決心要靠這個方法改善睡眠品質。她按照平常的時間上床睡覺，意外發現膠帶竟然讓她感到安心。一貼上膠帶，身體就像收到睡覺的指令，真的很快就入睡了。那天夜晚，安妮特睡得比平時更沉。儘管頭兩天醒來發現膠帶不見了，她仍覺得比以往有更好的休息。第三天晚上十點，安妮特貼上膠帶睡覺，一路熟睡到隔天早上九點五十三分才醒來。安妮特興奮地告訴我，這是她第一次好好睡了一整晚，而且起床便覺精神飽滿。

多年來，我將膠帶法推薦給數以千計的人，成效十分驚人。除非你整晚都從鼻子平穩呼吸，否則你根本不曉得好好睡了一整晚是什麼感覺。睡前把嘴巴貼上膠帶是個簡單有效的方法。或許聽起來有點奇怪，但絕對值得一試。

等你確定身體已經習慣睡覺從鼻子呼吸，就不必再繼續貼膠帶。每個人養成習慣所需要的時間不一樣，通常三個月就足以習慣睡覺從鼻子呼吸了。只要夜晚持續鼻呼吸，起床時口腔就會跟平常一樣濕潤。如果起床覺得口乾舌燥，表示昨晚你是張著嘴巴睡覺。

如果孩子有一眼視力較差，醫生通常會建議暫時戴眼罩，遮住視力正常的眼睛，訓練大腦強化弱視的另一眼，以恢復正常視力。同樣道理，睡前或白天自己在家時用膠帶貼住雙唇，就能訓練身體習慣日夜都從鼻子呼吸。入睡八小時期間確保自己只從鼻子呼吸，就是個重新教育呼吸系統的好機會，使身體習慣更正常的呼吸量。

第4章　從輕慢呼吸開始，到學會正確的呼吸法

數千年來，古老瑜伽、太極和氣功大師皆提倡安靜輕柔呼吸的重要性。而我有幸曾在倫敦與太極大師李玉華（Jennifer Lee）會面。李大師已經達成武術七段，二〇〇九年更榮獲香港國際武術節頒發十項金牌。就在我們相談甚歡之際，李大師提到我和她的專長有許多共同處。她解釋說：「太極拳比賽很注重呼吸，如果裁判發現選手的呼吸動作很明顯，就會予以扣分。」

李大師的呼吸沒有特別根據，只是遵循流傳的古法，卻與稍後將介紹的減量呼吸練習非常相似。也難怪李大師的腹式呼吸毫不費力，幾乎察覺不到動作，堪稱完美典範。我看過數千人的呼吸，我可以毫不猶豫地說，李大師的呼吸是我見過最完美的呼吸。

知名氣功與太極大師裴康凱（Chris Pei）曾解釋呼吸是中國「氣」概念的核心：「呼吸基本上分三種等級。第一是輕輕呼吸，身邊的人不會聽到你的呼吸聲。第二是呼吸輕到你聽不見自己的呼吸聲。第三是你已經感覺不到自己在呼吸。」

印度瑜伽和傳統中醫的宗師也很注重放輕呼吸的觀念。我用「宗師」一詞與一般老師做

區別，只有宗師深諳呼吸之道以及呼吸對生理的影響。現代許多歐美國家的瑜伽老師都教學生要用力吸吐，才能排出體內毒素。然而宗師明白，呼吸其實越少越好。中國傳統道教思想形容呼吸應該輕柔到鼻孔內的細毛皆文風不動。**想要達到眞正的健康和內心的平靜，你必須安靜輕柔又不費力，從鼻子到腹部規律呼吸，並在吐氣時稍微停頓**。人類一直都是採取這種呼吸方式，直到現代社會的忙碌生活改變了一切。

大塊頭美國喜劇演員拉韋爾．克勞佛有一次與觀眾分享一件趣事。某天一個小男孩在路上攔住他，問道：「你個子長這麼大，你有幾個胃啊？」接著又問：「爲什麼你看起來很喘？你有哮喘嗎？」如同克勞佛隨後指出，這位小男孩顯然不太懂禮貌，但是小男孩有一點說對了。克勞佛的呼吸動作很明顯，不是正常現象。

人們誤以爲吸進越多空氣，血液就能獲得越多氧氣，所以經常大口深呼吸。但是一般正常健康呼吸時，動脈血液的氧氣量就已經飽和了（百分之九十五至九十九），其實沒必要大口深呼吸。

宗師並沒有獨創新潮呼吸法，他們反而致力於消除加工食品、壓力、長時間講話和沉悶空氣對呼吸的負面影響，並破除大口深呼吸的錯誤觀念。瑜伽宗師經過長久鍛鍊，可以培養出對二氧化碳的高耐受度，有些宗師甚至可以連續一小時每分鐘僅呼吸一次！唯有安靜輕悠的呼吸，以及傲人的BOLT成績，才能展現如此驚人的呼吸效率。這就是氧氣益身計畫追求的境界，回歸基本呼吸，體現宗師們奉爲圭臬、歷經時間考驗的古老智慧。

什麼是眞正的深呼吸？揭開深呼吸的迷思

有時候人們對同一個字會有不一樣的解釋。例如「深」這個字可以定義爲「從上方到底部的距離很長」，但是這個釋義還不足以涵蓋所有意思。游泳池的深水區深度一定大於淺水區，但是深呼吸的「深」就有很多不同的定義了。壓力諮商師、瑜伽老師和運動教練經常會請學員深呼吸，但學員的深呼吸通常都是開口，挺起上胸，把一大口氣吸進肺部。這種呼吸方式又大又淺，不能稱爲深呼吸。如果你想把更多氧氣帶進身體，這種方式根本大錯特錯。

如果把「從上方到底部的距離很長」的定義套到深呼吸，「上方」就是肺部頂端或上胸。所以說，深呼吸的意思是一路吸到肺部深處，並且運用主要的呼吸肌，也就是隔開胸腔和腹腔的橫膈膜。健康的動物和嬰兒在休息時間自然會採取深長無聲的呼吸。每次吸氣吐氣，腹部會輕輕擴張收縮。這個動作毫不費力，呼吸完全無聲且規律，重點是要從鼻子呼吸。想知道什麼是良好的呼吸習慣，觀察小嬰兒或健康寵物就行了，他們的呼吸方式並未受到現代生活的影響。

從玻璃鐘罩實驗圖可看出橫膈膜動作和腹部動作的關聯。吸氣時，腹部會往反方向移動。腹部之所以往外擴，是因爲橫膈膜會向下推，同時也會輕輕向腹部施力。吐氣時，橫膈膜向上移動，腹部承受的力道消失了，自然就往內縮回。

把空氣送進肺部深處不一定要吸一大口氣，因爲輕輕呼吸就能運用橫膈膜的肌肉。練習腹式鼻呼吸時，休息狀態的呼吸應該無聲響、無明顯動作。相較之下，試圖從嘴巴深呼吸會發出聲音，胸腔明顯起伏，卻無法把空氣帶到肺部深處。

橫膈膜

橫膈膜是呈圓拱狀的薄膜肌肉，隔開胸腔（心臟和肺部）和腹腔（腸道、

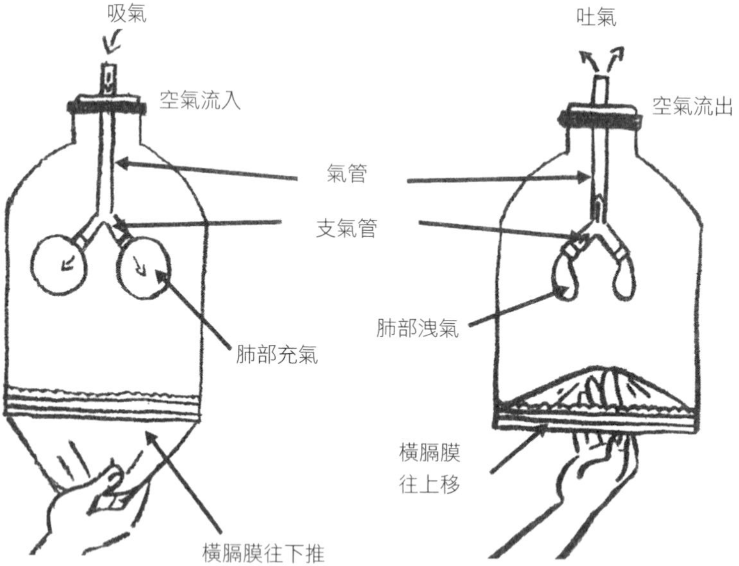

藉玻璃鐘罩實驗觀察呼吸模式

胃、肝臟和腎臟）。**橫膈膜是主要的呼吸肌，正確運用橫膈膜就能做出深度有效的呼吸**。不良呼吸習慣沒有完全發揮橫膈膜的功能，反而一直從上胸過度呼吸，降低呼吸效率。將雙手放在肋骨底部，沿著肋骨摸到身體兩側，就是橫膈膜的位置。通常大約等於襯衫第四顆鈕釦的高度。

腹式呼吸的效率比較高，原因在於肺部的形狀。肺部上窄下寬，下半部肺葉的血流量比上半部多。使用上胸短促呼吸的人無法充分發揮肺部下半葉的功能，容易養成慢性過度換氣，限制傳輸到血液的氧氣，導致更多二氧化碳流失。除此之外，上胸呼吸會引發「打鬥或逃跑反應」，進而提高壓力程度，加重呼吸。

觀察自己在壓力狀態下的呼吸，或者其他感到焦慮的親友如何呼吸，你會發現這種呼吸通常都在上胸，而且速度比平時快。壓力大的時候，我們習慣透過嘴巴過度呼吸，此時速度比平常快，聽得見呼吸聲，胸部起伏明顯，而且通常會嘆氣。很多人慣性一天二十四小時都維持這種呼吸方式，導致身體長期處於打鬥或逃跑的備戰狀態，腎上腺素濃度居高不下。就算是最頂尖的壓力諮商師、心理學家或心理治療師，如果不先協助患者解決呼吸功能失常，也很難引導患者排解壓力。送往大腦的氧氣一旦減少，再多諮商談話、講道理都無法補足大腦缺乏的氧氣。唯有改掉不良的呼吸習慣，患者的壓力或焦慮才能改善。

另一方面，健康、放鬆、壓力較小的人，會透過鼻子進行腹式呼吸，緩慢輕柔、平穩

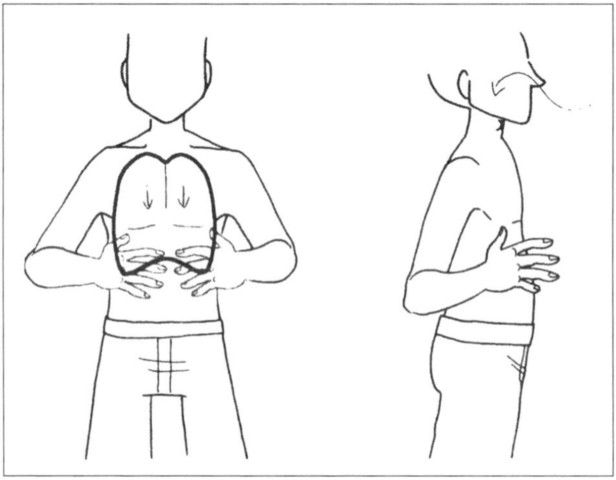

吸氣：橫膈膜稍微往外擴張

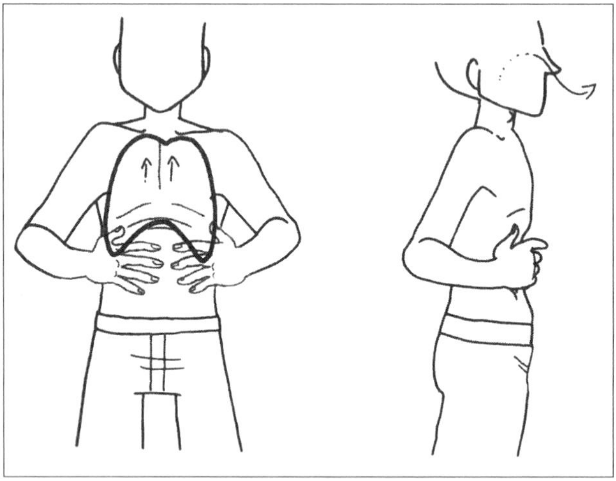

吐氣：橫膈膜稍微往內收縮

規律、動作不易察覺且無聲。爲了養成這種呼吸習慣，降低壓力型過度呼吸的負面影響，就必須啓動身體的副交感神經系統，引出放鬆反應。首先，**你必須調整呼吸習慣，充分運用橫膈膜肌肉，並且避免嘆氣、喘氣、口呼吸，以及逐漸習慣緩慢輕柔、放鬆平穩又安靜的鼻呼吸**。一天二十四小時只要處於休息狀態，就該保持這種呼吸。不用多久，你就會發現自己心情更平靜、更有活力，睡眠品質更好。腹式呼吸的效益會持續改造健康的每個面向，包括運動表現。

腹式呼吸還有一項好處，就是促進淋巴排毒。淋巴系統就像身體的下水道，負責排除身體老廢物質和多餘水分。淋巴系統不像血液系統，沒有心臟充當幫浦讓淋巴液在全身流動。淋巴必須依靠肌肉擠壓的動作，包括橫膈膜，才能流動。腹式呼吸的時候，淋巴液會被吸進血液，消滅摧毀死掉的細胞，帶走體內殘留的液體，促進身體排毒。

腹式呼吸的天然功效可以促進血液流動，運送更多氧氣給運作肌群，降低過度呼吸引起的焦慮症狀。回歸與生俱來的天然高效率呼吸方式，就能享受更健康的身體，並發揮最大的運動潛能。下列練習可以在休息和運動時間促進腹式呼吸，直到習慣成自然爲止。氧氣益身計畫的目的是恢復緩和的腹式呼吸，並達到ＢＯＬＴ高成績。以下練習可說是呼吸的基礎，請先把基礎打好，再進階到其他練習。

一從輕慢呼吸到正確呼吸一

（此練習的進階版請見〈實踐篇：從輕慢呼吸到正確呼吸（進階版）〉。）

呼吸的過程中，氧氣會進入肺部，多餘的二氧化碳則排出。大腦的呼吸中心會密切監控血液的酸鹼值和二氧化碳，其次才是監控氧氣。凡是血液的二氧化碳濃度超過設定門檻，呼吸中心就會傳送脈衝到呼吸肌，命令身體呼吸，排除多餘氣體。假設一個人天天承受慢性壓力，一天數小時甚至連續數天呼吸過度，呼吸中心就會降低對二氧化碳濃度的忍受門檻。一旦門檻低於正常值，呼吸系統就會加快發送脈衝的頻率，造成慣性過度呼吸，以及在運動時過度喘氣。只要按照步驟正確進行此練習，你的呼吸就能放輕放慢，足以製造中度缺乏空氣的狀態。身體缺乏空氣就表示二氧化碳開始在動脈裡累積，而我們的目標就是重新設定呼吸中心對二氧化碳的耐受門檻。用雙手輕輕按壓胸部和腹部，練習效果更好。試著讓身體維持在需要空氣的狀態，約四到五分鐘。

- 練習的時候，最好坐在鏡子前面，觀察自己的呼吸動作。
- 身體坐直，肩膀放鬆。想像一條線從後腦勺頂端輕輕把你的身體提起來，同時感受肋骨之間的空隙慢慢打開。

‧一隻手放胸部，另一隻手放肚臍上方。

‧吸氣時，感受腹部輕輕往外擴張，吐氣時輕輕往內收縮。

‧呼吸時，雙手稍微對胸部和腹部施加壓力，對呼吸產生阻力。

‧抵著雙手呼吸，專心縮減每次的呼吸量。

‧每次吸進的空氣要比你原本預期的少，吸氣量要減少，或者吸氣時間縮短。

‧溫和放慢並放輕呼吸動作，直到身體中度缺乏空氣。

‧緩和吐氣，讓肺部和橫膈膜發揮自然的彈性。想像一顆氣球自然而然緩慢洩氣。

‧吸氣量變小，吐氣逐漸緩和之後，你會透過鏡子發現，呼吸的動作不再那麼明顯了。

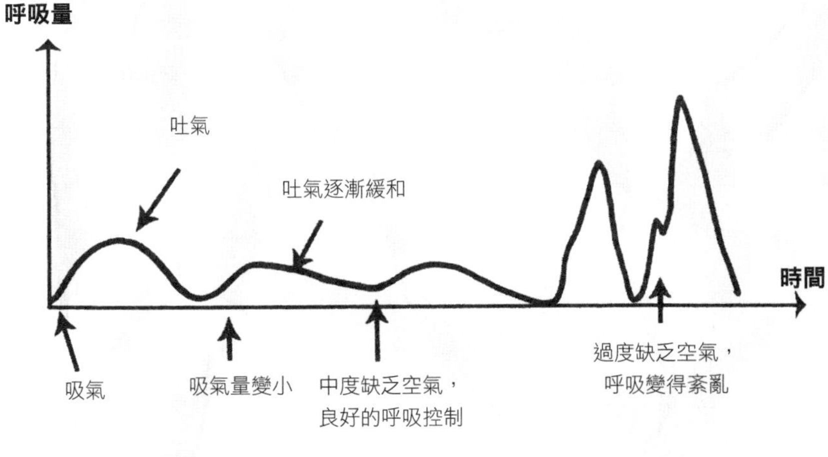

像這樣的簡單練習，就能放輕呼吸動作百分之二十至三十。如果你的胃部肌肉開始收縮、痙攣、緊繃，或者呼吸節奏打亂、失控，表示身體已經過度缺乏空氣。這時先中斷練習十五秒左右，等到不再缺乏空氣，再繼續練習。

一開始，你或許只能維持缺乏空氣的狀態二十秒，就想要吸進多一點空氣。不過練習越多次，你就能延長缺乏空氣的時間。記住，缺乏空氣的程度必須適中，不能太過激烈，最好能在適中程度維持三到五分鐘。一次兩組各五分鐘的練習，就足以重新設定呼吸中心，提高對二氧化碳的忍受門檻。

練習輕慢呼吸的時候，血液裡累積的二氧化碳會引起一些生理變化，例如：

- 血管擴張，身體溫暖起來。
- 臉頰泛起紅暈。
- 口腔唾液變多，表示身體正在進入放鬆模式，啓動了副交感神經系統。

以上都是正常變化，不會引起身體不適。

不過，如果你在練習途中，發生頭暈或焦慮，請先停止練習，同時可請教呼吸科相關醫師，以協助你正確進行練習。

計算呼吸時間是一項重大錯誤

你或許有注意到，儘管我們希望將呼吸量調回正常，練習說明卻沒有建議每分鐘該呼吸幾次，或者要替每次呼吸計時。這是故意的，我們不應該利用時間測量呼吸量。現代人很習慣藉由測量來量化一切，包括呼吸，但是說到改善呼吸習慣，呼吸計時並不是我們該關注的重點。許多呼吸技巧的基本概念是計算每分鐘呼吸次數，或是每次呼吸的秒數，但是這麼做無助於改掉不良呼吸習慣。

舉個例子，「吸氣兩秒、吐氣三秒」的指令並沒有說明應該輕輕吸氣，還是吸一大口氣。輕柔呼吸的吸氣量遠比大口呼吸來得少，既然重點是把呼吸量降至正常值，計算呼吸秒數就沒有多大意義了。

同樣道理，改變每分鐘呼吸次數也無法改掉不良的呼吸習慣。比如有個人每分鐘呼吸二十次，每次呼吸量五百毫升，等於一分鐘呼吸量共十公升。一分鐘十公升已經超過正常範圍了，所以他以爲每分鐘改成呼吸十次，呼吸量就會降低。然而，光改變呼吸次數，每次的呼吸量只會加倍，以補償降低的呼吸頻率，這麼做無法減少呼吸量，也戒不掉不良習慣。

改變呼吸量和呼吸頻率只有一個方法，就是每次呼吸都放慢速度，減少呼吸量，藉此讓身體缺乏空氣。最後，呼吸量會恢復正常，ＢＯＬＴ成績拉高，每分鐘呼吸次數也會自動減少。我再強調一次，光改變呼吸速率不可能降低呼吸量。降低呼吸量才是自然改變呼吸速率的最佳方法。隨著BOLT成績拉高，你的呼吸量不只會降低，每分鐘呼吸次數也會變少。

學會上述練習，應用至日常呼吸，你就能打穩絕佳基礎，運動時才能建立更有效的呼吸技巧。就像打造夢幻住宅一樣，最重要的是打好地基。如果地基不穩，房子再別緻也沒用，畢竟撐不了多久，房子就會倒塌。改善呼吸量也是同樣道理，先打穩「從輕慢呼吸到正確呼吸」的基礎，才能在進行多項運動的同時，模擬高地訓練。高地訓練詳見後面章節。先花點時間熟悉腹式呼吸的技巧，降低呼吸量，再挑戰其他進階練習。

第5章 找回人類天生本能的呼吸模式

一九七四年，二十一歲的湯姆．皮斯金（Tom Piszkin）就讀加州大學柏克萊分校。他是一位跑者，平時在奧克蘭的蒙哥馬利伍德百貨運動用品部門當工讀生。十月二十四日，他值班結束，正在奧克蘭體育場旁邊的公車站等車。那一帶的治安向來不好，沒多久四個年輕人就包圍湯姆，要他交出身上所有財物，其中三人持槍抵住湯姆的頭部、胸部和大腿。湯姆嚇呆了，他站起身要掏出口袋裡的錢包，結果胸腔中央近距離被射中一發點三八史密斯威森特殊彈。子彈穿過胸骨，進入左肺，湯姆還記得他很訝異，挨子彈竟然不怎麼痛。

動手術清掉鉛彈碎片之後，湯姆順利出院，不到一個月就繼續跑步，但是這種創傷經歷的復元既緩慢又艱辛。湯姆花了逾十年恢復原本的肺活量，儘管他認眞按表操課，鍛鍊成果仍不如預期。除此之外，湯姆一心想回到中槍之前的體適能，於是決定找出降低運動心跳率的方法。他直覺認爲降低身體在運動時承受的壓力，就能全面改善體力和耐力。他的理論是，克制呼吸就能維持穩定受控的運動強度，「就像除草機引擎的調速器」。這麼做比買一台心率監測器便宜多了。

湯姆很快就意識到鍛鍊時，他必須只從鼻子呼吸，否則就表示他操過頭、速度太快了。一開始，他覺得運動全程都用鼻呼吸有點難，後來他發現嘴巴貼膠帶就能輕鬆保持鼻呼吸。湯姆不只運動貼膠帶，連睡覺也貼，以免睡著了變成口呼吸。歷經一年的減量呼吸訓練後，湯姆去做肺活量檢測，結果與相同體重和同年齡層相較，他的肺活量達百分之一百三十。

此後，湯姆投身生命中兩大熱愛的事業：運動和發明。現今是加州大學聖地牙哥分校的鐵人三項教練、TitanFlex單車發明人，還取得美國奧運鐵人三項教練的執照。湯姆在聖地牙哥鐵人三項俱樂部躋身領導階層十三年後，受引薦登上名人堂。

多年來習慣口呼吸的人，改成鼻呼吸需要勇氣和毅力。有時候如果眞的想提升表現，你必須先退一步才能前進兩步。

運動的時候，不妨觀察一下隊友或對手，我敢說他們肯定從嘴巴呼吸。人們經常問我：「如果鼻呼吸眞的這麼棒，爲什麼大多運動員都是口呼吸？」簡單來說，歐美呼吸習慣已經脫離正軌太久，導致口呼吸變成常態。

人類祖先運動時仍保持鼻呼吸，現代原住民部落也一樣，包括北墨西哥以擅長跑步聞名的塔拉烏馬拉族（Tarahumara）。以鼻子呼吸的塔拉烏馬拉族進行四十二公里長跑時，研究人員訝異地發現，他們的每分鐘平均心跳率竟然低於一百三十。反觀一般歐美馬拉松跑者，每分鐘平均心跳率介於一百六十至一百八十。由此可知，即使是激烈運動途中，鼻呼吸仍能維持平穩的呼吸模式（待第11章詳述）。口呼吸是近現代才發生的現象，非但無助於提升運動表現，反而會妨礙進步。

哈佛大學畢業的人類學家韋德・戴維斯（Wade Davis）畢生奉獻給原住民文化研究，尤其是北美和南美洲的原住民。至今，他和十五個原住民部族同居過，包括亞馬遜的部落獵人。這群獵人的感官極度敏銳，可以聞到四十步之外的動物尿液，還能判斷動物是雄是雌。

待在亞馬遜部落期間，身為鐵人三項運動員的戴維斯獲准跟著獵人去狩獵。獵人們一早就出發，整個過程在慢跑和跑步之間切換。他們一發現動物蹤跡，就會立刻換成跑步，以便追上獵物。動物發現獵人之後會加速逃跑，獵人則緊追在後。獵人會窮追不捨，而且加快步速，讓獵物沒有時間休息。就算追丟獵物，他們仍堅持不懈，直到再次找到獵物為止。這個狩獵模式可以持續數小時，甚至數天，最後努力終將獲得報酬。等到動物體力不支，獵人們就能近距離捕獲獵物。戴維斯沿路跟得很吃力，他最驚嘆的就是獵人們從來沒張口喘過氣。現代原住民和人類祖先一樣，長時間從事高強度跑步也不需從嘴巴呼吸。現代人似乎已經忘了這項本領，是時候反璞歸眞了。

運動時只用鼻子呼吸，一開始可能會感覺不太對勁，尤其是習慣口呼吸的人。但請記住，鼻子的功能就是呼吸，透過鼻子呼吸不僅能改善健康，還可以提升運動表現，包括：

・先過濾空氣，使空氣變得溫暖潮濕，再進入肺部。

・降低心跳率。

・將一氧化氮送進肺部，保持呼吸道和血管暢通。

・改善血液輸送氧氣至全身的效率。

・運作肌群收到更多氧氣，就能減少乳酸堆積。

半小時維持鼻呼吸能達到的運動強度，視你的BOLT成績而定。以下是幾項準則，實際狀況會受鼻孔和呼吸道大小的影響。例如鼻孔較大的運動員，呼吸阻力較小，閉著嘴巴運動的強度就比較高。

在此根據BOLT成績高低列出運動能力（全程不用口呼吸）的通則：

・BOLT成績低於五秒的人，光走路就很吃力。爬一階樓梯要費很大的勁，大約爬三、四階就要停下來休息。

・BOLT成績低於十秒的人，可以慢速行走。

・BOLT成績低於二十秒的人，可以快走或輕鬆慢跑。

・BOLT成績低於三十秒的人，可以中速或快速慢跑。

・BOLT成績低於四十秒的人，可以快跑。

只要BOLT成績進步，不論呼吸道寬或窄，你的呼吸都會緩和下來，而且可在全程鼻呼吸的狀況下，跑得更快更久。你的體適能將大幅超越原先程度，運動時更能輕鬆保持鼻呼吸。六到八週內，你的BOLT成績應該就能進步十到十五秒，且體能明顯變強。

加州有一位比爾·杭（Bill Hang）牙齒矯正醫師，過去二、三十年來，杭醫師看過數千名患者的口腔和呼吸道。他和其他傳統牙齒矯正醫師不太一樣，除了牙齒整齊之外，杭醫師也注意牙齒對上下頜、臉寬和呼吸道寬窄的影響。

我們必須有效利用氧氣，但呼吸道也得夠寬，空氣才能自由進出肺部。如果兒童或青少年整整五年、十年習慣口呼吸，他們的臉形會變窄，上下頜無法正確發育，呼吸道也會跟著緊縮。成長階段一定要透過鼻子呼吸，臉形、上下頜和呼吸道才能正常發育。第13章會更仔細探討呼吸在臉部成形階段和牙齒矯正需求扮演的角色。

二〇〇九年，我在一場肌功能治療師的研討會認識杭醫師，當時我們都是研討會的講者。後來才發現，兩人都在研究呼吸和平常舌頭位置對睡眠、運動和健康的影響。我的演講主題是鼻呼吸的益處，杭醫師則談論呼吸道寬窄以及良好臉部結構對運動表現的益處。呼吸道如果太窄，運動能力自然會受限。試想，如果你只能從一根細吸管呼吸，同時要跑完全程馬拉松，不論鍛鍊多扎實、體適能多高、意志再堅定，呼吸道一旦受阻，身體就無法吸足氧氣，進行所需的氧合作用。

那天，杭醫師告訴我，他跑了四十二年，完成十九場馬拉松，每次都「嘴巴開開，像狗一樣」。隔天，他開始改變習慣，運動時採取鼻呼吸，每晚睡覺都用膠帶貼嘴巴，避免口呼吸。一開始他發現運動時會不斷流鼻涕，每跑幾百公尺就要停下來擤鼻子。不少人在調整成鼻呼吸的過程中都經歷了這個階段，這表示呼吸道正在逐漸暢通，呼吸量增加，只要忍耐兩三週，症狀就會消失。鼻子和其他器官肌肉一樣，也要一點時間適應運動的強度。

六個月後，杭醫師跑完帕薩迪納馬拉松，勇奪該年齡分組的亞軍。不僅如此，他幾乎全程都用鼻呼吸，只有長途上坡才偶爾開口呼吸。這位六十歲的跑者眞是太了不起了！現在，爲了保持並改善體適能，他每週日都會跑兩小時，全程鼻呼吸。暖身跑步二十分鐘後，他就能調高跑速，同時維持緩慢規律的呼吸。以前跑步他總是張嘴喘氣，耗盡體力，現在狀況已經改善許多。

訓練身體學會事半功倍

體能訓練要發揮最大效益，你必須訓練身體學會事半功倍，而方法就是降低吸氣量。將事半功倍的概念融入訓練，藉此提升跑步效率、強化運動表現，並在競賽時減少呼吸困難和乳酸堆積的情況。更重要的是，你不必逼身體超越極限，還可降低受傷、心血管問題、呼吸問題和其他健康隱憂的風險。只要保持鼻呼吸，你就能在體力範圍內安全鍛鍊體能。

有三個方法可以降低體能運動的吸氣量：

1. 身體放鬆，肺部少吸一點空氣。

2. 提高運動強度，同時保持鼻呼吸。

3. 一邊運動，一邊練習閉氣。

第一次換成鼻呼吸時，你可能會發現最高跑速的表現不如以往。從鼻孔呼吸會增加阻力和負擔，前兩三週有可能會影響表現。但是只要持續練習，提高BOLT成績，運動表現絕對會有所突破。

定時從事高強度訓練的運動選手必須不斷交替口鼻呼吸，才能改善整體的呼吸模式。高強度訓練的目的是避免肌肉廢用，而訓練途中每隔一段時間就要改成口呼吸。這是必要的訓練方式，一樣可以跟鼻呼吸結合，達到最佳效果。只要最高強度以外的訓練項目，以及其他時間都用鼻子呼吸即可。比如運動選手的訓練時間有七成都是鼻呼吸，以便獲得鼻呼吸的健康益處，並增加訓練負荷，提高BOLT成績。剩下一小部分爲了維持肌肉狀態的竭力訓練，就可以暫時換成口呼吸。

比賽過程中，選手不必刻意大口呼吸，也不必減少呼吸量。只要放鬆身體，按照感覺自然呼吸即可。倒是暖身做閉氣練習，收操做復元呼吸，都能提高競爭優勢。一旦比賽就緒的哨音吹響，選手大可把呼吸習慣抛到腦後，專注在比賽本身。因爲良好呼吸習慣應該在平時落實，比賽才能占上風，而關鍵就是拉高ＢＯＬＴ成績。

至於志不在參加比賽或是高強度訓練的休閒型運動員，最好時時保持鼻呼吸。不過運動時降低呼吸量不宜過激，如果身體太缺乏空氣，不得不張嘴呼吸，請先放慢速度，讓呼吸緩和下來。

熱身運動大揭密

大多數運動教練都同意熱身運動很重要。運動時，身體需要輸送更多血液至組織和肌肉。熱身的目標就是增加血液流量，替身體做好準備，迎接更高強度的體能運動。這麼做可以減少運動傷害的風險，提升整體表現。

身體需要一些時間暖身。暖身完畢後，身體的運動效率就會增加，下列益處也可以發揮最大效果：

- 製造更多二氧化碳，促進血液釋放氧氣給組織或器官、提高最大攝氧量、增加耐力、降低受傷風險。

・擴張血管和呼吸道，使血液暢通，呼吸更輕鬆。

然而，許多運動員熱身都做得不充分，大概花個兩、三分鐘輕鬆慢跑就草草結束，隨即提高強度。

艾詩琳在一支實力堅強的愛爾蘭業餘足球隊擔任選手。她的體能狀況極佳，才剛開始進行氧氣益身練習。艾詩琳體力過人，她卻常在比賽前十到二十分鐘感到呼吸困難，比賽結束時，又覺得自己還有大把體力可消耗。

運動界常出現這種抱怨，原因通常是暖身不足。要避免比賽初期喘不過氣，最佳解答就是提高BOLT成績，花更多時間進行鼻呼吸暖身。

像艾詩琳這樣一開始很難進入狀況的選手，應該提前至少十分鐘暖身，尤其天氣冷更該注重暖身，因爲身體可能最多需要半小時才能達到最佳狀態。爲了把所有體力灌注到比賽，身體應該在開賽沒多久就達到顚峰，而不是下半場才漸入佳境。如果因爲沒耐心提早結束暖身，或壓根不重視暖身，你就無法在比賽時全力以赴。

如下所述，結合動作、放鬆技巧和閉氣，即可發揮暖身的最大效益。

氧氣益身的暖身運動

・以自己覺得舒服的步速開始走路。

・暖身時，盡量從鼻子規律緩和呼吸，運用橫膈膜保持輕柔放鬆的呼吸技巧。

・吸氣時，感受到腹部稍微往外擴，吐氣時稍微往內縮。

・走路時，全身都要充分放鬆。有意識地放鬆胸部和腹部周圍（心中冥想某個身體部位放鬆，就能釋放該部位的緊繃壓力）。感覺身體擺脫壓力，變得柔軟。運動時保持身體放鬆，可以確保呼吸平穩規律。

・按照穩定步伐走路一分鐘，透過鼻子正常吐氣，接著用手指捏住鼻子閉氣。（在公共場所時，可以不必捏鼻子。）

・閉氣之後走十到三十步，或者走到想呼吸的欲望達到中等程度為止。此時即可鬆開手指，恢復鼻呼吸。

・繼續走路十分鐘，每分鐘閉氣一次。

暖身時先靠閉氣使身體渴求空氣，即可在運動前先累積血液的二氧化碳含量。

運動強度增加之後，呼吸量會變大，但這時身體不會再製造二氧化碳，只會不斷流失。二氧化碳一旦流失，運作肌群收到的氧氣就會變少，呼吸道和血管也會收縮。這也說明了，爲何哮喘和呼吸困難總是發生在運動的前十分鐘。

爲了避免運動引發的哮喘，請遵守三項簡單的原則：

1. 達到BOLT高成績
2. 保持鼻呼吸
3. 做足暖身運動

從輕慢呼吸到正確呼吸：慢跑、跑步或其他活動

先運用放鬆和閉氣技巧走路暖身十分鐘，你就可以開始慢跑或跑步了。一開始先按照呼吸輕鬆邁步，保持鼻呼吸。慢跑或跑步都要維持呼吸規律受控。如果閉著嘴巴很難跑，表示當下跑速過快，你應該先放慢速度，甚至停下來走路，直到呼吸恢復規律。記得隨時隨地透過鼻子呼吸，BOLT成績低於二十秒的人更該如此。

如果想知道練習是否太過激烈，你可以先正常吐氣，然後閉氣五秒。恢復鼻呼吸之後，呼吸應該很平穩。如果呼吸失控，表示練習過頭了。

不論你喜歡哪一種運動，記得都要注意呼吸，並進入身體意識。默唸「放鬆」幫助釋放腹部周圍的壓力，並且將全副專注力從心思轉移到身體。讓自己與跑步或運動合而爲一，將身體、心思和活動融爲一體，並動用全身從頭到腳的細胞。這樣就能全神貫注，專心面對當下的鍛鍊、運動或競賽。參加活動時，不該只是把動作做完，而要融入活動本身。

跑步的時候，一邊驅動身體前進，一邊感受腳掌與地面的輕柔接觸。不要重踩地面，以免臀部、關節痠痛，以及其他部位受傷。想像跑步的身體很輕盈，腳掌幾乎快碰不到地面。想像自己跑過一片細嫩樹枝，步伐輕到樹枝都踩不斷，仿效老子所言：「善行無轍跡。」記住，步伐輕盈、身體放鬆，呼吸規律穩定。

跑步或其他運動持續十到十五分鐘後，你大概會感受到腦內啡帶來的愉快心情。記得從鼻子穩定規律的呼吸，好讓身體找到最完美的運動功率。你不需要心率監測器或其他裝置告訴你現在訓練強度有多高。相反地，**讓你的鼻子、呼吸節奏和身體的感覺來決定訓練強度**。繼續提高跑速，直到可以維持穩定規律鼻呼吸的跑速上限。如果你的呼吸亂了節奏，必須從口呼吸，表示運動強度太高了。這時請放慢速度，走路兩到三分鐘，讓呼吸恢復平穩。等你可以再次從鼻子平靜呼吸，再繼續運動。

繼續運動之後，體內產生的二氧化碳和熱能增加，將促進血液輸送氧氣給運作肌群，並擴張呼吸道和血管。你的身體會變熱流汗，呼吸比平常快但仍平順，頭腦也會變得清晰。如果運動全程都沒有張開嘴巴，你的呼吸就能更快調整回來。

一復元呼吸練習一

運動結束之後，先走路三到五分鐘，同時按照以下步驟稍微閉氣收操：

- 正常從鼻子吸氣。
- 用手指捏住鼻子，閉氣二到五秒。
- 正常鼻呼吸十秒。
- 收操全程重複前三個步驟。
- 恢復正常呼吸。

如何判斷運動方式是否正確？

除了利用閉氣判斷訓練強度上限，你也可以從ＢＯＬＴ成績看出運動的呼吸效率。按照下列步驟，從BOLT成績記錄自己的表現：

- 訓練之前，先測一次BOLT成績。
- 開始運動。
- 運動結束後一小時，再測一次BOLT成績。
- 假如成績高於運動前，表示運動的呼吸效率充足。
- 假如成績變差，表示呼吸效率不足。下次記得再放慢速度，確保運動時呼吸規律。

一九九九年，丹尼．爵爾（Danny Dreyer）與妻子凱瑟琳（Katherine）將「氣功跑步」的概念引入運動界，這個概念揉合跑步、步行和太極注重的內在。自一九九五年至今，丹尼成功完賽四十場超馬，其中三十九場都在同年齡組拿下前三名。丹尼是鼻呼吸的堅定擁護者，他建議運動員把鼻呼吸當成自我調節機制，「因爲**無法維持鼻呼吸，表示你跑太快**、**身體不夠放鬆，或者動作不夠有效率**。」丹尼和許多經驗豐富的跑者一樣，一開始換成鼻呼吸跑步，只能維持一分鐘左右，就必須開口呼吸。不過，隨著他調整效率，放鬆呼吸，配合跑步的形式，鼻呼吸就越來越持久。丹尼也認爲，鼻呼吸的另一項好處就是空氣可以更深入肺部，促進氣體交換。說了這麼多，你親身試試看就會知道了。只要運動時堅持鼻呼吸，短時間內你就能感受到不同。

第2篇
體能的秘密

第6章　改變呼吸法就能突破瓶頸，提升運動表現

美國奧運訓練中心指出，奧運選手的表現落差不超過百分之〇．五。在競爭如此激烈的狀態下，選手和教練必須訴諸新方法，讓選手贏在起跑點上。既然氧氣是運作肌群的燃料，任何能將體內氧氣提高到超出平常含量的方法，都能對選手的表現帶來莫大助益。再說，氧氣是取之不盡的天然資源，完全是合法強化選手表現的理想利器。

開發體內天然資源的方法之一，就是暫時刻意降低身體的攝氧量。**當人體氧氣含量較低，例如位於高海拔地區或刻意閉氣，身體就會被迫增加血液的氧合作用，適應低氧環境。**即便非競賽型運動員，這些技巧也能在運動時發揮最佳功效，加速任何健身計畫的進程。誰不想要事半功倍呢？

努力追求進步的同時，部分運動員選擇靠輸血或服用、施打紅血球生成素（EPO）、睪固酮、人類生長激素等禁藥來違規增血。

爲了取得競爭優勢，有些運動員不惜採取輸血這種劇烈且違法的手段。比賽前幾週，運動員會先抽血，將血液冷藏儲存。當身體察覺血液含量低於正常值，就會製造更多紅血球彌

補空缺。等到比賽日子將近，通常約一到七天前，再將冷藏的血液輸回體內。這麼一來，身體的紅血球就會超出正常數量，可提高最大攝氧量，並強化運動表現。

一九九〇年代初期，ＥＰＯ成了增強耐力的首選禁藥。腎臟本來就會製造ＥＰＯ，刺激骨髓釋放更多紅血球進入循環系統。**紅血球負責將肺部氧氣輸送給肌肉，所以紅血球數量一增加，運動員的有氧運動能力就會增強**。實驗室製造的人工ＥＰＯ跟腎臟的天然ＥＰＯ幾無二致，醫生會開ＥＰＯ給慢性腎臟病引發貧血的患者，補足體內缺乏的紅血球。但是，自從醫院開始採取ＥＰＯ療法，一些運動人士紛紛發現服用ＥＰＯ可以增加身體的攝氧能力，強化運動表現。

全世界所有耐力賽中，違規增血最猖獗的就是環法自行車競賽。環法賽是最頂尖的自行車賽，參賽人數限制不得超過兩百人，因此環法賽是許多初出茅廬的業餘或職業車手夢想的舞台。這場高難度的公路比賽全長約三千五百公里，賽期二十二天，部分爬坡地段長達三十二公里以上，過程十分考驗人心。一九〇三年舉辦首屆環法賽以來，主辦方就不斷受到指控，稱車手採取違法手段以求完賽或取得更好的成績。早期的車手會飲用酒精，在多個賽段停下來裝取葡萄酒、啤酒或其他酒精飲料。不過酒精只能麻痺車手的痛苦，對運動表現沒什麼幫助。近幾十年，車手爲了領先，甘願冒更大的風險。

一座花崗岩紀念碑矗立在環法賽其中一段賽程上，那是一九六七年知名英國車手湯姆·

辛普森（Tom Simpson）比賽中途倒地身亡之處。墓誌銘刻著：「奧運獎牌得主、世界冠軍、英國運動大使。」二十九歲那一年，辛普森獲得史上最佳英國車手的美名。那一天，車隊騎上阿爾卑斯山，辛普森腹瀉又胃痛，整個人很不舒服。

在盛夏的高溫下，辛普森在旺圖山接近山頂的爬坡路段倒下。他很想繼續撐下去，於是要觀賽群眾「扶我上車」。結果騎了四百五十公尺後，辛普森再度倒地。儘管一名護士立刻進行急救，他仍然當場氣絕，隨後由直升機運送到醫院。後來，驗屍報告指出辛普森體內殘留安非他命，調查員隨後也在飯店房間和他的運動衣口袋找到用藥證據。

往後幾年，使用禁藥的方法越來越複雜。藍斯·阿姆斯壯（Lance Armstrong）的隊友泰勒·漢密爾頓（Tyler Hamilton）就曾說過，當醫護人員替他注入剛從冰箱取出的血液，他全身都起了雞皮疙瘩。漢密爾頓在《競速的秘密》（*The Secret Race*）一書中，披露環法賽冠軍頭銜已遭褫奪的阿姆斯壯，也會靠輸血強化表現。一九九八年環法賽，阿姆斯壯的車隊後面一直跟著一輛摩托車，車上就裝著新鮮的瓶裝EPO。漢密爾頓寫道：「在蘭斯看來，增血是很自然的事，就像氧氣或地心引力一樣。」

二〇一〇年十月十日，美國反禁藥組織（USADA）發表聲明，結論稱「證據明確指出，美國郵政自行車隊（藍斯·阿姆斯壯隸屬車隊）成功採取最複雜專業的用藥計畫，其程度堪稱體育史上前所未見。」從那天起，藍斯·阿姆斯壯的冠軍光環化爲泡影。最後，這份聲明感謝十一位阿姆斯壯的前隊友勇敢站出來。他們曾親身參與禁藥計畫，如今自願協助反禁藥組織進行調查，以「幫助年輕的運動員，期望他們不必陷入同樣的困境。」

二〇一三年一月，阿姆斯壯上美國名嘴歐普拉．溫芙蕾的脫口秀接受訪談，全盤托出使用禁藥的實情，包括EPO、睪固酮、人類生長激素和可體松，並坦承依靠違規增血和輸血強化比賽表現。當歐普拉問及他奪冠的七場環法賽是否都使用了禁藥或違規增血，阿姆斯壯的一句「是」震驚了全世界。

夢想參加環法賽的車手，通常年紀輕輕開始受訓。從青少年階段就要犧牲社交生活和閒暇時間，專心從事騎車訓練，爲力氣、體力和耐力打好基礎。現在，請你想像一下，你每天從起床到就寢，身體做的和心裡想的全都是鍛鍊、騎車和車賽。這麼多年以來，你天天夢想成爲頂尖車手。經過幾年的起起伏伏，你終於拿到環法賽的入場券，有機會一展抱負。但是第一場賽季開始沒多久，車隊同仁就給你兩個選項：第一，接受違規增血，讓你有機會在公平競爭的條件下參賽；第二，拒絕違規增血，直接打包走人，放棄夢想。許多偉大車手有可能都曾面臨這樣的困境，包括泰勒．漢密爾頓、弗洛伊德．蘭迪斯（Floyd Landis）、比雅恩．里斯（Bjarne Riis）、馬可．潘塔尼（Marco Pantani）。說穿了，他們只不過想參加畢生熱愛的運動賽事。儘管許多車手情非得已，在誘惑面前妥協，也有其他車手選擇忍痛放棄環法賽。史蒂芬．斯渥特（Stephen Swart）在紐西蘭北島長大，他和哥哥在青春期就是非常優秀的車手。一九九四年和一九九五年，斯渥特是阿姆斯壯的隊友，但三十歲那年，他選擇離開單車界，後來更打破緘默，道出單車界使用禁藥的內幕，因此遭到昔日車友的唾棄，罵他「毀了一切」。回首過往，斯渥特覺得自己受騙，希望當時不必面臨被迫用藥的兩難。在那種禁藥至上的氛圍裡，車手的天賦反而不受重視。那段漫長的歲月裡，環法賽的奪冠關鍵不再是車手本身的運動實力，而是看哪個車隊的醫生能開出最厲害的禁藥。

自從英國《星期日泰晤士報》首席體育記者的大衛．沃許（David Walsh），以及職業單車選手出身，轉職當體育記者後多次獲獎的保羅．金米吉（Paul Kimmage）和其他記者緊盯著體壇的一舉一動，現在多間體育機構已經把反禁藥作弊視爲首要問題。金米吉數十年來持續揭發環法賽的禁藥風氣，他表示：「我自己曾身歷其境，所以很了解車手面臨不得不用藥的壓力，也很清楚禁藥對車手的誘惑有多大。現在大眾認爲環法賽已經全面沉淪，無人不用藥。其實這種事根本不該發生，我非常痛心。」

幸好目前看來，體壇風氣已經慢慢改變，大多運動員都不願採取不道德的禁藥手段。他們改用高地訓練或其他能增進攜氧能力的技巧，透過自然方式增加競爭優勢。

高地訓練和本書氧氣益身技巧的主要目的，是增加紅血球數量。本書的閉氣練習能讓腎臟製造更多ＥＰＯ，並讓脾臟釋放紅血球到血液裡。這兩種反應都能使血液的攜氧能力超過正常值。選手不必承擔風險，也不必違反道德原則，就能取得競賽優勢。高濃度紅血球對運動表現有多項益處，包括：

- ・增進血液的攜氧能力
- ・提高最大攝氧量
- ・增強身體耐力

最大攝氧量是指人體在力竭運動狀態下，一分鐘能輸送並消耗的氧氣量。計算方式是運動過程中，人體每分鐘每公斤體重能夠攝取的最大氧氣量。這項數值可當作運動員從事體能鍛鍊能力的判斷依據，也是測量心肺耐力和有氧體適能的最佳指標。例如單車、划船、游泳、跑步等極度要求耐力的運動，其世界級的運動員最大攝氧量通常都很高。大部分加強耐力的訓練計畫旨在提高選手的最大攝氧量，而增加血液的攜氧能力就能達到目的。

本章接下來會探討幾種不同的訓練方法，以及每一種訓練如何影響身體的最大攝氧量和血液攜氧能力。爲了讓各位理解這些技巧的原理，我們先介紹一些血液組成的基本資訊，以及後面經常會提及的幾個專有名詞。

血液由三個部分組成：攜氧的紅血球、白血球和血漿。血紅素是紅血球的一種蛋白質，功能之一就是把肺部氧氣送到各細胞、組織和器官釋放，以燃燒養分產生能量。血紅色釋放氧氣之後，會接著收集生成的二氧化碳，帶回肺部排除多餘的量。

每個人的血紅素濃度高度不一，但基本的正常範圍如下：

男性：十三．八至十七．二 gm/dL（表示每十分之一公升含有的公克數）

女性：十二．一至十五．一 gm/dL

紅血球在血液裡占的百分比稱為「紅血球容積比」，簡稱血容比。一般情況下，血容比跟血液的血紅素濃度密切相關。男性血容比通常介於百分之四十．七至五十．三之間，女性則介於百分之三十六．一至四十四．三。

氧氣益身計畫另外會測量血紅素的血氧飽和度。血紅素有攜氧能力上限，血氧飽和度就是血紅素在血液裡攜帶氧氣的比例。一般動脈的血氧飽和度是百分之九十五至九十九。

接下來的章節要介紹輔助訓練計畫的調查研究，包括高地訓練、高強度運動，以及閉氣模擬高海拔，並比較這些技巧如何自然改善攜氧能力和運動表現。

高地訓練的優點

傳統的高地訓練法會把運動員送到高海拔地區居住受訓，強迫身體適應在低氧環境運動，藉此增加血液的攜氧能力。現在運動員仍採取這項技巧，尤其是住在高海拔地區的跑者，例如肯亞和衣索比亞。然而，高地訓練有個明顯的缺點：低氧環境會增加運動阻力，使運動員無法達到最大運動功率。一旦運動強度降低，肌肉就有可能廢用。

爲了降低高地訓練造成的「停止訓練」（detraining）效果，同時保留高地的優勢，達拉斯德州大學的班傑明·列文（Benjamin Levine）和詹姆斯·史崔岡德森（James Stray-Gundersen）兩位博士在一九九〇年代提出「高住低練」的方法，意即讓運動員住在兩千五百公尺的高地，在一千五百公尺以下的低地受訓。這個方法假設運動員可以享受住在高地的正向生理變化，又能在低地保持最大運動功率。

列文和史崔岡德森從大學找來三十九位男女長跑跑者，每個人的體適能程度都差不多。這些受試對象共分成三組：

1. 低住（一百五十公尺）低練（一百五十公尺）
2. 高住（兩千五百公尺）低練（一千兩百五十公尺）
3. 高住（兩千五百公尺）高練（兩千五百公尺）

訓練結束後，研究發現第二組「高住低練」的紅血球容積增加了百分之九，最大攝氧量增加了百分之五。最大攝氧量的改善幅度與紅血球容積的增加幅度成正比，跑者的五千公尺長跑也縮短十三·四秒，進步十分顯著。

回到海平面後，唯有「高住低練組」的最大攝氧量和五千公尺成績出現明顯進步。這些跑者之所以進步，原因是身體習慣了高地環境，同時又在海平面維持訓練強度，最大攝氧量增加可能也是基於相同原因。

另一份研究找來國家代表隊的長跑選手，也得出相同結論。受試者在兩千五百公尺的高地受訓二十七天後，三千公尺計時賽的成績進步了百分之一．一。儘管百分之一．一聽起來不多，但是在頂尖高手雲集的競賽中，相差百分之一就能決定勝負。跑者除了成績進步之外，最大攝氧量也提高百分之三。

二〇〇二年美國鹽湖城冬季奧運，美國的長道競速滑冰國家隊就採取高住低練法，並獲得空前佳績，六位選手共獲得八面獎牌（其中三面是金牌），並打破兩項世界紀錄。二〇〇六年義大利杜林奧運，美國的長道競速滑冰國家隊沿用高住低練法，最終抱走三面金牌、三面銀牌和一面銅牌。

高強度訓練的優點

另一種頗受運動員和教練重視的訓練方式叫「高強度訓練」。基本原則是短時間內從事高強度運動，達到最大運動功率，不適合體力較弱的人。多項研究調查過身體對不同強度訓練的反應，發現**高強度訓練與一般運動相較之下，可以更明顯強化有氧和無氧運動能力**。有氧運動與耐力有關，可確保身體獲得足夠的氧氣補給，持續運作下去。無氧運動與速度、力氣和體力有關，可以用較短時間提升運動表現。

日本鹿屋體育大學的田畑泉教授和同仁針對兩種訓練實驗進行研究，比較一般強度與高強度訓練的差異。高強度組採取以田畑教授爲名的「TABATA訓練」，每次進行二十秒的高強度竭力運動。研究的結論指出，一般強度的有氧訓練可以改善有氧運動能力，不過高強度間歇訓練可以同時改善有氧和無氧的運動表現。（編注：詳細可參考《TABATA之父揭開瞬間燃脂的秘密》一書。）

英國艾希特大學的史蒂芬・貝利教授（Stephen Bailey）與同仁提出另一份研究，以最大攝氧量和肌肉去氧合作用的測量結果，比較高強度衝刺訓練和低強度耐力訓練。試驗結果顯示，高強度組的攝氧量動力學（VO_2 kinetics：在固定的運動強度下，攝氧量到達穩定前的變化狀況，包括攝氧量上升的速率。）速率較快，對高強度運動的耐受力也升高了。換句話說，運動和休息交替之間，運動員可以更快攝入氧氣，從事高強度運動時也更輕鬆。隨著運作肌群的氧合作用提升，運動過後所需的恢復時間就會降低，產生的乳酸也會變少。

這樣看來，高強度訓練對運動員確實有多項好處，包括：

・強化無氧和有氧的能量補給系統，可提升耐力、體力、速度和力氣。

・加快攝氧量動力學速率，血液可以攜帶更多氧氣給肌肉。

・增加對高強度運動的耐受力。
・從事低於最大強度的運動之後，恢復時間縮短。
・減少乳酸堆積。
・強化運作肌群的氧合作用，增加運動的強度和時間。

接下來，就來看看如何複製高地訓練和高強度訓練的效果，以增加運動表現。

模擬高地訓練和高強度訓練的科學原理

就現實條件來看，肯亞選手要進行高地訓練，顯然比愛爾蘭選手簡單得多，畢竟愛爾蘭的低窪地區連一千公尺高度都不到。同樣道理，高強度訓練必須在短時間內發揮最大體能和呼吸作用，直到力竭爲止，並非人人都能隨時隨地進行。有些人進行高強度訓練會很難受，或者呼吸失控，連帶產生健康問題。

氧氣益身計畫有個實用的替代方案，不論住在哪裡、體能高低，人人都能執行，那就是平常訓練時搭配閉氣練習。後面會說明閉氣技巧爲何能擁有高地訓練和高強度訓練的效果，這些益處包括：

- 從脾臟釋放紅血球，增進有氧表現。
- 體內自行製造天然的EPO。
- 提高二氧化碳的耐受門檻。
- 降低運作肌群的壓力與疲勞。
- 心理準備更周全。
- 運動後恢復時間縮短。
- 減少乳酸堆積。
- 增進游泳技能（稍後討論）。
- 休息或受傷期間仍能保持體能。
- 不必特地跑去高地，就能持續享受以上益處。

百萬年來，人類祖先為了潛入深水覓食，早就廣泛使用閉氣技巧。有些演化理論甚至認為人類的幾項特徵都是源自潛水能力。日本從事採珍珠的女性稱為「海女」，絕大多數的海女至今仍延續閉氣潛水的傳統。一般認為閉氣潛水的歷史已經超過兩千年。

大自然最厲害的潛水高手是威氏海豹，牠們最久可以連續潛水兩小時。人類適應水域的能力不敵海豹，但是也發展出遇到缺氧的應對機制。一般來說，多數人吸氣之後可以閉氣五十秒左右，頂尖潛水員的靜態閉氣時間則介於八分二十三秒至十一分三十五秒。

多項研究都想了解閉氣如何加強身體的供氧能力，於是紛紛探討閉氣潛水對天生潛水員（如海女）、專業潛水員和未受訓潛水員的影響。

人體的脾臟就像血液銀行，當身體發出需要氧氣的訊號，脾臟就會釋出庫存的紅血球。因此，**脾臟是調節紅血球容積比（紅血球在血液占的比例）和血紅素濃度的關鍵**。促進身體釋放更多紅血球並提高血液的血紅素濃度，可以在運動時增加身體為運作肌群供氧的能力。有些閉氣研究針對因醫療因素摘除腎臟的對象進行實驗，發現脾臟是改變血液組成的重要器官。經過一系列短暫閉氣練習之後，擁有完整腎臟的受試者血容比和血紅素濃度分別上升百分之六．四和三．三。而摘除腎臟的受試者血液組成則完全沒變化。由此可知，即使只閉氣五次，血液的攜氧能力仍能藉由脾臟大幅提升。

脾臟也會影響一個人的閉氣時間。一份研究指出，受試者在第三次閉氣可以撐最久。受過訓練的閉氣潛水員最高紀錄是一百四十三秒，未受訓潛水員是一百二十七秒，摘除脾臟的受試者則是七十四秒。不僅如此，閉氣潛水員和未受訓潛水員的脾臟都縮小了百分之二十，可見收到缺氧的訊息後，脾臟會立刻快速收縮。這就表示不斷練習閉氣可以增進閉氣能力，因為脾臟收縮後，會釋放更多紅血球到血液裡，提高身體的攜氧能力。儘管這些研究對象都是盡可能閉氣到最後一秒，後來也有研究發現就算只閉氣三十秒，脾臟也會明顯收縮。不過，脾臟最強烈的收縮動作，也就是血液組成變化最劇烈的時候，而這必須要閉氣到極限時才會發生。

研究報告還提到一項實用的資訊：要得到閉氣潛水的好處，不一定非要潛水不可。水中閉氣和陸地閉氣的受試者之間，血容比和血紅素濃度的增加幅度並無明顯差異。既然把臉埋在水中的閉氣成效沒有顯著大增，我們可以認定是閉氣本身促進了脾臟收縮。換句話說，脾臟釋放紅血球不是因爲身處水中，而是閉氣使得血液氧氣壓力下降的關係。因此，想獲得閉氣的好處，不一定要潛水或游泳。這一點對氧氣益身計畫至關重要，因爲我們的閉氣練習並非在水中進行。

由上述研究可知，只要在平地進行一系列閉氣練習，就能獲得與高地訓練相似的成效。**靠著降低供氧量，刺激脾臟收縮，血容比和血紅素濃度就會上升，增進血液的攜氧能力，同時改善有氧運動能力。**

閉氣練習最吸引人的地方，在於幾乎所有人都辦得到，也不像高強度運動那樣費力。三到五次盡力閉氣，就能使血紅素濃度上升百分之二到四。百分之二聽起來很少，但是在一秒差距就能決定贏家和輸家的世界，一絲一毫的競爭優勢都不容放過。

氧氣益身訓練爲何能引發更強烈的反應

前面提到閉氣與脾臟收縮的相關研究中，每次受試者都是先吸氣再閉氣。你或許會覺得奇怪，爲何氧氣益身計畫的閉氣練習是先吐氣再閉氣呢？容我解釋一下。

吐氣之後閉氣會降低血液的血氧飽和度，產生高地訓練的效果。我替上千人監測過閉氣時的血氧飽和度，目前**血氧飽和度變化最劇烈的反應是在吐氣後的閉氣**。多數人練習四、五天後，就能觀察到血氧飽和度降至百分之九十四以下，效果堪比住在兩千五百公尺至四千公尺的高地。

閉氣之前輕輕吐氣，降低肺部空氣量，即可更快累積體內的二氧化碳，引起更強烈的反應。就算閉氣時間變短，二氧化碳仍能增加。比起一般閉氣只能累積正常量的二氧化碳，這種作法能增進血紅素濃度百分之十。

血液的二氧化碳濃度越高，脾臟收縮越強烈，釋放的紅血球就越多，於是血液的氧合作用也越活躍。

血液二氧化碳增多，血氧分離曲線就會右移。波耳效應提過，二氧化碳增加，血液酸鹼值就會降低，使血紅素釋出氧氣給組織，進一步減少血氧飽和度。

吐氣後閉氣還能把一氧化氮送進肺部，讓一氧化氮充分發揮功效。吐氣並閉氣之後，一氧化氮就能留在鼻腔，等到恢復呼吸，帶著一氧化氮的空氣就會被吸入肺部。

自然增加紅血球生成素（ＥＰＯ）

前面說過，當血液氧氣濃度變低，腎臟就會分泌紅血球生成素（簡稱ＥＰＯ）。ＥＰＯ的功能之一就是加速骨髓製造紅血球細胞，間接強化肌肉的供氧能力。**閉氣能有效刺激身體釋放ＥＰＯ，增加血液氧氣量，強化運動表現**。運用閉氣練習降低體內氧氣量時，ＥＰＯ濃度最多可提高百分之二十四。

睡眠呼吸中止症的患者案例，最能看出閉氣和ＥＰＯ生成的因果關係。睡眠呼吸中止症患者入睡之後，會在吐氣完不自主閉氣。根據症狀嚴重程度，患者每次閉氣約十到八十秒，一小時發作最多七十次。發作期間，患者的血氧飽和度可能會從約百分之九十八降至五十，而身體處於低氧狀態下，ＥＰＯ濃度有可能提高百分之二十。

當然，睡眠呼吸中止症的情況跟閉氣強化運動表現不能相提並論。不過閉氣（無論自主或非自主）和ＥＰＯ自然生成的關聯仍然值得注意。ＥＰＯ**濃度上升，血液就能輸送更多氧氣供肌肉消耗**，效果等同本章一開始提到的違規增血手法。閉氣強化運動表現和睡眠呼吸中止症以及違法增血不同，閉氣練習的好處在於，你可以完全控制每次閉氣的頻率和時間，而且靠身體自然製造ＥＰＯ既免費、有效又合法。

適度控制模擬高地訓練

從事體能運動或閉氣時，身體會缺乏空氣。說得具體一點，就是你會想要呼吸，只是程度分成輕微、中等和強烈。缺乏空氣的程度依運動或當下狀況而定。比如靜坐時練習閉氣，缺乏空氣的程度應該是輕微或尚可忍受，而激烈運動時閉氣，想呼吸的程度就會很強烈。運動時讓自己強烈想呼吸，對訓練是好事，因爲你正在調整身體適應強烈的呼吸需求。大多運動員都很樂意接受這種意志力和決心的考驗。

ＢＯＬＴ成績高於二十秒的運動員，比較適合在運動時挑戰強烈程度。ＢＯＬＴ成績低於二十秒的人，請注意不要閉氣太久，以免呼吸失控。閉氣之後一定要能恢復正常呼吸，這一點很重要。ＢＯＬＴ**成績越低，呼吸就越容易失控**。

請注意，強烈需要空氣時，由於血氧飽和度下降，可能會伴隨頭痛。休息約十分鐘後，症狀應該就會消退。盡量避免閉氣過度，引發頭痛。

藉由閉氣鍛鍊呼吸肌

位於腦幹的呼吸中心時時刻刻監控著血氧飽和度、二氧化碳濃度和酸鹼值，藉此控制身體吸進的空氣量。當身體需要新鮮空氣，大腦就會向呼吸肌發出呼吸的命令。擔任主要呼吸肌的橫膈膜便會往下降，在胸腔製造負壓力，促使身體吸氣。吸氣之後，大腦會命令橫膈膜回到靜止位置，引發吐氣。

吐氣之後閉氣，身體會暫時停止攝取氧氣，讓二氧化碳開始在血液裡累積。閉氣期間，氧氣無法進入肺部，二氧化碳也離不開血液。呼吸中心發現血液氣體產生變化，就會通知橫膈膜恢復呼吸，使橫膈膜往下降，企圖引發呼吸反應。不過，由於你一直閉氣，大腦會開始頻繁發送訊息給橫膈膜，增強橫膈膜的收縮動作。只要盡力閉氣到非常想要呼吸，你就能感受到橫膈膜的收縮。起初橫膈膜會先一陣陣收縮，接下來隨著身體越想呼吸，收縮的強度會增加且頻率加快。

總而言之，閉氣到中等至強烈的想呼吸程度，使大腦動用橫膈膜，我們就能藉機鍛鍊橫膈膜肌。市面上有許多增加呼吸肌力的產品，閉氣練習應該是其中最簡單又自然的方法，而且隨時都能進行，主動強化橫膈膜肌。橫膈膜疲乏會影響運動耐受量和耐力，因此增加呼吸肌力對運動非常有益。

藉由閉氣減少乳酸堆積

受傷的運動員無法拿出最佳體能表現，身心疲乏的運動員一樣無力督促自己更上一層樓。二戰時期，美國陸軍的喬治．巴頓將軍曾寫過一句話激勵部下：「疲憊把人變成懦夫。維持良好狀態便不覺勞累。」巴頓說得沒錯，耐力跟身體準備多周全有關。一旦運動程度超過心理準備，身體就會開始疲乏。

燃料不足的狀態下運用肌肉會產生乳酸。少量乳酸對身體有好處，可以當成臨時能量來源，但是乳酸一旦開始堆積，肌肉就會灼熱痙攣，使運動速度慢下來，甚至完全停滯。

運動員相關的研究顯示，吐氣後閉氣可以刻意提高身體酸性，增進耐受度，延遲比賽中開始疲累的時間點。

像足球這類的團體運動，選手必須進行九十分鐘的激烈活動，同時保持良好狀態和專注力。運動員是否能撐完全場，避免陷入疲勞，可說是團隊致勝的關鍵。

我曾經與愛爾蘭康諾特省哥耳威女子足球隊合作，當時球員們在比賽最後的十五分鐘盡顯疲態，讓唐恩．奧賴爾登（Don O'Riordan）教練十分擔心。我們的身體一旦出現疲勞感，肌肉就會疲乏、運動功率跟著降低，有時候還會失去專注力，在這種情況下比賽，等於是把勝利雙手獻給對手了。突破疲勞的難關需要精力和身體耐力，而閉氣練習有一招實用技巧可以增進這兩種力量。

為了模擬比賽狀況，球隊的訓練時間通常與一場球賽的時間一樣長。訓練內容包括熱身、跑步十分鐘，接著進行比賽練習和複習戰術。最後十五分鐘是演練和間歇訓練，例如在不同距離的三角錐之間折返跑。

為了將氧氣益身計畫無縫融入球隊的訓練內容，我只稍微調整了例行訓練，讓球員可以保持目前狀態，同時適應新的呼吸技巧。結果訓練效果不但更好，球員在正式上場時也展現出更優秀的耐力和成績。

訓練一開始的十分鐘跑步，我請球員改掉原本的口呼吸，調整成舒適的跑速，全程用鼻呼吸。每一分鐘，球員會吐氣並閉氣，直到缺乏空氣達中等程度。比賽練習沒有任何變動，因為鼻呼吸會增加身體負擔，起初可能會影響運動員的表現，甚至減弱腿力。所以比較實際的作法，是將鼻呼吸加入十分鐘跑步和最後十五分鐘的間歇訓練。

既然球隊容易在比賽倒數十五分鐘開始疲乏，在最後的間歇訓練加入鼻呼吸，對球員體能更是一大挑戰。緊閉嘴巴在三角錐之間全力衝刺絕非易事，幾位球員一開始有點輕微頭痛，但最後全隊都輕鬆適應了。經過幾次訓練，球員習慣了鼻呼吸的負擔，我便請球員挑戰閉氣練習。比起鼻呼吸，這些閉氣練習（下一章會介紹）使球員更加喘不過氣，成功延後了球員在比賽途中感到疲勞的時間點。

小蘇打不只是烹飪食材或天然清潔劑

閉氣可以延遲運動產生的疲勞，而無數研究都指出，服用鹼劑碳酸氫鈉可以降低血液酸性，提升耐力。誰想得到家家戶戶都有的小蘇打竟然可以提升運動表現？不只如此，小蘇打還能有效降低呼吸量，提高BOLT成績。

碳酸氫鈉是一種鹽分，許多天然礦泉都含有碳酸氫鈉，市售商品俗稱小蘇打、蘇打粉、焙用鹼。碳酸氫鈉有很多用途，包括烘焙、刷牙和清潔冰箱。

食用碳酸氫鈉可以幫助血液維持正常酸鹼值，多種制酸劑成藥的活性成分也有碳酸氫鈉。養生權威約瑟夫．默寇拉醫生建議某些症狀可以服用碳酸氫鈉，舒緩潰瘍、蚊蟲咬傷、牙周病等不適。

碳酸氫鈉的潛在療效或許很快就會廣爲人知，因爲亞利桑那州立大學癌症中心的馬克．佩格爾（Mark Pagel）博士獲得美國國立衛生研究院補助兩百萬美元，用以研究碳酸氫鈉治療乳癌的效果。

多年來，眾多研究皆顯示碳酸氫鈉可以提升運動表現。從事高強度訓練時，運作肌群能用的氧氣量逐漸下降，造成乳酸堆積，肌肉疲勞。服用碳酸氫鈉可以降低無氧運動累積的乳酸，幫助血液維持正常酸鹼值。這種鹼性的蘇打可以中和高強度訓練在體內堆積的酸性，藉此提高耐力和運動功率輸出。

碳酸氫鈉還能有效延長閉氣時間。本書一再強調，**提高閉氣時間可以改善運動的喘氣現象，並幫助增加最大攝氧量**。研究顯示練習閉氣前先食用碳酸氫鈉，最長閉氣時間可以增加至多百分之八．六。

游泳選手吃碳酸氫鈉，試測成績可以進步好幾秒，還能有效恢復血液的正常酸鹼值。專家研究碳酸氫鈉對游泳表現的影響，發現攝取碳酸氫鈉可以有效緩衝高強度間歇游泳在血液累積的酸性物質，並提高訓練強度和整體游泳表現。現在連拳擊選手也會服用碳酸氫鈉，加重出拳的威力。

上述研究都同意，運動前攝取碳酸氫鈉，可以中和血液堆積的乳酸。從體能和運動表現的角度來看，消除乳酸即可獲得以下益處：

- 增加耐力
- 延長最大閉氣時間
- 減少喘氣程度
- 提高平均運動功率輸出

小蘇打的健康益處實在令人驚豔，而且就目前所知，少量服用碳酸氫鈉完全沒副作用！

碳酸氫鈉的服用方式

以下配方是我自己也服用，可以改善呼吸習慣，且對延長閉氣時間很有幫助。各位可以試試看，並注意你自己的運動表現有何變化。

你可以在訓練前一小時服用碳酸氫鈉。等你習慣訓練前食用，或許哪一天比賽前也可以試試。不過別忘了，**多吃無益。爲保險起見，服用碳酸氫鈉前，請先諮詢醫師意見。**

【食材】

- 半茶匙碳酸氫鈉（又稱小蘇打、蘇打粉）
- 兩湯匙蘋果醋

【作法】

1. 拿一個杯子，加入碳酸氫鈉。
2. 加入蘋果醋，攪拌約一分鐘，直到蘇打粉完全溶解。
3. 整杯喝掉。味道可能有點酸。

就這麼簡單。如果覺得麻煩，你也可以直接買市售的蘇打水。蘇打水一般用於調酒，運動前單獨喝則有加成效果。

選擇喝蘇打水的人，記得仍要攝取所需的純水，維持水合作用。想知道體內水分是否充足，可以從尿液的顏色判斷。顏色太深表示水喝得不夠多，顏色太淺則表示水喝太多。體內太多水分跟缺乏水分一樣糟糕，凡事必須適量！很多人都不曉得身體會發生水中毒或低鈉血症，醫學界也對這種症狀的認識有限。

多數人都知道運動前後要補充水分，但運動員要是補充過量，可能會產生危險的副作用。馬拉松跑者在訓練和競賽時，要特別注意水分過多的問題，無論是純水或運動飲料，喝太多可能導致鈉含量過低，引發腦水腫。

二〇〇二年一份研究分析了多位參加波士頓馬拉松的跑者，其中百分之十三的人鈉含量偏低，可能發生嚴重或致命病症。二十八歲的辛西亞．盧瑟羅（Cynthia Lucero）就在參賽中途倒地身亡。當時州立驗屍官辦公室認定，死者是運動途中攝取太多水分，引起一連串醫療事件而死亡。針對這項悲劇，麥克萊恩醫院（McLean Hospital）的醫師亞瑟．席格爾（Arthur Siegel）建議運動員賽前先量體重，寫在號碼布上面。如果跑者半途身體不適，醫護人員可以再量一次體重，如果數字下降，就要以脫水狀況處理。假如數字上升，表示跑者補充過多水分，應立刻退賽並停止喝水。

閉起呼吸，準備登上高地

每年有數百萬平地居民跋山涉水，前往高地享受休閒滑雪、爬山，或完成宗教、心靈追求等目的。探險家、山友、喜歡散步或運動的人，都冒險攀上一千五百公尺以上的高地，體驗群峰帶來的挑戰和刺激。

一九九八年，時年二十三歲的英國探險家貝爾．吉羅斯（Bear Grylls）攻上了聖母峰。他在著作《面對》中描述自己爲了攀登聖母峰：「在當地的游泳池游了不知道多少趟，一趟在水中，一趟在水面，一游就是好幾個小時。這樣可以增進無氧運動的能力，提高身體效率。」

吉羅斯經過這番訓練再去爬聖母峰，無疑能幫助身體適應登頂過程的低氧氣分壓環境。**氧氣益身計畫的練習跟水中來回游泳一樣，可以有效讓身體適應從低海拔到高海拔的路程。**更重要的是，這些閉氣練習可以在陸地進行，而且沒有溺水的風險！

爲了適應較低的氧氣含量，身體會出現一些變化。多數人在兩千五百公尺不會有什麼異狀，因爲這裡的氧氣仍十分充足。但越往上爬，血氧飽和度就會開始下降，從事體能活動就會吃力許多。突破兩千五百公尺之後，呼吸會逐漸加重，彌補越來越少的氧氣。沉重呼吸可以帶更多氧氣進入肺部，但身體也會流失更多二氧化碳。前面提過，流失二氧化碳會使血管收縮，增加血紅素與氧氣的親和力，減少細胞和器官的氧合作用。就算身體加重呼吸，企圖吸入更多氧氣，組織器官收到的氧氣反而更少。身處高地環境，我們必須仰賴氧合作用才能避免高山症。

想要攀登或步行至四千公尺以上高地的人，如果一天內高度增加超過四百公尺，幾乎半數會發生一兩種高山症徵狀。症狀視個人的身體情況、健康和攀爬速度而異。一般來說，輕微至中度症狀可能包括：

・頭痛
・疲勞
・失眠
・食欲不振
・反胃或嘔吐
・脈搏加快
・頭暈目眩
・費力時喘不過氣

假如攀升速度更快，症狀就會加重，連帶引起其他症狀，例如：

・胸悶
・意識模糊
・咳嗽或咳血
・皮膚發青
・休息時喘不過氣
・走路無法走直線

要適應增加的高度，最重要的是提高血液的攜氧能力。登高前幾週進行閉氣練習，就能爲身體做好準備。出發前兩到三個月，每天練習五到十分鐘閉氣，讓身體熟悉缺乏空氣的強烈感受，等到登上高地，身體對低氧環境的反應就有可能比較和緩。

最後，認眞計畫征服高峰的人，必須具備基本知識，了解呼吸如何影響組織和器官接收到的氧氣。我想，一定有很多人抵達兩千五百公尺之後，會刻意加重呼吸，試圖消除喘不過氣的感覺。現在，你很清楚加重呼吸是錯誤動作，很可能促使高山症惡化。正確的應對方式是在行前提高自己的ＢＯＬＴ成績，登山全程保持鼻呼吸，一感到喘不過氣就要放慢腳步。

至少有一份研究顯示，閉氣時間是很實用的高山症預測指標。閉氣時間越短，越有可能發生高山症。實際上，閉氣時間長、血紅素濃度高的人更能忍受血氧飽和度下降。

儘管每個人的理想ＢＯＬＴ成績因人而異，仍可以合理推斷ＢＯＬＴ成績四十秒的人，比二十秒以下的人更能避免高山症。

鼻呼吸可預防脫水

比起海平面，山區和高地的空氣較乾冷。當你爬到更高的海拔，你可能會因爲喘不過氣想要張口呼吸。口呼吸不像鼻呼吸可以替空氣加濕升溫，張嘴呼吸會使大量水分消散，有可能導致脫水。

另一個脫水原因是，嘴巴吐氣很難留住水分。現在就拿起一個玻璃杯，試著朝杯子裡輕輕用嘴巴吐氣，看看水氣有多少，接著改成鼻子吐氣，兩種結果一目了然。鼻子吐氣留在玻璃杯內的水氣明顯少於嘴巴吐氣。

水分一直從嘴巴流失，會造成中度脫水，嘴唇、口腔和喉嚨都會很乾澀。脫水的其他症狀包括頭痛、疲勞和頭暈，在高地很容易誤以爲是高山症。沉重呼吸和口呼吸流失的水分，絕對比正常呼吸量和鼻呼吸更多。別忘了，高山上可沒有便利商店。多留住體內水分，你就可以少背一點飲水！

最後一點，**從口吸入乾冷空氣會使呼吸道緊縮**。呼吸道緊縮就像從一根細吸管呼吸，你必須把呼吸加重加快，才能彌補縮限的氣流。哮喘患者對這種感受不陌生，一旦呼吸受限，脫水和呼吸道受寒的情況惡化，可能導致更嚴重的呼吸問題。

下一章將介紹模擬高地訓練的呼吸練習，以便增進血液的攜氧能力，提升運動表現，爲登高旅行做好萬全準備。

第7章　在平地模仿低氧氣高地訓練法

世界知名的巴西田徑教練瓦雷李歐．路易斯．德奧利韋拉（Valério Luiz de Oliveira）是華金．克魯茲（Joaquim Cruz）和瑪麗．戴克爾（Mary Decker）的指導教練，他對這兩位奧運選手採取閉氣訓練，結果他們在一九七〇和一九八〇年代，一共打破了八百公尺到一千五百公尺賽事的六項世界紀錄。

德奧利韋拉的目標是讓選手在無氧賽跑的最後四百到八百公尺仍能保持正確姿勢。另一方面則是提升選手的心理素質，即使處於缺氧狀態也能沉著冷靜。最後一點是訓練跑者把專注力從呼吸轉移到跑步策略和姿勢。德奧利韋拉只管拿出訓練成效，他並不清楚背後的科學原理，但他的理論確實得到驗證了。

德奧利韋拉教練的指導如下：

- 選手以接近比賽的速度跑直線兩百公尺，最後十五公尺先吸氣後閉氣。
- 休息三十秒，重複閉氣練習三次。
- 花三分鐘恢復呼吸，然後重複前兩個步驟。

．選手總共練習三組，每組閉氣四次。

德奧利韋拉表示：「誰都可以憋氣憋很久，但閉氣練習一定要做三組。做到最後一組，你會非常、非常疲累，很難再繼續閉氣。但如果照我的方式做，一定可以練出成效。」

德奧利韋拉還有另一種閉氣練習，方法是讓四百公尺和八百公尺的跑者在最後三十公尺閉氣，模擬比賽後段身體最疲勞的狀態。田徑選手必須在最後三十公尺維持住姿勢，那是獲勝的關鍵。德奧利韋拉說：「比賽途中不管多累，姿勢絕對不能跑掉。」

華金．克魯茲在德奧利韋拉的指導下，一九八四年洛杉磯奧運勇奪八百公尺金牌，一九八八年首爾奧運拿下銀牌。其他傲人成就包括一九八三年世界田徑錦標賽八百公尺銅牌，以及一九八七和一九九五年泛美運動會一千五百公尺金牌。一九八四年底，克魯茲已經成爲美國國家大學體育協會（NCCA）田徑錦標賽冠軍和奧運冠軍，七場八百公尺決賽紀錄無人能敵，攻占八百公尺史上第二、第四、第五、第六快的寶座，一九八四年更輕鬆登上八百公尺世界第一名。

《紐約時報》報導傳奇捷克長跑運動員艾米爾．扎托佩克（Emil Zátopek）時，說他或許是史上最偉大的長跑選手。艾米爾平常受訓時，也搭配閉氣練習。扎托佩克個子不大，身高一百七十二公分，體重六十三公斤，但他研發一套創新鍛鍊技巧，包括間歇訓練和閉氣練習，幫助自己贏過對手。扎托佩克每天上下班都會經過一排白楊樹。第一天，他閉氣走到第四棵白楊樹。第二天，他閉氣走到第五棵白楊樹。接下來每一天，他都多走一棵樹的距離，直到可以閉氣走完整排林蔭道。有一次，扎托佩克甚至閉氣到昏倒。一想到史上最偉大的跑者早在現代運動員採納閉氣訓練前就想到這種方法，儘管作法有點太極端，還是令人佩服。

體育記者很難深入報導現任運動員的狀況，因爲他們不願透露訓練的內容。如果某項創新訓練是你的致勝武器，你當然不會隨便公開。我也與幾位奧運選手及職業運動員合作過，更將本書的呼吸練習加入他們的訓練行程。頂尖運動員的表現都只是差之毫釐，而那微小的差距攸關勝負，所以我很清楚任何訓練資訊都必須守口如瓶。

不過，有時候從媒體報導還是能看出蛛絲馬跡，顯然運動界現在已經廣泛採納閉氣練習。比如說二〇一三年，運動網站Eightlane.org登出一篇報導，指出現任一萬公尺、室內三千公尺的紀錄保持人與二〇一二年倫敦奧運銀牌選手蓋倫．魯普（Galen Rupp）在訓練途中昏倒。魯普的耳機掉落，「他聽不到教練叫他趕快呼吸。」字裡行間透露出魯普一邊閉氣一邊鍛鍊，由教練控制閉氣時間。

請注意，閉氣到如此極端的程度其實沒必要，而且有安全疑慮。**要讓閉氣練習發揮最大功效，缺乏空氣的程度只須達到中等至強烈即可**。每次練習時，務必注意缺乏空氣的程度，一旦覺得快到極限就要放開鼻子。閉氣之後，應該只需兩到三次的鼻呼吸就能恢復正常。不明就裡的人大概會覺得刻意閉氣很奇怪。氧氣是生命的必備要素，何苦不呼吸？其實，閉氣和體能訓練一樣，都是人類的正常活動。小時候你可能玩過這些遊戲：閉氣潛到泳池底部撿硬幣，或者和兄弟姊妹比賽誰能憋氣最久，還規定要超過一分鐘才算數。

過去十多年來，**上千位小朋友爲了改善咳嗽、氣喘、呼吸困難和哮喘症狀來參加我的療程**。小朋友最小從四歲就能練習一些不同的閉氣技巧，每一種練習都有特定目的。比如通鼻練習、停止氣喘或咳嗽的練習，還有盡力憋氣改善呼吸量的練習。

成人一開始練習閉氣容易累，小孩子閉氣倒是怡然自得。我通常一次帶五六位小朋友，年齡從四歲到十五歲不等。初學者先練習閉氣走十步，重複三到四次，接下來每次多走五步，直到小朋友理解練習方式，並體會到中度缺乏空氣的感受。大部分孩子短時間內就能掌握閉氣訣竅，而且很快就能跟其他人開心比賽，看誰能夠閉氣走最多步。

第一階段，孩子通常能閉氣走三十步，之後每週增加十步。有些孩子進步快，短短兩三週就能閉氣走八十步，走完呼吸還能立刻恢復正常，沒有異狀。這樣的表現連專業運動員都刮目相看。更重要的是，依照我的經驗，**一旦能走完八十步，小朋友鼻塞、咳嗽、氣喘，或運動引起的哮喘都能不藥而癒**。閉氣練習時，缺乏空氣的感受或許很激烈，但閉氣練習的美妙之處就在於我們可以隨時恢復呼吸，而且閉氣時間其實不長。

接近經期的女性、吃素的人或貧血的人可能需要補充鐵質，幫助身體製造正常數量的紅血球。如果你持續閉氣練習，BOLT成績仍不見進步，建議找醫生做一套完整檢測，檢查血細胞數。如果血紅素偏低，請醫生建議如何補充鐵質。我見過某些個案補充鐵質之後，短短數週BOLT成績突飛猛進。

下列氧氣益身的閉氣練習要教各位一些簡單的方法，模擬高地訓練和高強度訓練，獲得健康益處，同時維持原本的運動習慣。每項閉氣練習都會製造低氧和高碳酸血（高二氧化碳）反應。結合這兩種反應，就能啓動重要的身體變化，例如：

- 降低對二氧化碳的敏感度
- 增加耐力
- 減少乳酸堆積造成的不適與疲勞
- 提升血液的攜氧能力
- 改善呼吸效率
- 提高最大攝氧量

將這些簡單的技巧融入日常生活，你的閉氣能力很快就會進步，平常訓練和比賽表現也會顯現效果。

使用脈搏血氧濃度測定儀

爲了讓閉氣練習發揮最大效果，你可以使用一種手持裝置「脈搏血氧濃度測定儀」，測量血液的氧氣濃度。測定儀是非侵入性裝置，使用方便，只要夾住手指就能測量血氧飽和度（SpO_2）。使用測定儀的一大好處就是，你可以立刻看見閉氣練習降低血氧飽和度的效果，有助於提高計畫的成功機率。另外，測定儀可以確保閉氣程度適中。一旦儀器顯示血氧飽和度低於百分之八十，表示程度過激。

一般處於海平面的血氧飽和度是百分之九十五到九十九（如前所述），閉氣練習則要到百分之九十四以下才會發揮效果。一開始練習閉氣，你的血氧飽和度可能不會降太多。只要繼續練習，延長閉氣時間，最快兩三天就能看到飽和度明顯降低。閉氣練習的成效有兩大主導因素：訓練期間的血氧飽和度，以及處於低氧狀態的時間長度。不過閉氣跟所有運動計畫一樣，剛開始慢慢來、穩穩做就行了。閉氣練習的最佳進行方式是，前面兩三次閉氣放輕鬆，達到中度缺乏空氣就恢復呼吸，後面再逐漸拉高時間和強度。這樣你就不會手忙腳亂，練習會更有效率。隨著BOLT成績提高，你就能更輕鬆應對缺乏空氣的感覺，血氧飽和度也會開始降到百分之九十四以下。

一一邊走路，一邊模擬高地訓練一

首先，我們來試試簡單的步行練習，短短十到十五分鐘就能達到激烈體能訓練的相似效果。步行練習最吸引人的地方，就是隨時隨地都能進行，連因受傷中斷訓練的人都能負荷。這項練習跟其他激烈運動一樣，飯後兩小時才能開始。

剛吃飽不宜慢跑，同樣道理，閉氣練習最好等空腹再進行。剛吃飽就練習閉氣，不只會造成不適，消化時增加的呼吸頻率也會降低練習的效果。

步行練習的方法是一邊走路，一邊閉氣。為了讓身體適應低氧，前兩三次閉氣只要達到中度缺乏空氣就要恢復呼吸，接下來再挑戰相對強烈的程度。由於脈搏傳遞時間延遲，通常要等到閉氣結束，儀器才會測到血氧飽和度下降。因此，閉氣之後記得透過鼻子短促呼吸十五秒，練習才能達到最大功效。家裡如果有脈搏血氧濃度測定儀，就可以一邊短促呼吸，一邊觀察血氧飽和度下降，有效達成高地訓練的目的，如同在家也能爬山。

【邊走邊閉氣】

・持續步行一分鐘，輕輕吐氣後捏住鼻子閉氣。如果在公共場合覺得不好意思，可以不必捏鼻子。

・繼續邊走邊閉氣，直到中度或強度缺乏空氣。

・鬆開手，恢復鼻吸氣，短促呼吸十五秒，讓呼吸恢復正常。

【繼續走三十秒，重複練習】

・繼續步行三十秒，保持鼻呼吸，然後輕輕吐氣捏住鼻子閉氣。

・繼續邊走邊閉氣，直到中度或強度缺乏空氣。

・鬆開手，恢復鼻吸氣，短促呼吸十五秒，讓呼吸恢復正常。

【重複閉氣八到十次】

・腳步不要停下來，每分鐘閉氣一次，製造中度或強度缺乏空氣的感覺。

・每次閉氣結束，短促呼吸十五秒，全程共重複閉氣八到十次。

這項運動大約費時十二分鐘，可以有效引導身體學會事半功倍。

一開始你或許只能閉氣走二、三十步，就想要趕快吸氣（哮喘或是呼吸困難的人可能更少步）。閉氣走越多步，想呼吸的衝動就會從輕度、中度升到強度。隨著呼吸欲望增強，腹部或頸部的呼吸肌會開始抽縮或痙攣。肌肉收縮可以順便鍛鍊橫膈膜，強化主要的呼吸肌。閉氣時間較長時，如果感覺呼吸肌痙攣，記得靠意念讓身體放鬆。閉氣時盡量保持肌肉柔軟，降低身體壓力，才能閉氣更久。

持續幾週天天練習，你就能閉氣走八十到一百步。

這項練習有難度，但不應對身體造成負擔。

注意：不必對身體施壓，閉氣能力自然會進步。千萬不要練習過頭了，照理說閉氣之後三到四個呼吸就能恢復正常。

一旦注意到身體出現副作用，例如閉氣之後脈搏持續加快加重，最好先停止強度較高的閉氣練習，專心把休息和運動時的呼吸調得更輕慢，以改善健康和運動表現。

慢跑、跑步和騎車都能結合閉氣練習。閉氣慢跑的步數或許會比走路更少，但是慢跑的品質會因此提升，因爲血液會累積更多二氧化碳。

訓練時閉氣會增加身體負擔，效果如同進行最大強度運動。

〔慢跑或跑步可以搭配以下閉氣練習〕

【邊跑邊閉氣】

先跑步十到十五分鐘熱身，讓身體出汗，再輕輕吐氣閉氣，直到中度或強度缺乏空氣。依照個人的跑速和BOLT成績，大約可以閉氣跑十步到四十步。

【中斷一分鐘，重複練習】

閉氣之後繼續慢跑或跑步一分鐘，保持鼻呼吸，稍微恢復正常呼吸。

【重複閉氣八到十次】

一邊跑步一邊重複閉氣八到十次，每次閉氣結束，就做行一分鐘鼻呼吸。閉氣跑步有點難度，但是經過兩、三個呼吸應該就能恢復正常。

如果練習途中覺得身體負擔很大，或者閉氣之後很久才能恢復正常呼吸，請先中止練習，直到BOLT成績達二十秒以上。

——騎車閉氣練習——

騎自行車也可以搭配類似的練習：

- 熱身之後，吐氣並閉氣，同時踩五到十五圈。
- 恢復鼻呼吸，繼續騎車一分鐘。
- 全程重複閉氣八到十次。

游泳閉氣練習

游泳時臉要埋進水裡，水面上的體重還會限制抬頭呼吸的量，所以游泳是唯一本身就在控制呼吸量的運動。口呼吸大概是游泳的最佳選擇，畢竟鼻呼吸有可能會吸到水。

爲了一邊游泳一邊練習閉氣，你必須增加每次換氣之間的划水次數。每次慢慢多划一點，一段時間內從三次、五次進步到七次。前奧運游泳選手和鐵人三項運動員希拉．塔爾明娜（Sheila Taormina）就採取這個閉氣鍛鍊，在二〇〇〇年雪梨奧運創下一．五公里游泳最速紀錄。在我和塔爾明娜的通信中，她解釋如何運用降低呼吸量帶出訓練效果，挑戰身體學會事半功倍。不過閉氣練習和水底曲棍球或其他運動稍微不同，爲了確保安全，我們並不會把選手逼到極限。

閉氣練習除了提升血液功能，還能改善游泳的身體協調性。資料顯示游泳選手練完閉氣，不只攝氧峰值提高，每次划水前進的距離也拉長了。自由式每划幾次手，頭就要從側邊抬起換氣，但是每次換氣，身體就會遇到流體阻力，難免浪費體力，拖累選手。BOLT成績高有個好處，那就是呼吸效率變好，游泳可以少換幾次氣。換氣次數減少，遇到的阻力就少，保留的體力便能換取成績進步。

水底曲棍球在泳池水面下比賽，選手們也會採用閉氣練習。比賽玩法是用水底曲球棒把加重的冰球沿著泳池底部推進對方球門得分。既然球賽在水裡進行，閉氣時間當然就是致勝關鍵。水曲球員的訓練包括重複練習閉氣並延長閉氣時間，以及控制呼吸量，使身體足以忍受更高的二氧化碳濃度，增加閉氣時間。

學者研究短時間重複閉氣對水曲球員的影響，發現閉氣可減少喘不過氣的情況，並提高血液的二氧化碳濃度。另外，水曲球員的乳酸值比一般人低，換句話說乳酸堆積造成的痠痛也較輕微。這些運動員的二氧化碳耐受度明顯更高，原因可能與他們在比賽中長時間閉氣有關。前面提過，對二氧化碳的低敏感度可減少運動喘不過氣的程度，因爲身體不必促進呼吸排除多餘的二氧化碳。這麼一來，運動員就能進一步試探體能底線，不必負擔沉重呼吸，達到事半功倍。

—模擬高地訓練進階版—

一般人在海平面的血氧飽和度介於百分之九十五到九十九。為了獲得低氧訓練的效果，血氧飽和度必須降至百分之九十四以下，最好低於百分之九十。這個練習的成效有兩大主導因素：訓練期間的血氧飽和度，以及處於低氧狀態的時間長度。

將血氧飽和度降到百分之九十以下，並持續一至兩分鐘，就能大幅增加體內的EPO。只要做這項練習，即可輕鬆達到這個目標。

練習前，**請先徵詢醫師意見，確定沒有健康疑慮**。進階版訓練僅適合體能良好、無健康問題、BOLT成績超過三十秒，並且有固定高強度運動習慣的人。換句話說，你必須很習慣強烈缺乏空氣的感覺，才能嘗試此一練習。符合下列任一敘述者，請勿進行練習：

- 你不確定自己能否承受激烈的體能運動。
- 身體不適。
- BOLT成績低於三十秒。
- 目前沒有固定的體能訓練計畫。

進階版練習的目標是調整血液組成成分，改變氧氣和二氧化碳的濃度。我實驗了數個月，研發出這套可降低動脈血氧飽和度並維持幾秒鐘的練習，並親自執行了不下數百次。

以下是練習的注意事項，請按照說明確實進行步驟，並留意可能發生的副作用：

・為了將血氧飽和度降至百分之九十四以下，並確保不要低於百分之八十，請準備品質較好的脈搏血氧濃度測定儀，在練習中使用。

・請在空腹時練習，至少飯後三小時。

・第一次閉氣先走四十到六十步，或直到中度或強度缺乏空氣。

・第一次閉氣結束，接下來每次閉氣走五到十步。

・每次閉氣結束，請從鼻子吐氣或從鼻子小小吸一口氣，再閉氣一次。

・小吸一口氣的意思是淺淺呼吸，這麼做的目的不是吸入空氣，而是釋放壓力。吸進的空氣量大約是平常的百分之十。

・隨著缺乏空氣的程度漸強，橫膈膜的收縮也會逐漸明顯。面對越來越想呼吸的衝動，請盡量放鬆身體。

・連續一次次閉氣後，血氧飽和度會持續下降。

・繼續查看脈搏血氧濃度測定儀，確保血氧飽和度高於百分之八十。

・挑戰自我能耐，但不要造成身體負擔。

・如果空氣缺乏的程度太激烈，請先稍微吸大口一點的空氣，放鬆一下。

・練習一到兩分鐘。

此練習的目標是在合理範圍使身體高度缺乏空氣，降低血氧飽和度，並連續三十秒至兩分鐘維持低飽和度。

請注意，血氧飽和度沒必要低於百分之八十，也不建議這麼做。只要連續二十四秒維持血氧飽和度低於百分之九十一，EPO就能最多增加百分之二十四。若持續一百三十六秒，EPO則最多增加百分之三十六。

驗證氧氣益身計畫的眞實功效

法國以全球單車賽事聞名，不只是環法賽的舉辦場地，還坐擁旺圖山、聖母山口等陡峭地勢，吸引世界各地的車手前來征服。法國民間十分盛行業餘公路賽文化，比賽挑戰難度之高，部分運動員參加兩三次賽季就會因受傷、疲勞、力竭等原因，無緣再參賽。

澳洲車手尼克・馬歇爾（Nick Marshall）一開始在巴黎參加比賽。身爲父親和上班族，尼克很難在工作和家庭生活間，再撥出時間進行他認爲「很過時的訓練方法」。爲了找到更適合的訓練方式，他開始採取瑜伽的進階呼吸法及氧氣益身原則，以便降低整體訓練負擔，同時提高運動能力。一開始，尼克的BOLT成績是二十五秒（很多頂尖運動員也是這個成績），但經過鼻呼吸、從輕慢呼吸到正確呼吸，以及模擬高地訓練之後，他的成績一路穩定增加到六十秒。

尼克每天固定做三十分鐘的氧氣益身練習，主要內容如下：

- 從輕慢呼吸到正確呼吸十五分鐘。
- 模擬高地訓練，閉氣走路六十到八十步。
- 休息三到四分鐘。
- 做一組進階版模擬高地訓練，使血氧飽和度降至百分之八十一到八十四。

應用氧氣益身技巧後，尼克的單圈時間縮短、體重下降，身體更健康。在單車上努力踩踏板時，尼克明顯感覺到最大攝氧量改善，乳酸適應能力變強，休息時心跳也緩和許多。（乳酸適應能力是指激烈運動時，身體排除乳酸負面作用的能力。）最棒的是，尼克減少了訓練時間，一樣能穩定強化體能，表示他的運動訓練效率十分良好。

氧氣益身訓練：短期與長期功效

氧氣益身訓練會暫時降低身體的血氧飽和度。通常只有住在高地，或在高地受訓的人，血氧飽和度才會下降，但閉氣練習可以輕鬆達到同樣效果。比如盡力閉氣五次就能明顯提高血液中攜氧紅血球的濃度。不過最後一次閉氣後十分鐘，濃度通常就會恢復正常。這麼看來，選手難道只能在比賽十分鐘前練習閉氣，其他時間做都無效？答案是「不」。多項研究報告指出，定期讓身體處於低氧狀態，能永久改善攜氧能力。如果你把運動習慣和氧氣益身計畫結合，平時休息多練習鼻呼吸，就會開始注意到生理出現變化，不論短期或長期，你的競爭能力將提高，耐力也會逐漸增強。

諸多學者從不同角度研究高地訓練和模擬高地訓練的效果，而研究報告一再指出，對於想增進體能表現的人，長期待在低氧環境可獲得正向改變。

研究發現，閉氣潛水員休息時的血紅素質量比未受訓的潛水員多百分之五，表示長期閉氣確實能改善體能表現。除此之外，經驗豐富的閉氣潛水員練習閉氣時，脾臟收縮反應更強烈，能釋放出更多紅血球細胞進入血液，提升輸送氧氣的能力。

還記得第1章的唐恩・戈頓嗎？他加入氧氣益身計畫之後，創下個人單車表現最佳顛峰。前不久他寄了一封信告訴我，他的紅血球容積比從百分之四十七提高到五十二。百分之五十二落在血容比的正常範圍上限，而他的有氧運動能力又更進步了。

前面說過，不是人人都能爲了獲得低氧訓練的好處，而跑去高地居住或受訓。幸好現在各位不必大費周章改變生活形態或運動習慣，就能享受到相同好處。

所謂「用盡廢退」套到所有訓練形式都說得通。狀態、體能和耐力只能靠重複練習來維持，呼吸習慣也一樣。首先，你必須學會不論日夜、不論休息或運動，隨時保持正確有效的呼吸。養成良好習慣之後，再把氧氣益身的呼吸技巧應用到例行訓練和體育賽事。定時練習閉氣，就能享有高地訓練的所有好處，提高最大攝氧量，突破自我極限。

爲了達到氧氣益身閉氣練習的最大成效，記得練習時要讓身體放鬆，幫助降低呼吸量。練習的理想步速是練習時能保持規律穩定的呼吸，同時產生缺乏空氣的感覺。如果要提高強度，獲得低氧訓練的正向生理變化，就將閉氣練習帶入平常的體能訓練。你的ＢＯＬＴ成績就代表休息和運動時的呼吸量，如果ＢＯＬＴ成績變差，表示呼吸輕重已經超過新陳代謝的需求，對運動表現和健康都有負面影響。如果發生這種情況，請回到更初階的練習，專心培養正確的呼吸習慣，直到ＢＯＬＴ成績超過三十秒。

一開始做閉氣練習，閉氣時間和ＢＯＬＴ成績或許很短，但是只要定期認眞訓練，短時間內就會進步。

多份研究報告的結論都能佐證我的論點，**不論運動員或非運動員，經過閉氣練習之後，**

身體對二氧化碳的耐受度都能提升。研究還發現，短期或長期練習閉氣皆可延長受試對象的閉氣時間。比如有一份研究找來志願受試者測量閉氣時間。當受試者進行一系列把臉埋進水裡閉氣的練習後，閉氣時間竟然延長至多百分之四十三。另一份研究則發現有七到十年資歷的閉氣潛水員，可以閉氣長達四百四十秒，資歷較淺的潛水員則只能閉氣一百四十五秒。同樣地，鐵人三項運動員參加三個月閉氣訓練後，閉氣時間也明顯拉長。

前面我們看過降低對二氧化碳敏感度（換氣反應）的效果，發現可以提升運動能力、減少喘氣程度，並提高最大攝氧量。你可以利用ＢＯＬＴ測量自己對二氧化碳的敏感度，還能定期追蹤進度，爲自己定下目標（達到ＢＯＬＴ成績四十秒）。除此之外，每次看見成績進步，你更能確定身體正一步步往好的方向改變。本書所有呼吸練習都是爲了提高ＢＯＬＴ成績，增進身體對二氧化碳的耐受度。只要做過一次練習，你就能感覺到健康和體能表現產生了正向變化。

第8章 以鼻呼吸提高專注力，達到無我境界

一九七四年的「叢林之戰」（Rumble in the Jungle），由零敗績的世界重量級冠軍喬治·福爾曼（George Foreman）對上前任冠軍拳王阿里，被譽為二十世紀拳擊最偉大的時刻。這場世紀對決由拳擊推廣人唐·金恩（Don King）促成，薩伊（現為剛果民主共和國）總統贊助高額獎金。

當時大家都認為阿里沒有勝算，畢竟福爾曼更年輕，體型更壯，外界都視他為那一代最強大的拳擊手，沒有人能跟他比超過三回合。但是阿里不只速度和體力過人，他也會運用心理戰術。前面幾回合，阿里故意經常退向場邊，誘使福爾曼不斷揮拳，阿里靠在繩上掩護自己，削弱攻擊力道，藉此慢慢消耗對手的體力。到了第七回合，阿里開始嘲諷福爾曼，笑他：「你不是拳頭很厲害嗎？」「喬治，你就這點能耐？」等。

第八回合，阿里抓到空檔，立刻揮出一記強健的左勾拳，再補上一記扎實的右直拳。福爾曼疲勞不已，無法恢復注意力，整個人跌坐在地。雖然裁判數到第九秒時，福爾曼掙扎著爬起身，裁判仍叫停比賽。就這樣，心理戰大師阿里以KO奪回拳王寶座。

阿里獲勝幾乎跌破所有人的眼鏡。兩位拳擊手想贏的動機都很強烈，儘管福爾曼是當時最強的選手，阿里在場上不斷挑釁的話語，仍大幅影響福爾曼的精神，導致他專注力下降，怒氣逐漸高漲，正好給了阿里一個出擊的絕佳機會。阿里藉著干擾對手進入無我狀態，克服重重困難，爲自己創造了致勝機會。勝負往往就在一線之間，一旦你失去專注力，比賽就會在那一刻結束。運動員輸掉比賽通常不是缺乏技巧、體能或耐力，而是心思不夠專注。

回首表現不佳的時刻，大部分運動員都說當時「不在狀態內」。訓練精神進入心流狀態，就跟訓練身體一樣重要。運動員都知道，只要一個閃神，當下那次投籃、罰球、賽跑或推桿就毀了。但是，只要進入心流狀態，外頭那些雜亂思緒都進不了你的腦袋。你聽不到另一隊觀眾的叫囂，不會對比賽途中犯下的錯誤耿耿於懷，無論是過去失誤或未來目標，你統統都不去想。你不怕輸，也不期待勝利，你不擔心對手的動作或反應，只是輕鬆展現自己的最佳能力。除此之外，其他都不重要。你活在每個當下，全神貫注，容不下任何分心的念頭。

芝加哥大學前任心理系主任米哈里．契克森米哈賴（Mihaly Csikszentmihalyi）提出「心流理論」，使這個概念廣爲人知。契克森米哈賴形容心流是「完全沉浸在當下的活動。自我意識消褪，時光不知不覺飛逝。每一次動作、移動和思緒都是承先啓後，猶如行雲流水的爵士樂。你的全副心神都投注其中，所有技巧也發揮到極限。」這樣的心理狀態也稱爲進入無我境界、活在當下。

心流是一種專注狀態，能讓人完全沉浸在當下。進入心流表示你和當下的活動沒有任何隔閡，選手和比賽合爲一體。我們虛構出來的自我被拋在腦後，有意識的思考活動也將停止，一切動作都是隨興恣意。你不會再意識到自我，因爲所有注意力都要放在當下的活動。進入心流時，本能和直覺將主導一切，身體會自動做出正確的動作，不需要有意識的思考。

進入心流之後，你不再去想自己多優秀多無能、觀眾用什麼眼光看你、明天要做什麼事，或者你的髮型好不好看。平常忙碌大腦冒出的胡言亂語消失了，整個人不再分心，專注力也就達到最高境界。處於如此高度專注的狀態下，你就能將全副心力放在比賽本身。

進入心流後，整個心思靜止又安靜，心裡沒有別的念頭。此時整個大腦都在運作，不像平常只用左腦處理邏輯。心流概念和整個西方教育理念相違背，因爲西方教育的宗旨就是發展並培育懂得分析、說理與邏輯的大腦。

每個人一定都曾體驗過全神貫注，完全忘掉周遭事物的境界。當你專心從事運動、寫作、繪畫、音樂、戲劇等創作活動，往往會覺得時光飛逝，一下就過了好幾個小時。舞者與舞蹈水乳交融，畫家與畫作合而爲一，跑者與比賽融爲一體。

訓練過程中，運動員不斷重複同一組動作，一再微調，讓身體記住一連串順序。無論是比賽中盯住對手、高爾夫揮桿、賽跑時追上對手的時機，或是得到罰球機會都一樣。武術高手也是長年重複同樣的訓練，精益求精，才能達到穩定零破綻的境界。每重複一次動作，大腦就會儲存資訊，建立肌肉記憶，最後身體就能無意識做出相同動作。在節奏快速的活動中，你沒有時間思考，任何思緒都只會打斷你的注意力。處於表現顛峰的運動員沒在思考，他們讓本能發揮作用，憑著肌肉記憶隨興移動，把百分之百的精力投注在活動本身。進入無我境界的運動員無論是反應或動作，全都是在無意識的狀態下進行。直覺會引導身體，自然做出正確動作。

一九八八年F1一級方程式賽車舉辦摩納哥大獎賽，艾爾頓．洗拿（Ayrton Senna）輕鬆領先對手，連隊友駕駛性能相似的跑車也追不上他。回想比賽過程，洗拿解釋他並沒有刻意思考，只是憑著本能駕車。他覺得賽道彷彿變成了一條隧道，不論他開多快，永遠都還能更快。

隨心所欲進入無我狀態

無我狀態說穿了就是什麼都不想。當思緒停止，不再干擾，你就能全心專注在活動上。專心的定義就是不去想別的事情，唯有專心才能精準執行動作，達成目標。如果大腦思緒很活躍，你就很難專心，因爲每一個小想法都會打斷當前的活動。假如一個人一邊看書，腦袋一邊不停運轉，恐怕他連一行字都看不完。某些重複而無用的想法一直在他腦子裡打轉，把注意力都吸走了。就算眼睛掃過一行行文字，大腦卻沒眞正吸收進去。等到看完一整頁，他大概也記不得確切內容。

現代人花更多時間用社交軟體聊天、打電動、上網，專注力逐漸弱化。國際趨勢大師凱文．凱利（Kevin Kelly）曾說，現代社會注意力不足，一場對話變成單人演講，兩人交心談話變成獨白。我們不再把全副心力放在對方身上，也不再花時間觀察自己的呼吸，或是讓腦袋靜下來。

麻省理工學院的泰德．謝爾克（Ted Selker）同意這個論點。他認爲網路上選擇太多，導致人們花一堆時間三心二意，縮短了注意廣度，養成慣性集中力低下。謝爾克指出，瀏覽網頁到最後可能會使人類的注意廣度變得跟金魚一樣，只剩九秒。

我之前讀到《紐約時報》一篇報導很訝異，已故的蘋果電腦創辦人賈伯斯竟然不讓自己的兒女使用iPad。記者尼克．比爾頓（Nick Bilton）問賈伯斯孩子們是否都很喜歡新產品，他回答：「他們還沒用過。我們會限制小孩子在家碰科技產品的時間。」許多科技高階主管紛紛表示贊同，他們太了解長期盯著螢幕的壞處，所以嚴格控管孩子的上網時間。現代社會越來越仰賴電子產品，要是太過沉迷螢幕裡的世界，恐怕會跟眞實世界脫節，減少人際互動，腦袋也越來越沒時間休息。

太過活躍的大腦不只很難專心，生產力下降，還會引發壓力、焦慮和抑鬱，影響心理健康，降低生活品質。

我們必須能夠控制心思，讓大腦安靜下來。**心如止水的運動員能享有高度專注力，隨時隨地進入無我境界**，而心思紛亂的運動員腦袋裝滿了雜念，很難進入無我狀態。如果大腦平時轉個不停，運動時就不容易靜下心來。唯有平時心境相對平靜的人，遇到比賽才能進入無我境界。想養成平靜心境，你可以提高ＢＯＬＴ成績、善用冥想技巧，培養心智覺知，除此之外別無他法。

當然，你可以去酒吧狂飲六七杯生啤，澆熄雜亂的心思。聽起來很誘人，但是用滿滿的酒精淹沒思緒，不但會害腦袋變得不清楚，運動能力也不會提升。數千年來，人類採取各種冥想形式，讓大腦恢復平靜。冥想會讓人把注意力集中在想法、情緒和感受，省去不斷重複的無用雜念。

一九九〇至九一年英格蘭超級足球聯賽賽季，瑞恩・吉格斯（Ryan Giggs）首次以曼聯足球俱樂部的成員身分出場。吉格斯是爲球隊效力最久的足球員，他拿下十三次聯賽冠軍、四次足總盃冠軍、三次聯賽盃冠軍、兩次歐洲冠軍盃冠軍。邁入四十歲時，吉格斯的同輩球員老早退休，他卻還在職業超級聯賽的場上踢球。他的秘訣到底是什麼？吉格斯表示，他的職業生涯如此長久，都多虧了自我覺察的技巧。他說：「重點是把注意力放在自己身上，就算一天只做一小時伸展運動或冥想都可以。」

眾所皆知，著名高爾夫球選手老虎．伍茲也會靠冥想提升比賽表現。父親厄爾．伍茲（Earl Woods）很用心培養老虎的專注力。厄爾．伍茲曾說，他會在兒子練習揮桿時，在一旁故意弄掉球袋，或大罵粗話，不斷干擾他的心思。厄爾．伍茲相信兒子會是「美國第一個採取直覺揮桿的黑人高爾夫球手」，所以從小就一直考驗他的冥想專注力。果然，父親的預言成眞，老虎．伍茲創下蟬聯世界高爾夫球冠軍的最長週數。要靠直覺打球，選手必須百分百進入無我境界，讓身體自然做出準確動作，使球手和球賽合而爲一。電影《重返榮耀》裡，桿弟對球手說那完美的一擊會和「現在、過去和未來」形成完美的和諧。

要達到這種境界，培養直覺能力，你必須練習讓心靜下來。直覺能力學不來，只能用心感受。那些爲世界帶來巨大改變，取得成功的人就有這種能力。有些人的直覺能力與生俱來，有些人，包括我，則需要靠後天培養。已故的賈伯斯就是善用直覺的最佳例子。賈伯斯接受自己的傳記作家沃爾特．艾薩克森（Walter Isaacson）訪談時，提到造訪印度時，他發現當地人很依賴直覺，不像西方人偏好理性分析。賈伯斯認爲直覺能力比西方推崇的智力更強大。賈伯斯是個夢想家，他放下邏輯分析，透過平靜的心境尋得宇宙智能的力量。正因爲他擁有直覺和創意，iPhone、iPad、Mac等產品才得以問世。

過去，冥想一直帶有負面色彩，只有無所事事的嬉皮才喜歡冥想。後來冥想的形象逐漸轉變，科學家開始發現平靜心思的益處，比如降低焦慮，面對高壓挑戰可以提高專注力。

二〇一四年，一份研究探討正念冥想的技巧如何影響美國海軍陸戰隊的精神恢復力。實驗將八個陸戰隊步兵排共兩百八十一名士兵隨機分成兩組，第一組接受二十小時授課，了解正念的概念，並持續八週每天做正念練習至少半小時。第二組則完全沒有接受正念訓練。接著，兩組人馬一起接受實地訓練。這份研究報告刊登在《美國精神醫學》期刊，結論指出做過正念練習的士兵，睡眠品質較佳、壓力減低，激烈的戰鬥訓練結束後，他們的心跳和呼吸更快恢復正常。

關於美國海軍陸戰隊接受以正念爲基礎的技巧訓練，其他研究的大腦掃描結果顯示，特戰部隊士兵和奧運選手有一個相同特徵，他們的大腦負責控制恐懼的區域都縮小了。不論是打戰、談生意、運動或一般的家庭生活，冷靜、專心又鎮定的大腦，決策能力一定比較好。如果想在充滿壓力的情況下做出正確行動，你必須百分之百集中注意力。

不久之前，大家普遍認爲成人後，大腦就會停止發展。直到近幾年，科學家才發現練習**正念冥想可改變大腦結構**。這對運動人士不只是項天大的消息，對所有受焦慮和憂鬱之苦的人更是福音。擁有改變大腦的能力，人們就能拿回心理健康的主導權，不必一輩子仰賴會影響心智的藥物治療。

哈佛、麻省理工學院等全球幾所最著名大學的神經科學家，進行了多項研究，探討冥想如何改變大腦。有力的證據指出，專注在當下的知覺實際上可以改變大腦，提高多個區域的能力和效率。英國哥倫比亞大學和德國開姆尼茨工業大學的科學家組成一個團隊，收集二十份調查此現象的研究數據。值得注意的是，所有研究都顯示**正念冥想會增加大腦灰質的密度，加快處理資訊的效率**。核磁共振掃描發現，至少有八個大腦區塊效率增加，包括眼框額葉和海馬，這兩個區塊會影響我們保持專注、培養正向情緒，以及維持情緒穩定的能力。**冥想的人比較不會自我厭惡，不容易分心，而且能從過去的經驗中學習**。以上特質都是現代生活所需的要素。

希臘德爾菲的阿波羅神殿前庭，銘刻著古希臘的格言「認識自己」。這句箴言的確切意義到現在仍是不同派學者爭論的議題，不過從駕馭冥想力量的角度來看，這句話就是真理。當你用心體會當下，你會更意識到自己的內心獨白，止住強迫性的思維過程，踏出自我懷疑的監牢。你必須先意識到自己被囚禁在心智的牢房裡，才有掙脫的可能。心智牢房或許沒有水泥牆和鐵條，但是被困在自己的想法裡，對一個人的專注力和表現力都有很大的影響。

我喜歡把想法分成兩類：實用的想法和分心的想法。實用想法有確切的用途和特定的目標，分心的想法則毫無意義。想要下對決策，達成人生目標，你需要實用的想法。另一方面，沒意義、不斷重複、令你分心的想法，只會分散注意力，妨礙你進入無我狀態。

實用想法可以幫助運動員規畫即將來臨的賽事，安排訓練行程和其他雜事，例如訂交通票券和住宿。快要比賽之前，運動員或許可以轉換思考，在腦內排練完美的一擊，或是想像胸有成竹獲勝的場景。在內心想像圖像是很有用的事前準備，也是一種正向思考。

倒是分心想法通常都很負面不合理，而且已經習慣成自然，自己都沒發現大腦裡有這麼多分心想法。這些思考會引起情緒緊繃，耗盡體力，讓你不能專心應付比賽。愛爾蘭作家王爾德說過：「思考是全天下最不健康的事，思考跟疾病一樣會害死人。」

思考是一種習慣。社會、教育和家人朋友，都會形塑我們的思考方式。從小大人就教我們思考是一件好事，還記得小時候被說過多少次「你要動腦筋」「好好想一想」嗎？把大腦培養成敏銳的分析工具，顯然可以幫助我們在學術圈或其他行業高就。然而學習思考固然重要，也不能忽視學習停止思考的重要性。如同火堆在寒風中能帶來舒適和溫暖，但是一旦失控，就會變成一股摧毀的力量。人類的大腦猶如一把雙刃刀。

讀到這裡，你或許會想：「這傢伙在說什麼？我的大腦分明控制得好好的。」但事實真是如此嗎？你能輕易關掉思考的聲音嗎？我們不妨現在就來做個簡單的實驗：停止思考，看看經過多久時間，第一個念頭才冒出來。大概五到十秒鐘，是嗎？

我們對大腦的控制程度，取決於思考可以停止多長時間。**你能輕鬆關掉思考的時間越長，表示集中和專注力越強**。大部分人最多只能暫停思考幾秒鐘，表示有可能反而是心智在控制你，而不是你在控制心智，而且程度比想像得還嚴重。往好處想，等你學會控制思維過程，就能獲得許多益處。學習讓心靜下來很簡單，只要一點專注力加上練習就做得到。不妨把它當成挑戰，就像其他新的訓練型態，而且這項訓練保證能改善健康和運動表現。

逃離雜念的囚禁，掌握思維過程的第一步，就是意識到大腦的想法。我們很少觀察自己的心思，很少意識到大腦的思考活動，以及思考對情緒、緊張程度和表現有何影響。把你的想法放到心思最重要的位置，當你第一次觀察到大腦的活動，你可能會發現那些想法被放大了。原因很簡單，以前這些想法只在背景默默運行，不受注意，現在終於輪到這些想法受到仔細審查了。你或許還會注意到，某些不斷重複的念頭已經在腦海裡出現好多次，說不定長達數年之久。這很正常，不必責難自己。觀察心思是非常正向的活動，可以讓人了解心思有多麼活躍。**覺知是掙脫心思束縛、增進集中力和專注力的第一步。**

一旦開始花時間觀察自己的思維，你會發現自己其實很常被這些思維卡住。請不要花力氣分析或批判大腦爲何產生這些想法，這麼做只會雪上加霜。提出更多問題絕對無法讓心靜下來，想太多正是我們現在要解決的癥結。爲了打破這個不斷思考的循環，解開思緒的束縛，回到當下的生活，你必須學會馴服自己的心思。

只要一整天下來定時觀察幾次自己的想法，你就能掌握與生俱來最重要的工具——心思的力量。思緒清晰與否，決定了生活品質高低：平心靜氣能改善睡眠模式、情緒和健康，而停不住的雜念則會阻礙你發揮最佳潛力。

如果負面的想法正在腦海裡暗潮洶湧，此時務必要停下來觀察思緒，不要被自我懷疑和擔憂壓到喘不過氣。心思無法分辨想像與現實事件，對身體而言，想像和現實是一樣的。如果你在賽前很緊張、一直反覆思索教練的決策、擔心被踢出隊伍，或害怕自己沒辦法撐完公益長跑活動，身體就會當眞，照著你擔心的情境做出反應。一旦發現焦慮的思緒開始在腦海裡繞著跑，你必須立刻留意焦慮對身體有何影響。頭和胃是不是很緊繃？呼吸加快了嗎？重複的負面想法是不是害你有點反胃？大腦的想法決定身體的感受，那些感受也會使想法更加鞏固。如此一來一往加深負面想法和情緒後，運動表現和健康難免不佳。

每次你發現大腦又塞滿細碎的嘰嘰喳喳聲，自問這些想法和分析實際上是否有幫助？能不能帶你突破困境？能幫你解決問題嗎？如果繼續想下去，到底能不能解除當下的狀況，還是這些想法就像旋轉木馬，只是停不下來的慣性焦慮？好好回答這些問題，你就會了解雜念的本質，以及雜念對生活品質的影響。一旦你領悟這些負面想法毫無用處，就有動力掙脫思想的束縛。

觀察要有耐心。一開始你會注意到身體緊張的徵兆，例如心跳加速、反胃、大腦不肯停止思考，而那些思緒絲毫不減。隨著時間過去，練習次數增多，你就能慢慢靜下心，拿回心思的主導權。一整天觀察想法的次數越多越好，尤其遇到挑戰更要停下來觀察。有時候你可以輕鬆靜下心來，有時候情緒太激動，難度就會比較高。無論如何，要記得觀察負面思考對身體的影響，問自己這些思考到底有沒有用。只要回答這個問題，就能把意識帶回當下的生活，並且更認識自己。

如果你有持續觀察思想和身體受到的影響，時間久了，你就會慢慢花更少力氣重複無用的思考。你的思緒會更清晰、身體更放鬆、生活更愜意。你能更投入周遭的生活，不再錯過各種珍貴的時刻。

反覆思索無用的想法非常累人，只是徒增壓力、疲勞和頭疼。大腦分給負面思考的空間越少，人生就有越多空間享受正面想法和改進。

不妨想想以下案例：

麥可正開車前往受訓地點，那是一場非常重要的訓練，他覺得自己應該會遲到。他開始想像待會兒教練和隊友的反應，並盤算該如何應付。他無法停止盤據在心中的想法，一直擔心遲到的後果，同時被交通狀況搞得很煩，整個人緊張兮兮。他的身體緊繃起來，頭開始隱隱發疼，無意中油門踩得更大力了。

艾倫同樣也要開車去受訓，他大概也無法準時抵達。他知道自己已經盡力趕上了，再怎麼擔心也沒辦法更快抵達現場，於是他把專注力放在呼吸上，觀察氣流進入身體又離開。擔心遲到的想法不時會冒出來。這時艾倫就問自己，這些想法有幫助嗎？艾倫很清楚，焦慮只會讓自己緊張、分心，所以他又把注意力轉回呼吸，保持冷靜放鬆。

想像一下，假如麥可和艾倫都遇到別人超車，不得不踩煞車。你覺得這兩人會有什麼反應？麥可大概會怒火中燒，憤怒地狂按喇叭，而艾倫則是不作反應，避免自己被當下的狀況沖昏頭。

上述情境中，兩位駕駛人都遇到同樣問題。一人選擇立刻反應，另一人則不受影響。顯然比起淡定的人，壓力大或焦慮的人遇到棘手狀況反應會更激烈。保持心境平和，你就可以更客觀的思考現況，選擇適當的回應，不會一時沖昏頭。艾倫可以選擇要不要反應。麥可則是憑直覺行動，沒機會選擇。

除了觀察思緒，讓心靜下來的能力也很必要。這些技巧加起來，可以提升你進入無我境界的能力。第一次練習馴服心思時，那些分心的想法大概每幾秒鐘就會跳出來干擾，這是正常現象。應該說，練習本來就會發生這個現象。不必沮喪，這種思緒轟炸是多年習慣累積的結果，當然也需要一點時間才能改正。生活中大大小小的影響，包括教育、宗教、社會、人際關係和工作，將這些想法層層堆疊起來。大腦於是養成了壞習慣，只知道要思考，卻不知如何停止思考。

第一次練習冥想時，就算思緒不斷游移，也不要挫折氣餒，因爲這是難免的。許多人因爲冥想無法立即見效，很快就放棄投降。也許學會關掉思考的速度不如預期，你覺得很挫敗，但你應該這樣想：現在是練習的過程，不是最終結果，你還沒達到眞正的目標。

冥想時，你應該試著努力察覺自己的心思，觀察自己的想法，練習靜下來，活在當下。想法會冒出來，也會散去，那是人類大腦的天性。每次思緒開始游移，只要溫柔地把注意力帶回呼吸，把覺知放回身體內在就行了。

學生時代和剛出社會工作時，我的大腦思緒非常活躍。我相信思考是一件正向的事情，但我分不出實用的想法、重複無用的想法，以及負面思考有何區別。大多時候，我都困在腦袋裡，任由身體進入自動駕駛模式，完全沒意識到這些想法有多常進出我的大腦。思緒活躍的結果，就是專注力下降。爲了拿到好成績，我必須每天花很多時間念書，而且大腦的空間幾乎都被雜念裝滿，很難再裝進其他知識。大學應考期間，我在都柏林三一學院的柏克萊圖書館泡了整整三個月。考試前一小時，我抱著所有筆記和衝刺小抄再度踏入圖書館。我朋友泰瑞也跟著一起去，在這之前他完全沒在念書。我們一群人抱著筆記狂啃時，他在旁邊設定一套退稅服務系統。後來他跟我借筆記，只讀了十五分鐘。我發現他輕而易舉就定下心來，專心念書，我覺得泰瑞身上有我缺乏的特質。當時我的專注力非常差，很容易分心，必須一直逼迫自己才能勉強集中注意力。之後考試成績公布，泰瑞和我同分，我感到震驚：我花三個月才達到他念十五分鐘的成效。高生產力、專注、集中的大腦與失控的大腦，相較起來簡直天壤之別。

爲了順利畢業，整個大學時期，我都花費極長時間念書，承擔著壓力、疲勞和嚴重的呼吸問題。我完全不曉得大腦就是最礙事的絆腳石。二十年後，想當然耳，泰瑞的公司成長爲千人企業，獲得無數商業和客戶服務獎項。

一個在各種想法之間東跳西跳的大腦，會吸乾你的生產力和創造力，並拉低生活品質。不論從事哪一種行業，擁有專心致志的大腦就是最棒的資產。

大學畢業後，我在美國一間租車公司擔任中階主管。公司灌輸給我們的觀念就是奉行公司理念，一切照規定行事，人生最精華的年歲就該貢獻給公司，讓公司獲利。無論是接聽電話、面對潛在客戶的話術，或推銷客戶加購汽車的碰撞意外免責，公司都有一套固定作法。身爲主管，我要想辦法讓業績達標，要管理下屬，還要打電話推銷。每週一早上，我一想又要上班就覺得厭煩。二十八歲的我活得像副空殼，大腦停不下來，壓力指數直直飆升。我越想辭職，那些思緒越把我困在原地。

就在快要崩潰時，我聽說有一堂個人發展的課程，於是不管三七二十一就去報名。課堂上，老師提到靜下心的重要性，並帶領學員做一次簡單的冥想。那堂課結束後，我發現我的知覺突然變得清晰放鬆。頭部的壓力沒了，心思也沉澱下來，我第一次感受到一絲平靜。走回家的路上，我腦中的想法統統被拋到一旁。我可以完全專心體會周遭的景象、聲音和味道。都柏林這條格拉夫頓路我走了好多遍，但我的心思從來不在那裡。以前走在這條路上，我的注意力都困在腦海裡的思緒。我從街頭走到街尾，卻完全記不得沿路的任何一處景觀。

當注意力全放在自己的心思上，你就很難跟周遭建立連結，也無法融入生活。

隔天早上，我的腦袋又重新被各種嘰喳聲塞滿，但我沒忘了前一天令人難忘的體驗。我在一九九〇年代的尾聲頓悟到靜下心的重要性，並在接下來幾個月認眞練習關掉思考的聲音。這趟旅程起初走得跌跌撞撞，我的心思還是會失去控制，練習很久卻毫無進展。但現在回首過往，當時那段安靜獨處的時光是成效最顯著的日子。

現代社會教導人們，要看到成效、取得成功，就必須時時刻刻幹活。這個形塑現代社會基石的理念實在很荒謬。**生活生活，人生來不是要幹活，而是要好好活著**。每次我對工作坊的學員說，如果要我在學歷和關掉思考的能力之間二擇一，我會毫不猶豫放棄辛苦掙到的學位，學員聽了都很驚訝。

我盡可能把生活本身化作一場冥想。從第一次練習冥想到現在，我的思考活動估計降低了五成左右。現在我的思維更實際了：我會設定目標，決定該做哪些行動，接著著手達成目標。既然每次思考之間多了更多空檔，大腦就有餘力迸發出創意的點子和解決辦法。一整天下來，我很常把專注力放在呼吸上，或是把注意力帶進身體內在，藉此靜下心來。當然，負面思考有時還是會冒出來，我仍然會心煩意亂、會生氣。如果有必要，我也不避諱與他人起衝突、挑釁對方。這也是人活著不可或缺的一部分。自然界的動物也會打架，但是衝突結束之後，雙方就分道揚鑣，繼續過活。不像人類過了好幾個小時還在氣頭上。大自然一直跟著時間前進，人類卻不時深陷在過往，或迫切想要跳過當下，直達未來。要是注意力都被積習已久的想法占據，大腦怎麼可能發揮百分之百的實力？

自從我學會靜下心，生活其中一項主要改變就是，我不再那麼畏懼挑戰，遇到挫折也能更快恢復信心。自從認清盤據在腦海的想法本質，我就能選擇是要繼續沉浸在無意義的想法，還是跨出這個牢籠。二十歲出頭時，我根本不知道自己有這個選擇。直到發現我被囚禁在大腦的思緒裡，我才能把眞實的自我與那些耗時耗力的想法區隔開來。大幅減少無意義的思考之後，我的心思終於能專注在任何我想思考的事情上。到了四十一歲，我的集中力、精力、專注力和幸福程度，都是十六歲時的十倍。在這期間，我唯一做的就是學會停止思考。

我靠著三個簡單技巧翻轉了整個人生：放輕呼吸、與身體內在融合，以及專注在當下。每一項技巧都有效改善了我的生活品質、減少不必要的思考活動、幫助我獲得直覺能力，並提高工作創造力。這些技巧的練習方法很簡單，很快就能上手，而且輕鬆就能融入日常生活。定時練習下列技巧，就能開始拿回心思主導權，清掉腦中的雜念。

順著呼吸進入無我境界

這個運動冥想是以第九十頁的「從輕慢呼吸到正確呼吸」練習為基礎，目標是順著呼吸模式讓全身放鬆，把心靜下來。順著呼吸的意思是，你要觀察每次吸氣吐氣的循環。這個方法既簡單又實用，可以將專注力內化，同時隔絕所有不必要的思緒。

第一次練習冥想，試著挑一個不會讓你分心的地方。坐著背打直可以增加專注力，閉上眼睛則能將注意力引導進入內在。累積更多經驗之後，你就能在各個場合觀察呼吸，把注意力轉向內在。

人類天生就懂得順著呼吸，而且從遠古時代就開始這麼做。呼吸能搭起心理和生理的橋梁。爲了在任何運動比賽都能進入無我境界，身體和心靈必須合而爲一，你在比賽時才能內外合一。

你可以從四個地方感受到呼吸進出身體。第一個地方是鼻子裡面，第二是喉嚨後面，第三是胸膛起伏，第四是腹部起伏。也許你會覺得其中一個地方特別容易觀察。不妨四個地方都試試看，找出你覺得觀察起來最合意的部位。

首先，一手放在胸膛，一手放在腹部，就在肚臍上方。意識順著呼吸進入鼻孔，或者通過喉嚨往下。注意空氣被吸入的地方，你是胸式吸氣還是腹式吸氣？每次呼吸你是感覺到胸口起伏，還是腹部微微凹凸？不要改變呼吸，先專心觀察就好。一開始你的心思可能會游移，別擔心，只要再把注意力拉回到呼吸上即可。

觀察呼吸時，一邊繼續放鬆內在。在內心無聲告訴胸口和腹部的肌肉放鬆。當你感覺到身體放軟，就逐漸放慢呼吸，不必故意繃緊呼吸肌，或是限制呼吸。只要讓呼吸變得安靜輕柔，從心中指揮身體放鬆就行了。

這個練習的目標是減量呼吸，直到產生輕微至中度的缺乏呼吸。這種想呼吸的感覺要夠明顯，但是不要強烈到加速呼吸、腹部肌肉收縮，或是呼吸節奏亂掉。如果眞的因爲太想呼吸而打亂節奏，記得先中斷練習十五秒，休息一下，讓呼吸恢復正常。記住要訣後，試著持續練習十分鐘。

所有呼吸練習都能幫助你擺脫無盡的思緒，把注意力放在當下。不過在練習途中產生缺乏空氣的感覺，並維持在可忍受的程度，更能進一步放慢腦內思考活動。身體一旦缺乏空氣，注意力自然會落在呼吸上，效果十分良好。放輕呼吸的另一項好處是，身體會啓動放鬆反應，證據就是口中唾液變多。更多減量呼吸的技巧與效果請見第4章。

我第一次在冥想途中應用觀察呼吸的技巧，思緒仍難免飄走，所以覺得有點灰心。其實，這再正常不過，思緒剛開始本來就容易飄走。隨著練習次數增加，思緒才會慢慢定下來，每次冒出念頭之間的空檔開始拉長，你會感到更快樂，頭腦更敏銳。

定期練習冥想，你會發現注意力放在思緒的時間縮短了，你不再抽離生活，不再反覆思索那些你改變不了，或還沒發生的事。過去十五年，我多次完成「完全靜默」（Noble silence），也就是連續十天，從早上五點起床一直冥想到晚上八點就寢。車鑰匙、電腦、手機、錢包全部擺到一旁。完全靜默不只禁言，也禁止思考。第十天最後，我的大腦清晰無比，既泰然又敏銳，而且十分專注。

剛開始練習冥想的人，就算只有短短十分鐘，觀察呼吸也能爲你的生活帶來巨大改變。連續兩週，每天盡量找時間觀察自己的呼吸。比起每次觀察呼吸的時間長度，更重要的其實是一天中觀察呼吸的次數。發現並感受這項練習如何在運動和日常生活改變專注力和集中力。

與內在連結，進入無我狀態

把注意力從思緒移開，轉到奧妙的人體，你才能專注在自己身上。人體有一股運作的能力，比大腦的智力更強大。每分每秒，體內都有數千種功能直接略過大腦，自動同時運轉。大腦的智力不過是體內蘊含天然能力的冰山一角。想想體內眾多缺一不可的自動功能，包括呼吸、心跳和消化，這些複雜又永不懈怠的過程不需要有意識的思考。假如其中一項功能需要靠思想來控制，會變怎樣？就算大腦只負責引導相對較簡單的呼吸，我想人類應該很難活超過一個小時。人體的精密程度簡直是一項奇蹟，體內運作的能力如此廣泛，恐怕再聰明的科學家也做不出媲美人體的精密科技。儘管學界很努力以人體爲範本研發機器人，原型機總是有點古怪，處理功能也只有少數幾種。人體內的自然能力非常神奇，只要別把焦點錯放到大腦上，人人都能取用這份能力。將你的注意力從停不下來的思緒，引導到內在感官，你就能汲取體內的安定與力量。

除非發生問題，西方世界的人平常很少專注觀察內在。只要身體無病無痛，就不太注意身體的狀況。人們很少眞正感覺到身體的活力，以及體內能量共鳴的震動。身體是連結你和這股能量的橋梁。如果你以前從未注意過內在，請放輕鬆慢慢來。如果你已經學會順著呼吸，放慢呼吸，這項練習就會相對輕鬆。

閉上眼睛，把注意力移到其中一隻手上。專注感受那隻手，從內部去感覺。閉上眼睛，感受手裡面的感官。你可能會注意到抵著手掌的空氣溫度，或是察覺到細微的內在身體感受。稍微停留在這些感受上，靜靜地觀察。專注在手部的內在身體感受後，同時把注意力擴大到手臂。現在同時體會手掌和手臂的內在身體感受。不要多想，不要分析，只要感受。

接下來，把注意力帶到胸口，從內部去感覺，持續一分鐘左右。你或許會感覺倒貼著胸口的衣服質感，或是從胸膛散發出來的熱氣。大約一分鐘後，把注意力帶到胃部，檢查是否有緊繃的感覺。如果胃部沒有放鬆，請想像胃部逐漸鬆懈下來。感覺腹部周圍隨著壓力釋放逐漸變得柔軟。思緒越活躍的人，腸胃就越容易結成一團。利用想像放鬆腹部，讓壓力自然消散。

現在同時感受雙手、兩隻手臂、胸口和腹部的能量，繼續把注意力留在那些部位。只要把注意力放在身體上，你就不會注意到大腦的思緒。當你專注在身體內在，原本大腦停不下來的思考，就終於能逐漸放慢速度了。

稍微練習一下，你就能把注意力從內在的頭部一路移到腳底。把注意力分散到內在全身，對運動鍛鍊和競賽特別有幫助。而且這項練習也能隨時帶你進入無我境界。

活在當下，進入無我境界

順著呼吸，把注意力帶到內在全身，我們就能專注在當下的時刻。

每個當下都是生活的片段。你無法把過去某個時刻再活一遍，也不能提前去過未來的生活。等你到了那個未來，未來已經成爲現在。所以請活在當下。不要跟大多數人一樣，把人生花費在腦海裡的無數思緒。如果你整天忙著回憶過去、擔心憂慮、煩惱各種沒發生的「萬一」，你如何能與現實生活連結？

有個簡單的練習可以把注意力拉回到當下：融入周遭環境。不要靠大腦思考，透過視覺、聽覺、觸覺、味覺和嗅覺，用生理的五個感官與周遭環境連結。不要習慣性分析、批判、貼標籤或比較眼前所見的事物。相反地，關掉腦內評論的聲音，專心感受環境。把注意力拉出大腦，好好觀看四周。真的用心去看，好像你第一次見到這些景象。一邊看，一邊聆聽環境中出現又消失的聲響。除了眼睛看，耳朵聽，無論你是站著、坐著、躺著，你可以進一步感覺身體的重量。感覺臉上空氣的冷暖，感覺貼在背上的衣料。再來，把嗅覺和味覺也加進來。現在，你掙脫了思想的束縛，擺脫了腦內雜音和分心的念頭。你就像個孩子，觸目所及都是全新的體驗。就是這麼簡單。

每天都活在無我境界

你不能只在正式冥想的時間，才把心靜下來。你應該把整個生活當成一場冥想。每天做例行公事時，注意力就要放在呼吸和身體內在。看電視時，不要把全副心力都投入節目，記得同時也要觀察身體內在。走路、慢跑、跑步時，順著呼吸的自然節奏，把注意力分散到全身各處。掃視全身，檢查哪裡積累壓力，從心裡無聲地叫緊繃的肌肉放鬆。運動時，繃緊的肌群只會讓運動成效打折扣，還會消耗額外精力。學著找到身體緊繃的部位，練習用心智的力量放鬆肌肉。

找一部影片，欣賞獵豹全力奔跑的優雅姿態，你就能觀察到何謂全部肌群都是完全放鬆的狀態。獵豹每次邁步奔馳，四肢肌肉都是呈現完全放鬆柔軟。獵豹奔跑時會完全放鬆身體，把精力留著維持速度。請練習用全身去跑步，而不是用大腦跑步。想像自己不帶腦袋去跑步，全程都不要用腦，只用身體其他所有細胞跑步。試著融入環境，與周遭合而爲一。運動時放鬆全身，你就能順著心流進入無我境界。日常生活受到思緒的干擾越少，比賽時就越容易進入無我境界。

心思集中不分心

想像一名撞球選手連贏十場。每一場比賽，他都處於心流之中，輕鬆把每一球擊進袋，同時把母球推到下一桿的完美位置。他投入比賽總是輕鬆又隨興。

既然前面已經連贏十場，選手決定要下注五美元，賭自己下一場會贏。現在，他打撞球不再是爲了體驗享受，還多了一個非贏不可的動機。於是他的心思分成兩邊，一邊是賭注，一邊是比賽。他放在撞球本身的注意力只剩一部分，失去專注，也輸掉了比賽。

羅南・奥加拉（Ronan O'Gara）曾是愛爾蘭國家橄欖球隊的一員，曾隸屬蒙斯特橄欖球俱樂部。很多人把他視爲當代最強的接鋒，他在國家隊贏得四座三冠王獎盃，在蒙斯特奪得兩座海尼根盃冠軍。他爲國家隊拿下的達陣數超過史上所有接鋒的紀錄，是史上獲選爲國家隊球員次數第三高的人。

奧加拉一再展現出傲人成績，想必他總是對自己信心滿滿，每次出賽都昂首闊步，準備痛宰對手吧？事實上，有一次奧加拉接受愛爾蘭國家電視台的採訪，他說要是自己能「開懷大笑，更享受這一切」就好了。尤其是賽前準備階段，他會「嘔吐、質疑所有事情、睡不著、情緒低落、必須去走走散心」，試著撫平內心負面的想法。這段訪談吸引了許多人的目光，奧加拉不是唯一會在賽前焦慮的選手，想必許多專業運動員也有相同經驗。他們對隊上和國家抱持的榮譽感與奉獻精神，變成肩上沉重無比的壓力。

職業運動界很少談到運動員的這一面。選手的壓力被粉飾太平，外界只看到外顯的力量、強韌、速度和技能。羅南·奧加拉擔任職業球員逾十年後，他想到自己離退役的日子不遠了，情緒這才慢慢穩定下來。「直到生涯最後十八個月，我才對自己說，我要在剩下不多的日子裡好好享受比賽。」

爲什麼選手在賽前會承受那麼多焦慮和壓力？準備期間，許多運動員的腦海可能會開始冒出上百個「萬一」的假設：萬一比賽當天身體不舒服怎麼辦？萬一受傷了怎麼辦？萬一失誤怎麼辦？萬一我守錯人怎麼辦？萬一我沒被挑選入隊怎麼辦？萬一我表現很差，被踢出隊伍怎麼辦？隨著想像力爆發，所有對比賽途中事件的假設，堆積成預期心理，導致緊張和焦慮分散了專注力。現實的變數太多了，大腦根本不可能準確預測未來。而且腦內劇場有可能把後果設想得比實際更慘。你必須理解一點：不論處在哪一種情況，外界有很多因素你無法掌控，就算你盡了最大努力，你也只是整個事件運轉機制的一部分。一直花時間思索無法操控的因素，只會令你分心，浪費精力。你對從事的活動有熱情，想要拿出最佳表現，這樣就夠了。其他的事就交給宇宙，操再多心也沒意義。賽事準備階段，你可以觀察自己的負面想法或不斷重複的念頭，然後下定決心不要再想那些超出你掌控的因素。

我不是運動員，但我可以深切體會腦袋想太多，整個人迷失在思緒裡的感受。那年我十六歲，從小在天主教家庭長大，只待過男校，不太敢開口跟女生講話。那時候有一位非常美麗的金髮女孩偶爾會跟我搭同一班公車去學校。我一直很想找機會和她說話，琢磨著該說些什麼，也很怕她會討厭我搭訕的舉動。有一天，她正好坐我旁邊，我緊張到心臟都快跳出胸口了，嘴巴卻一個字都吐不出來。排山倒海而來的自我懷疑，害我的舌頭打結，整整十六公里的車程就這樣在靜默中結束。我把開口搭訕的那一刻想得太重要了，真正遇到機會時，反而怕得動彈不得。事後回想，我只不過想隨口開個話題，先打聲招呼，問候她的上學生活、問她有哪些朋友，也許聊聊彼此愛聽的音樂。整件事情很單純，但是我事前想太多，把聊天變成一項艱鉅任務，簡直像要跟她求婚似的。

隨著經驗累積、信心提升，我們學會應對這種狀況，但如果每次遇到要採取行動就想太多，只會無端增加邁向成功的阻礙。要是當時我別想那麼多，直接開口，兩人一定能輕鬆聊起來，順利展開對話。

一定程度的壓力可以讓人保持專注，但是想太多、焦慮、擔心各種出錯只會分散掉比賽的集中力。重要賽事的前一晚，你可能會躺在床上，忍不住在腦海推演所有可能的情境。實際上，你需要熟睡一晚，才能確保隔天拿得出最佳表現。比賽前確實需要想好各種狀況的應對方式，但是你必須專心規畫準備事項，設想這些狀況才有意義。賽前熱身、演習、排練、討論戰術等，可以有效減少壓力，降低出賽的不確定性。而躺在床上擔心隔天會不會出錯，只是徒增自我懷疑，甚至削弱比賽當天的集中力。

你必須從頭到尾觀察大腦思考的效率。如果某個想法開始重複出現很多次，問問自己這些想法究竟有沒有實質用處。能幫你擬定策略或解決問題嗎？還是像個瘋狂的旋轉木馬，只會轉個不停？審視想法的實際用處，能幫助你決定哪些是實用的想法，哪些是重複的負面想法。就算你無法防止負面想法冒出來，你還是可以學著把心靜下來，減少雜念，每次一想太多，就把注意力帶回呼吸上。之後，如果你認爲需要再想想那些惱人的念頭，可以花幾分鐘認眞思索，再與安靜的呼吸合而爲一。在思考與平靜之間切換，可以製造思考的空檔，讓新點子有機會迸出來。大腦經過冥想沉澱後浮現的點子，往往很有力、創意十足而且很直覺，有機會讓所有擔憂迎刃而解。同樣過程也可以應用在日常生活。

練習冥想，把心靜下來，對運動員或任何受焦慮所苦的人是極爲寶貴的技巧。冥想可以關掉腦內雜音，專注在眼前重要的事情上。爲了降低賽前的擔憂焦慮，你必須從另一個心態面對比賽——「你來參加比賽，純粹是爲了體驗並享受樂趣。你唯一的願望，就是來參加這場比賽，擊出那一球、那一桿、奔馳過那條跑道，除此之外沒有第二個動機。」這不是說你只要上場把動作做到位就可以了，完全不是。當你純粹爲了體驗這項運動，而去打球、跑步、射門、騎單車，你的心思就會非常集中，喚起身體敏銳的反應。進入這種狀態之後，你就能在場上技壓群雄。

一開始，你必須在訓練時期認眞去體驗這項運動，因爲那時候並沒有勝負的壓力。將注意力分散到內在全身，從每個感官徹底體驗運動。時間一久，你就能無視競賽壓力，自在「體驗」運動，讓肌肉記憶做出最輕鬆流暢的動作。

比賽的第一要務是將全副注意力灌入體內，體會全身活著的感覺。比賽期間，只要憑本能和自然的韻律，讓肌肉記憶決定每一個舉動：要留在後場防守多久、何時該超前、下一步要做哪個動作。遇到罰球或其他可以扭轉比賽局勢的狀況，記得專注在呼吸上，讓呼吸帶著內在沉澱鎮定。

每當你發現思緒又在繞著即將來臨的賽事打轉，請立刻把注意力拉回呼吸或身體內在。如果你太在意輸贏，把自己搞到崩潰，老是擔心對手和自己過去的失誤，或是花太多時間分析每一個可能出現的招式，你的心思就會渙散，失去專注力。

一增進大腦的氧合作用一

運動員比賽前理所當然會緊張。一點緊張感可以提振精神，但太緊張可能導致過度換氣，降低大腦的氧合作用。就算不是面臨重要考試，敏銳反應、集中力和正常的認知功能也能幫助你在其他場合拿出好表現。

除了順著呼吸，把注意力分布在內在全身，下列的「復元呼吸練習」也能在比賽準備階段有效鎮定心神。方法很簡單，每次壓力大，閉氣就對了！這項練習也能幫助你從運動的疲勞中復元，提高BOLT成績。BOLT成績高，更能抵銷緊張對身體造成的影響。

按照下列指示，做一連串短暫閉氣：

- 從鼻子輕輕小力吸氣、吐氣。
- 閉氣二到五秒。
- 閉氣之後，恢復正常呼吸約十秒。不要干擾呼吸。
- 繼續短暫閉氣，然後恢復正常呼吸約十秒。
- 至少持續練習十五分鐘。

休息時間BOLT成績低於二十秒的人，表示有慢性過度呼吸的問題。爲了達到最理想的呼吸效率和心血管健康，確實將氧氣輸送到組織和器官，你必須達到BOLT成績四十秒。研究人員發現，過度換氣會大幅影響心智表現和生理能力。爲了調查原因不明的航空事故，一份研究找來噴射戰鬥機飛行員，測試他們過度呼吸一陣子後，在協調實驗器材的表現。結果顯示，當飛行員血液中的二氧化碳濃度大幅降低，他們的心智表現會下降百分之十五至三十。另一份研究發現過度換氣會減少動脈二氧化碳的濃度，使大腦出現生理變化，引發暈眩和集中力不足的問題。研究人員注意到，一旦二氧化碳濃度下降，反應時間就會逐漸變慢，出錯機率增高，不利於需要注意力的活動。

過度換氣的症狀和焦慮很像，這兩者有時候會產生關聯。紐約州立大學奧爾巴尼分校的心理與統計學系提出一份研究，比起焦慮程度低的學生，焦慮程度高的學生體內二氧化碳濃度較低，呼吸頻率更快。想想過度換氣的症狀，這份研究報告其實不意外：暈眩、頭痛、胸痛和頭昏眼花。究竟是焦慮造成過度換氣，還是過度換氣造成焦慮？我們已經知道，過度換氣會降低血液的二氧化碳濃度，造成血管緊縮，減少大腦收到的氧氣。大腦氧氣不足容易興奮焦躁，胡思亂想，引起焦慮。於是兩個因素交互影響，形成不斷延續的惡性循環。

我深刻記得念都柏林三一學院時，有一次期末考我試著放鬆，於是考前去散了一會兒步。我一邊散步，一邊用嘴大力吸吐幾次。我的呼吸原本就很重，額外加大呼吸害我立刻有點頭暈目眩。我不曉得焦慮加上刻意大口呼吸試圖冷靜，反而會降低大腦獲得的氧氣量。對於需要敏銳反應和集中力的期末考而言，這可不是什麼好現象。運動員常常會不自覺這麼做，但是絕大多數運動員也覺得大口吸吐很有幫助。他們對此深信不疑，不過並非每次大口呼吸都是有意識的動作。想提升運動表現，過度呼吸絕對不是解答。讓大腦獲得充足的氧合作用，你才能發揮眞正潛力。

改善睡眠品質，增進表現

爲了保持大腦冷靜集中，擁有良好的睡眠品質是必備條件，尤其接近考試、成果展現或比賽的日子，睡眠更是關鍵。BOLT成績二十秒以下，睡眠期間用口呼吸的人，可能會出現下列症狀：

・打鼾
・睡眠呼吸中止症（睡覺期間多次閉氣）
・睡眠中斷
・失眠
・思緒不停飛轉

・作惡夢
・出汗
・清晨五、六點要起床上廁所
・醒來口乾舌燥
・醒來頭腦很迷糊
・一起床就覺得疲累
・整天都很疲累
・集中力不足
・上下呼吸道疾病

睡眠期間用口呼吸會流失大量二氧化碳，無法獲得一氧化氮的健康益處，長期累積下來導致早晨的BOLT成績下降。要改善夜間呼吸，請在白天練習從輕慢呼吸到正確呼吸，睡前尤其要練習。爲了逐漸改掉睡覺口呼吸的習慣，請按照下列指示：

・睡前兩小時不進食，因爲消化過程會促進呼吸。
・保持臥室涼爽通風（不宜太冷）。悶熱環境會加重呼吸。
・趴睡或面朝左邊睡覺。仰躺是最糟糕的姿勢，因爲呼吸道完全不受限。

・確保一整晚嘴巴都不張開（可以按照第3章說明，用二・五公分寬的透氣膠帶貼住嘴巴）。

・減少夜間沉重呼吸最重要的一項練習，就是睡前做十五到二十分鐘的「從輕慢呼吸到正確呼吸」。這項練習特別能幫助你在比賽前靜下心來，進入更深層的睡眠。

第3篇
健康的秘密

第9章 光是改變呼吸法，不必節食就輕鬆減重了

很多人選擇週末去運動，他們的動機不外乎甩掉幾公斤贅肉，增進健康，提升自信心，自我感覺良好。運動無疑是改善健康和減重的理想途徑，但運動只是減重的其中一半關鍵。消耗的熱量大於攝取的熱量，體重才會下降。除了盯著計步器看今天達標了沒，也要注意吃下肚的食物。很多人就是敗在這一點，變成溜溜球效應，變瘦沒多久又復胖，陷入令人挫折的無止境迴圈。

十多年來，我見證數百人靠著減量呼吸的技巧，以安全的方式抑制胃口，有效減重不復胖。這些案例在短短兩週內瘦了一到三公斤。除此之外，他們會變得不那麼想吃加工食品，想多喝水，飲食因此變健康。更棒的是，減重和良好飲食習慣都是自然而然發生，一點也不費力。**大部分參與者做呼吸練習都是爲了治療哮喘、焦慮或打鼾，結果意外發現還能減重。我給他們的唯一飲食指示，就是餓了就吃，飽了就停。**

伊蒙邁入五十歲之際，他的體重突破一百一十八公斤。當時愛爾蘭經濟不景氣，伊蒙的生意受到衝擊。他想把事業導回正軌，結果壓力太大，變得有點暴飲暴食。他幾乎每晚都去

當地的酒吧與朋友相聚，借酒澆愁。兩年內，伊蒙就被診斷出高血壓和第二型糖尿病。

過去很長時間，伊蒙維持著良好健康和舒適的生活，青壯年時也有定時運動的習慣。現今卻陷入情緒沮喪的惡性循環，專注力不足，無力挽救事業和健康。直到一位摯友早逝，才敲響伊蒙心中的警鐘，下定決心告訴自己：「我必須改變生活。」

伊蒙聯絡我，他急著想改變現狀，降低自己的壓力指數：「事業壓力逼得我快受不了，我晚上睡不著覺，思考亂成一團。」我把重點放在重新訓練呼吸，重拾健康狀態。只要能量和集中力恢復，其他身體功能自然到位。

伊蒙的ＢＯＬＴ成績起初只有八秒，而且表現出承受壓力和焦慮的症狀：用上胸大口呼吸，並經常嘆氣。伊蒙首先要學會一整天從鼻子呼吸，撥出時間休息冥想，以及做「從輕慢呼吸到正確呼吸」。壓力是最須解決的問題，學會靜下心來則是處理其他症狀的關鍵。

糖尿病和高血壓患者練習減量呼吸的時候，記得一定要慢慢來，以免對身體造成額外負擔。減量呼吸通常也能連帶降低血糖濃度，血糖濃度下降是好事，但不宜太快降低。隨著ＢＯＬＴ成績增加，醫生開給伊蒙的糖尿病和高血壓藥物也跟著減量。如果你是高血壓或糖尿病患者，進行呼吸減量計畫前，請務必先諮詢專業醫師。

伊蒙的規畫方案如下：

・做十分鐘的「從輕慢呼吸到正確呼吸」（第九十頁），一天四次，起床睡前各做一次。

- 停下來觀察呼吸一至兩分鐘，一整天可以多做幾次，進一步減少思考過度的習慣。
- 睡前在嘴巴貼上膠帶，避免睡眠期間口呼吸。
- 每次感到焦慮或壓力大就做「復元呼吸練習」（第一〇七頁）。
- 每天閉著嘴巴走路三十分鐘。
- 注意食欲，肚子餓了再進食。
- 第一週每晚攝取的酒精不得超過兩份，第二週開始，每兩天才能喝一次酒。

起初伊蒙對這些技巧的效果抱持懷疑，因爲我的方法完全違背他以前學到的觀念。出於善意的壓力諮詢師鼓勵他多深呼吸，減量呼吸不是反其道而行嗎？

第一次諮詢，伊蒙做了復元呼吸練習，也就是閉氣五秒，接著正常呼吸十秒。他做了五分鐘後，我請他將雙手分別放在胸口和腹部，稍微施力，藉此放慢呼吸，使缺乏空氣達到輕微程度，接著做三分鐘的從輕慢呼吸到正確呼吸。儘管伊蒙稍微感到缺乏空氣，不到幾分鐘他就開始覺得頭部的壓力釋放了。我相信這就是伊蒙改變態度的轉捩點。即使只放輕呼吸幾分鐘，伊蒙的血液循環和身體氧合作用就已經有所改善了，他因此相信這套呼吸法是他該努力的方向。

從那天起，我每週與伊蒙會面一次，共持續一個月。他的ＢＯＬＴ成績持續進步，到了第四週已經提升到二十七秒。隨著睡眠品質好轉，白天精神好很多，健康也出現明顯進步。伊蒙的高血壓和血糖濃度下降，醫生也視病況改善而減少藥量。

減量呼吸的另一項正面附加作用，就是伊蒙的食量變小了。他的胃口變得比平常小，週間傍晚也滴酒不沾。壓力減輕之後，伊蒙不再需要靠酒精和食物逃避了。伊蒙成功甩掉超過十六公斤，朋友和鄰居都稱讚他整個人氣色變好。之後我們又見了幾次面，他的ＢＯＬＴ成績進步速度有點緩下來，但他簡直換了個人，不只身材變好，心情也飛揚起來。儘管伊蒙的生活周遭充滿困難和許多令他分心的事務，他仍然成功改善自身狀況，令我印象深刻。他每週都非常認眞完成交代的功課。通常身體狀況越差的案主，越願意遵守計畫，努力重拾健康。痛苦會讓人產生積極的動力，但是如果能在瀕臨崩潰時，做幾個有效的微幅改變，就更好了。

本章的主旨是指出呼吸與攝取食物之間的關聯，而不是列出該吃與不該吃的食物清單。當然，有些食物最好少吃，甚至完全不要碰，大部分的健康飲食書都有詳細介紹。另一種比較有用的方法，是檢視自己爲何會陷入溜溜球飲食的迴圈，或者爲何很難瘦下來。答案可能近在眼前。

人類可以數週不進食、數天不喝水，但缺乏空氣幾分鐘，我們就回天乏術。說到維持生命的重要元素，呼吸絕對排第一，接著是水，最後才是食物。無論是健康專家、運動員或一般人，大家都把焦點放在飲食，忽視了呼吸。假如我們重視的順序顛倒過來呢？只要ＢＯＬＴ**成績進步十秒，你會發現胃口跟著改變。當ＢＯＬＴ成績進步到四十秒，整個人生都不同了。**

ＢＯＬＴ成績提高，使胃口變小，體重降至正常範圍，可能是多種因素交互影響的結果。包括血液酸鹼值恢復正常、模擬高地訓練的效果，或者身體放鬆之後連帶戒掉暴飲暴食的習慣。本章節將一一檢視每個因素，以解釋氧氣益身計畫爲何能幫助抑制食欲。

體重過重的人通常呼吸習慣好不到哪裡去，慢性過度換氣、經常嘆氣、口呼吸、胸式呼吸都很常見。體重重的人，呼吸也較沉重，他們不只運動時容易喘氣，連平常休息的呼吸量都比一般人大。根據我的觀察，呼吸量和食物攝取量有絕對的關係。問題在於，是加工食品和酸性食物導致不良呼吸習慣，還是不良呼吸習慣導致身體想吃加工食品和酸性食物？就我的經驗而言，呼吸和增重之間有個回饋循環，如果要改變現況，勢必得打破這個循環。

酸鹼值範圍是一到十四，一是最酸，十四是最鹼，七則是中性。第1章提過，二氧化碳是調節血液酸鹼值的重要關鍵。人體會努力保持恆定狀態，血壓、血糖都要在正常值，血液酸鹼值則要維持在七・三五到七・四五的極小範圍內。肺臟和腎臟負責檢查這些化學物質是否平衡，如果血液酸鹼值低於七・三五，變得過酸，呼吸量就會增大，因爲肺部必須排除酸性的二氧化碳，將酸鹼值調回正常。吃太多加工食品和酸性食物，血液有可能會過酸，造成呼吸加重，引起腹脹、昏睡、增重等症狀。

反過來說，慢性呼吸的人會排除過多二氧化碳，使血液酸鹼值超過七．四五。有一項針對過度呼吸和增重關係的假設是，身體為了使酸鹼值恢復正常，便產生想吃加工食品和酸性食物的欲望。正確的呼吸量加上健康飲食，才能讓血液酸鹼值維持在健康的平衡狀態。

人類在演化過程中，已經能妥善面對短期的壓力。處於短期壓力下，當身體啓動打鬥或逃跑反應，呼吸量會暫時提高。等到壓力消失，呼吸量就會回歸正常，使二氧化碳慢慢累積回正常酸鹼值的量。但是，長期處於壓力狀態的人，因為持續過度呼吸，導致二氧化碳濃度長時間降低，沒機會將血液酸鹼值恢復正常。

全球知名的健康權威都建議民眾多吃蔬果等鹼性食物，少吃動物蛋白質、穀物、加工食品等酸性食物。雖然大多數人都曉得怎麼吃才健康，但還是難以抵抗加工加糖食品的誘惑。我們應該順從身體的渴望，還是尋求解決之道擺脫對垃圾食物的欲望呢？

我一次又一次在練習減量呼吸的學員身上，見證驚人的飲食轉變，而且他們幾乎都不是刻意避開垃圾食物，或靠意志力阻止自己。這些學員學會改掉不良呼吸習慣，BOLT成績進步至少十秒之後，飲食也自動從加工食品變成健康食物。我不禁想問：是否大多數減重計畫都忽略了呼吸這個關鍵？

打破酸性食物與呼吸量增加的惡性循環，顯然是成功減重及降低食欲的要素。但是呼吸和飲食之間還有其他因素要考量，比如模擬高地訓練的效果。

一九五七年起，科學家就發現住在高地的動物會變瘦。雪巴人（譯注：散居在喜馬拉雅山兩側的藏族部族，常擔任登山嚮導，爲登山隊搬運物資）和其他畢生住在高地的民族通常也比海平面高度的人更纖瘦。許多研究根據此觀察，指出住在高地有助於減重。原因似乎是處於高地會使血氧飽和度下降，連帶降低食欲，因此有減重效果。

有研究進行老鼠實驗，發現**適度處於低血氧飽和度的狀態，可降低體重，以及同樣重要的血糖與血膽固醇濃度**。研究人員得出結論，原因是腎臟製造了更多紅血球生成素。這項發現與氧氣益身計畫息息相關，因爲研究也發現閉氣可使紅血球生成素增加至多百分之二十四。

當然，不是每個人都有錢有閒可以跑去住在高地，而且諷刺的是，肥胖也是引發急性高山症的風險因子。但是，你不必爬上高山才能享受持久且有效的減重效果。氧氣益身計畫中減量呼吸的練習，就是高地訓練的替代方案，既實用又能輕鬆做到。

只要在運動時練習閉氣，並且在休息時間練習減量呼吸，就能獲得與高地訓練相同的效果。BOLT成績低於十秒的人，或者有其他健康狀況的人，我建議先從日夜習慣鼻呼吸開始。習慣之後，你就能做十分鐘「從輕慢呼吸到正確呼吸」，一天四次，以訓練呼吸量恢復正常，提高BOLT成績。即使是上述溫和的作法，你也會開始感受到胃口變小，有助於達成健康減重的目標。

至於BOLT成績超過二十秒，身體相對健康的人，除了做上述練習之外，你還可以在運動時加入閉氣練習，模擬第7章介紹的高地訓練。走路、慢跑或跑步時閉氣，可以達到中度至強度缺乏空氣，使血氧飽和度降至百分之九十四以下，並降低食欲。我建議你把這些練習結合目前的訓練行程，這樣就能輕鬆進行長期氧氣益身計畫。

模擬高地訓練有助於減重還有另一個原因，走路或慢跑時使用鼻呼吸，可以讓身體運用氧氣（有氧運動），而每分鐘閉氣一次，則使身體無法運用氧氣（無氧運動）。有氧運動時，身體會致力燃燒體內脂肪的熱量，製造能量。訓練行程同時結合有氧和無氧運動，可以加速燃燒熱量，減輕體重。

最後，食欲和體重增加的因素也要納入情緒與心理層面一併考量。有許多研究指出，壓力與攝取食物變多之間的關係，食物可轉移注意力，安撫憤怒、孤單等負面情緒，或經濟、人際關係等問題。我想大部分讀者都曾在某個時候，因為無聊、壓力大或心情低落而想吃更多。多數人不會意識到這個習慣，就像抽菸的人會無意識點起一根菸一樣。我們彷彿開啓自動模式，無意識走到冰箱和零食櫃前，看到什麼就拿起來吃。其實你不怎麼餓，但嘴巴就是很想吃。

美國明尼蘇達大學的一份研究收集超過一萬兩千人的資料，想探討感知的壓力與健康行爲的關聯。結果顯示不論男女，抽菸、高脂飲食和運動量減少，都與壓力有關。既然壓力會讓人想吃得更多，任何能減低壓力效應的措施，都能協助減重。本書一直強調把注意力抽離大腦，分散到身體各處，把專注力放在呼吸或當下。

當你把專注力放在內在身體的感官與呼吸，那些充滿焦慮和壓力、令你分心的想法就會煙消雲散。人類從數千年前就開始運用這些冥想技巧，現代諸多研究也顯示冥想的功效有助於減重。控制壓力與鬱悶有利於長期減重。短期內憑著運動和健康飲食確實可以甩掉幾公斤贅肉，但是能長期維持理想體重才是終極目標。沒有人想要一輩子吃飯都要先計算卡路里。

第九十頁的「從輕慢呼吸到正確呼吸」是爲了幫助你將注意力從大腦轉移到呼吸的練習。這項練習可坐或躺，但還是要保留一點專注力和集中力，順著呼吸慢慢減少呼吸量，使身體中度缺乏空氣。觀察自己的呼吸，放慢吸吐速度，放鬆全身，冥想就是這麼簡單。做這項練習和鼻呼吸的另一好處是，身體的氧合作用會改善，可降低大腦細胞受到的刺激和壓力。

你不一定要在角落坐成蓮花式唱頌「唵」音才叫冥想。一開始你確實需要找個安靜的地方坐好，好讓自己專注觀察呼吸，進行練習，但是隨著你對練習越來越熟悉，日常生活中隨時隨地都能冥想。第8章提過，把注意力抽離腦袋，專注在當下，就能把整個生活化作一場冥想。如果思緒整天被擔憂和壓力占滿，害你整天只想逃避，你要如何好好體驗人生？那些思緒不能代表全部的你，最好你能想像自己沒有頭腦。不管參加什麼活動，記得都要把注意力拉出腦袋，專注在自己的身體和活動本身，合而為一。這個理論也可套用在飲食習慣上。

進食是人類的基本功能，在現代繁忙的例行公事中，我們很少能專心吃飯。通常大家只是無意識地把飯塞進嘴裡，第一口稍微嘗點味道，後面都在囫圇吞棗。下次吃飯時，你可以觀察自己到底有沒有注意到食物的質地、味道和香味。你是不是一邊吃飯，手邊還同時在做別的事呢？還是你有認眞的品嘗每一口送進嘴裡的美味？

四十一歲的泰絲覺得自己個性就是愛擔心。身為長女，她自認為對家庭和弟妹有一份沉重的責任。小時候，父母總是不斷耳提面命，告訴泰絲要在弟妹面前做好榜樣。念書的時候，泰絲在學業和體育表現都很優秀，但她漸漸變得很在意成績，不容許自己低於九十分。有幾次泰絲只拿到七十幾分，她自己和父母都非常失望。有一次她父親甚至將成績單貼在冰箱上，提醒所有孩子，家裡不允許有人考這麼低分。

有時候，泰絲覺得父母只想在她身上實現他們無法達成的野心。她的弟妹承受的壓力比她小得多，父母也不會要求他們做那麼多作業和家事，能享有許多自由時間。進入青春期之後，孩子之間的不平等待遇變得越來越明顯。弟妹可以看好幾個小時的電視，到處參加派對，泰絲卻只能一天到晚在房裡念書。

泰絲開始怨懟父母，她恨父母對孩子持雙重標準。在父母的管教下，泰絲覺得自己必須當個八面玲瓏、凡事求完美的人。如果達不到自己設下的高標準，她就會很難過，忍不住挑自己毛病。

最後，泰絲積累已久的壓力終於爆發了。一年前，泰絲的母親來找她，跟她同住一個月。母親緊張易怒的個性讓她備感壓力，儘管她已經成年，仍然擺脫不了霸道母親對自己的影響。母親喜歡給意見，令她感到窒息，而且最愛把「我是為你好」掛在嘴邊。由於母親逐漸年邁，泰絲選擇維持和平，繼續把情緒往肚裡吞，不跟母親撕破臉。

母親這一趟來訪，果然讓泰絲壓力很大。為了轉移注意力，泰絲開始越吃越多。每次覺得壓力大到受不了，就會立刻下廚，或殺去附近餐廳靠吃東西來發洩情緒。她喜歡下廚、品嘗和進食帶來的愉悅，處在這個非常時刻，食物更能幫她排解壓力。

有一天，我接到泰絲的電話，她抱怨會突然喘不過氣，而且開車開到一半會頭暈。她很擔心自己的健康，很怕染上重病。她開始出現呼吸困難，無法把氣吸飽。我聽出她很害怕，於是約了隔天見面。她解釋呼吸改變的原因，以及她把食物當成精神慰藉的情況。她很在意腰圍胖了一圈，感到沒自信，再加上令人擔憂的呼吸問題——是時候做出改變了。

我們先測量泰絲的BOLT成績，發現只有十秒。她大多時間都用鼻呼吸，但她習慣胸式呼吸，而且經常嘆氣。我跟她解釋**最理想的呼吸應該起伏很小，安靜無聲，只有橫膈膜以下稍微有吸吐的動作**。然而，處於壓力狀態的呼吸正好相反，不僅加大呼吸量，還會引起連帶問題。泰絲必須學會把呼吸放輕放慢，並且放鬆身體。

首先，我請她將一隻手放在胸口，另一手放在肚臍上方，注意呼吸，感覺空氣進入又離開身體。當她意識到自己的呼吸，我便請她放輕呼吸，慢慢把呼吸量減低，在可忍受範圍內，使身體缺乏空氣，並持續幾分鐘。泰絲覺得不太舒服，所以我請她縮短練習時間，先讓身體適應這種感覺。她總共做了三組練習，每次一分半鐘，中間休息一分鐘左右。她很快就習慣這種練習方式。

爲了加速改善泰絲的狀況，我決定教她閉氣走路。首先閉起嘴巴走路一分鐘，然後稍微從鼻子吐氣後，用手捏住鼻子，閉氣走十步。走完恢復鼻呼吸，繼續走一至兩分鐘，然後再次輕輕吐氣後閉氣。泰絲覺得這項練習舒適很多，她又繼續做，同時增加閉氣走路的步數，從十、十五進步到二十。每次多走幾步，我都會確認泰絲的呼吸仍在控制範圍內，而她很快就能閉氣走到三十步，甚至不再因爲缺乏空氣而感到不適。泰絲說，她發現走路比靜坐更能輕鬆練習減量呼吸，因爲她知道走完幾十步就能恢復呼吸。

泰絲進步神速，我們決定要推進到腹式呼吸，將她的上胸呼吸模式改成橫膈膜呼吸，解決慢性過度呼吸的問題。這項練習我請她站起來，因爲直立才是腹式呼吸的理想姿勢，接著按照下列步驟練習：

- 吸氣：腹部輕輕向外擴張。
- 吐氣：腹部輕輕向內收縮。

泰絲把注意力放在胸口和腹部後，就能輕鬆從上胸呼吸轉成腹式呼吸。下一步是逐漸放輕放慢呼吸，在舒適範圍內使身體缺乏空氣。泰絲練習放輕呼吸三分鐘，接著休息一分鐘。做完三組練習，短暫休息後，我替泰絲測量BOLT成績，發現她已經進步到二十三秒。短短一個半小時的課程，泰絲的BOLT成績就大幅提升，而且心情更平靜、感官更敏銳，也更能掌控自己的呼吸。BOLT成績通常不會進步如此神速，但有時候就是這麼神奇！不過我也跟泰絲解釋，接下來幾個小時，她的BOLT成績會下降，但是只要持續做已經學會的練習，BOLT成績就能穩定上升。

第一次見面後過了幾週，泰絲告訴我，有一天她突然非常口渴。過去幾個月都在喝碳酸飲料的她，突然很想喝白開水，替身體補充水分。泰絲很高興自己有了長足的進步，她覺得更心平氣和，活力百倍，再也不需要靠食物逃避現實。**光是練習放輕放慢呼吸以及減量呼吸，泰絲的體重就掉了四公斤半。**

採取氧氣益身練習，改善呼吸方式，你就能提高BOLT成績，同時降低食欲。聆聽身體的需求，觀察身體發出的訊號。學會眞正肚子餓的時候再進食，不要因爲無聊或爲了逃避壓力和抑鬱，就無腦打開零食開始嗑。下次又想打開冰箱或零食櫃時，記得先問問自己：「我眞的餓了嗎？」**良好的呼吸習慣可以降低食欲，如果你能等到身體眞正需要食物再進食，你會發現減重和吃得健康其實不難。**協助減重的詳細計畫內容請參見第二九〇頁。

第10章　減少呼吸量，就可打造不疲勞的身體

我的弟弟李和弟妹瑪麗剛過而立之年，跟兩個孩子住在愛爾蘭納文市。他們的工作、家庭和社交生活都繞著體能訓練打轉，時不時就爲長距離賽事做準備。每隔幾週，他們就會參加鐵人三項、馬拉松，甚至超級馬拉松。他們身邊不特別熱中運動的親友，都稱他們是運動狂。我們另一個兄弟戴夫完全不運動，每隔一陣子，他都會傳一些新聞報導去鬧李，內容盡是運動如何有害健康，可能會引發各種病症甚至早逝等。懶惰蟲似乎很享受當著運動人士面前大講運動的風險。

坊間傳聞運動員雖然體能處於顛峰狀態，卻會比一般人早死，或是年輕時就會生重病。所有健康權威都同意，運動可以保持身體健康，難道運動眞的不會過量或過度激烈嗎？

爲了探討長壽與職涯成功之間的關聯，澳洲雪梨金霍恩癌症中心的理查．艾波斯坦（Richard Epstein）和凱瑟琳．艾波斯坦（Catherine Epstein）兩位教授分析了《紐約時報》於二〇〇九至二〇一一年刊登的一千份訃文。他們發現運動員平均年齡爲七十七．四歲，軍人、商人和政治人物的平均壽命則較長，分別是八十四．七歲、八十三．三歲，以及

八十二・一歲。七十七・四歲當然不算早逝，但是相較於其他職業的人可能花在照顧健康和體能的時間更少，爲何能活得比運動員還久呢？

除了職業運動員的壽命比商人還短，另一項統計數據也指出，激烈體能運動會增加氧化壓力，有可能使人提前老化，傷害心臟，引發癡呆症。

多數健康專家都鼓勵民眾多運動，促進身體健康，那什麼狀況下運動反而有害健康？更重要的是，我們該如何運動，才能確保身體不會越動越差？解答這些疑問的關鍵似乎就在於控制身體運動時承受的壓力。說得精準一點，就是氧化壓力。當身體出現大量自由基，無法順利消除，氧化壓力就會出現。

新陳代謝分解氧氣的過程中，會產生自由基游離分子。我們光是呼吸就會製造定量的自由基，但是正常數量的自由基並無大礙，因爲身體的防禦機制會派出抗氧化物抵銷自由基分子。抗氧化物包括穀胱甘肽、輔酶Q10、類黃酮，以及維他命A、E和C。但是當自由基數量太多，抗氧化物來不及抵銷，細胞就會受到傷害，對健康造成負面影響，這就稱爲氧化壓力。

自由基活性度高，會攻擊其他細胞，傷害組織，對脂質、蛋白質和DNA造成負面影響。運動期間，由於呼吸和新陳代謝量增加，身體會製造比平常更多的自由基，使得自由基和抗氧化物數量失衡，造成肌肉無力、疲累及訓練過度。體能訓練、定期有氧運動、馬拉松賽跑和極限競賽等相關研究，在在發現激烈運動或極限競賽後，體內的抗氧化物濃度會下降，而自由基數量上升。

《美國營養學會》期刊刊出一篇紀堯姆·馬舍費（Guillaume Machefer）和同事共同發表的論文，此文探討極限跑步是否會降低血液中抗氧化物的防禦力。他們從六位受過良好訓練，參加超馬「撒哈拉沙漠馬拉松」的運動員身上採取血液樣本。撒哈拉沙漠馬拉松被視爲地表超嚴酷的跑步競賽，參賽者必須背著所有飲食和裝備，在六天內於撒哈拉沙漠跑完六場馬拉松的距離。研究人員在完賽後七十二小時抽取血液樣本，指出「血液內抗氧化物的防禦能力出現明顯轉變」，且得出結論「這樣的極限競賽會引發氧化劑與抗氧化物的保護能力失衡。」

爲了避免抗氧化物與自由基失衡，傷害身體，專家通常會提醒運動員定期補充大劑量的抗氧化物。這個建議乍聽之下很實用，不過研究發現靠飲食攝取抗氧化物降低氧化壓力和運動引起的肌肉傷害，效果有好有壞。

另一種純天然的替代方案可以保護身體不受運動產生的過多自由基傷害，那就是將閉氣練習加入平時的運動習慣，並提高ＢＯＬＴ成績。這個方法不必花大錢，無毒，爭議性也比營養補給品小得多，可有效抵禦氧化壓力。吐氣後閉氣能降低血氧飽和度，促進乳酸增加。另一方面，當二氧化碳濃度上升，氫離子濃度也會跟著提高，可以進一步增加血液酸性。重複練習閉氣可抵銷乳酸對身體的影響，調整身體延遲酸中毒現象（血液酸性增加），讓運動員能鞭策自己更上一層樓，同時不必負擔高度運動的疲勞。

研究發現閉氣練習可以增進缺氧（血液氧氣濃度低）耐受度，降低血液酸性，消除氧化壓力並減少乳酸堆積。同時也長期接受閉氣訓練的運動員，例如潛水員，血液的酸中毒和有氧壓力都明顯較低，表示延長閉氣時間有助於消除運動時自由基過多造成的負面作用。

三十年多來，各項研究從不同角度切入，包括活動類型、時間長度、運動強度和對象本身的能力，試圖理解有哪些因素能解緩運動引起的氧化壓力。適當的運動量當然因人而異，要看個人的體能狀況和訓練習慣，但是多項研究結果都指出，定期運動結合閉氣訓練，避免氧化壓力的效果最佳。如果運動習慣很一致，身體不會適應不良，但是假如運動習慣不夠規律，偶爾過度激烈，身體就無法及時應對徒然增加的自由基。一週運動數次，保持舒適中等的強度，讓身體可以輕鬆復元，就是增加身體的天然抗氧化物防禦力、降低氧化壓力的最佳作法。不過，如果你只在週末運動，週間幾乎沒有或完全不運動，而週末的運動程度往往很激烈，這樣的運動習慣或許只是有害無益。

就算是比較嚴苛的訓練內容，只要不是突然拉高訓練強度和時間長度，一樣能妥善抵禦氧化壓力。競賽型運動員如果要做賽前準備，一定要保留足夠的時間，調整身體抵禦氧化壓力。研究顯示，受過良好訓練的運動員只要經過充足準備，一樣能應付激烈鍛鍊和競賽後增加的氧化壓力。實際上，研究證實少量的氧化壓力還能強化體內抗氧化物的防禦力。

運動期間，呼吸量自然會升高，但ＢＯＬＴ成績較低的人，運動時的呼吸會比一般人更沉重，導致他們體內產生的自由基，比相同運動功率的一般人更多。另一方面，**ＢＯＬＴ成績較高表示呼吸量較低，可以減少製造的自由基，降低肌肉傷害、受傷、疲勞、提前老化等風險，還有可能延年益壽。閉氣技巧是一項簡單又有效的技巧，可以輕鬆結合平常的鍛鍊習慣，讓進行激烈運動的運動員可強化抗氧化物的防護力。**

亞倫是一位業餘單車手，年紀二十出頭，住在愛爾蘭西岸。亞倫好勝心很強，已經在許多比賽拿下冠軍，痛擊經驗比他更豐富的車手。但偶爾比賽結束，亞倫必須等半小時，呼吸才能恢復正常，於是他便求助於我。即使自行車比賽非常費力，半小時也算是很長的恢復時間，顯然亞倫在比賽時把身體逼太緊了。如我所料，他的ＢＯＬＴ成績只有十五秒，代表他的呼吸量比身體眞正需要的大得多。運動後感到呼吸困難，正是因爲身體必須補償運動時過度的呼吸量。我向亞倫解釋，他的體能很強，比賽拿冠軍難不倒他，但他運動的方式簡直是在虐待身體。那時候，亞倫運動完都會出現乾咳和感冒症狀。如果他不趕緊修正，過度呼吸的後果可不是每次都如此溫和。

我建議亞倫按照身體能力調整騎車速度。首先，他必須將ＢＯＬＴ成績提高到三十五秒，才能使呼吸量與新陳代謝需求一致。我請亞倫在鍛鍊的時間盡量保持鼻呼吸，非不得已才能換成口呼吸。鼻孔一次能吸進的空氣比嘴巴少，可以藉此限制亞倫吸入肺部的空氣量。鼻呼吸是測試鍛鍊強度的最佳量表，我的作法是請亞倫把運動強度控制在鼻呼吸能承受的範圍，好讓運動量確實符合體能。這個方法既安全又容易執行，可以逐步穩定地提高BOLT成績，同時在合理範圍增加運動的強度和時間。

許多決定性證據可以證明氧化壓力具有負面效果，偏偏有一種小型陸地哺乳類推翻了所有論證。過去數十載，科學家一直在研究一種裸鼴鼠，這種無毛全盲的小動物像一根長了牙齒的熱狗，最多可活二十八年，幾乎是一般鼠類壽命的八倍。裸鼴鼠的棲息地在東非，牠們會在農田地下鑽地道，偷吃作物，被當地農夫視爲有害生物。

裸鼴鼠的呼吸速率比起其他鼠類低很多，牠們是群居動物，會一整群擠在低氧、高二氧化碳的地方。因此，裸鼴鼠可說是「事半功倍」呼吸法的最佳代言人。這或許也能解釋，爲何裸鼴鼠從小體內氧化壓力就很高，卻能保持健康長壽。而且這幾十年科學家研究這種外貌不甚討喜的生物以來，從未發現有裸鼴鼠罹患癌症。就算科學家替裸鼴鼠注射致癌劑，牠們也能抵抗致癌因子。裸鼴鼠爲何對癌症免疫，原因目前仍然成謎，但部分科學家希望能找到解答，從中獲得治療人類癌症的關鍵。研究人員發現氧化壓力的負面效果似乎可以依靠高濃度的二氧化碳抵銷，從裸鼴鼠的例子看來，按照天然的制衡體系生存，似乎就是開啓健康長壽人生的金鑰。

負傷或休息期間如何維持體能

運動員受傷往往得付出慘痛代價。他們不僅得忍受疼痛、士氣低落，還得承擔體能表現因中斷訓練而下降的風險。規律運動後休息幾天可以增強表現，但多項研究指出休息四週，身體就會出現停止訓練效果，包括：

- 體重增加
- 脂肪質量增加
- 腰圍增加
- 攝氧峰值下降

當你費盡心力提高最大攝氧量並維持體適能，停止訓練的效果往往會讓人備感挫折，尤其舊傷慣性復發或不斷受傷更讓人沮喪。對某些人而言，高強度運動或許是不斷受傷、引發停止訓練效果的主因。當身體受傷發炎，體內就會產生自由基，有可能因此進一步傷害肌肉。不過，有一種效果可避免常規訓練中斷，即使受傷也能維持體能。氧氣益身計畫可以同時解決受傷風險，以及因負傷受限的運動能力。練習從輕慢呼吸到正確呼吸，以及閉氣練習，可以幫助提高最大攝氧量和血液的攜氧能力，另外還能減少乳酸，促進血液循環。這幾項益處加起來，就算不幸受傷或必須長期休息，運動員也能保留一部分的體能。

氧氣益身計畫有個強大的益處，那就是不論休息或運動都能練習，即使運動員負傷休養中也可以執行。有些高強度運動的功效可以靠輕鬆走路加閉氣達成。改善休息和運動時的呼吸方式，就能對整體健康和運動表現產生正面的影響，並降低受傷風險，幫助你跨越原本的體能極限。

第11章　減少呼吸量，就可強化心臟機能

二〇〇一年九月十一日早晨，妻子打電話過來，要我趕快打開電視看新聞。聽著記者播報紐約和五角大廈的慘況，我不由得打一陣寒顫。我和希妮德三個月前才造訪那座美麗的城市，眼下這齣悲劇實在觸目驚心。

同一天，另一樁悲劇也在悄悄上演，只是不如恐攻那般獲得高度關注。每一天光是美國就有三千人死於心臟病和中風，是美國國民前三大死因之二。大家會永遠銘記雙子星大樓不幸倒塌，過世的心血管疾病患者則只有親屬各自緬懷。我們無法預測九一一這樣的災難何時臨頭，但我們能好好照顧身體，尤其是心臟，以便延長壽命，活出精采，享受天倫之樂。

掌握經科學驗證的簡單方式，保持血管健康，對於想過充實生活的人來說，是一項彌足珍貴的知識。本章將探討一氧化氮的功能，以及最佳呼吸技巧，以保持良好的心血管健康。

一八六七年，瑞典化學家、發明家和工業家阿弗烈·諾貝爾結合化學物質硝化甘油和二氧化矽，發明出比單一配方硝化甘油更穩定的炸藥。諾貝爾當初研發炸藥是爲了應用於工業開發，炸開岩石，但後來炸藥逐漸成爲戰爭和破壞的同義詞。諾貝爾的發明問世後幾年，醫

學界發現硝化甘油能有效降低高血壓，治療其中一種心血管疾病「心絞痛」。硝化甘油是炸藥原料，在人體內則能轉化成一氧化氮氣體，對維護心血管健康有驚人的益處。諾貝爾晚年受心臟病之苦，醫生開硝化甘油試圖緩解不適時，諾貝爾卻斷然拒絕。他寫信向友人抱怨：「這豈不是太諷刺了嗎？醫生竟然開硝化甘油，要我內服！他們還替硝化甘油取了個藥名『Trinitrin』，免得嚇到化學家和民眾。」可惜諾貝爾沒預見破壞力如此強大的化學物質，進入體內反而助益良多。

一八九六年，諾貝爾因中風過世。他在遺囑裡交代大部分的遺產要「以獎金的形式，頒給前一年對人類福祉有最大貢獻之人。」

諾貝爾的動機沒人清楚，許多評論家包括愛因斯坦，都認為諾貝爾最後這麼做，是為了減輕自己良知的罪惡感，並促進世界和平。為了消弭發明炸藥產生的負面影響，諾貝爾確保後世每年都能舉辦一場聲名遠播的典禮，表揚對生命有正面貢獻的人。

諾貝爾逝世後將近一世紀，命運彷彿開了個玩笑。羅伯．佛契哥特、路易斯．路伊格納洛和費瑞．慕拉德三位醫生發現一氧化氮對心血管系統有諸多重要功效，因而獲頒諾貝爾生理學或醫學獎。要是當初諾貝爾同意醫生開的藥方，他說不定能再多活好幾年。

一氧化氮被稱為萬能分子，由全身十六萬公里血管的內皮細胞製造，包括鼻腔周圍的副鼻竇。

一氧化氮能下令血管鬆弛擴張。如果體內一氧化氮不足，血管就會收縮，導致心臟必須增壓，才能將血液送往全身。有個方法可以幫助你快速理解其中原理。請想像一條花園澆水用的水管，中間打了一個結，水無法順利流出水管。爲了澆花，你只得加大水壓，水才能流過打結的管線。持續高血壓會傷害動脈血管，使血管內累積的斑塊和膽固醇增加，甚至可能形成血栓。如果血液拴塞，心臟或大腦有可能得不到血液和氧氣而引發心臟病或中風。

一氧化氮可降低膽固醇，消除血管內成形的斑塊，預防血栓，大幅降低心臟病和中風的機率，可說是人體健康不可或缺的功臣。諾貝爾獎得主兼著名藥理學教授路易斯·路伊格納洛博士說：「（一氧化氮）是身體的天然防禦工事，可以預防這些症狀。」

製造足夠的一氧化氮，血液就能在全身暢流無阻，爲重要器官提供充足的氧合作用與營養素。血管鬆弛時，心臟就能以正常血壓輸送血液至全身。有幾種作法可以增加體內的一氧化氮，比如緩慢的鼻呼吸、定期適量運動，以及攝取能製造一氧化氮的食物。

一氧化氮可由副鼻竇和血管內皮細胞製造，透過鼻子輕慢呼吸則能將一氧化氮從鼻腔帶入肺部，進到血液裡。瑞典斯德哥爾摩知名卡羅琳學院的一氧化氮藥理學教授喬恩·朗伯格認爲，鼻腔呼吸道一直在釋出大量一氧化氮。當我們從鼻子呼吸，一氧化氮就能順著氣流進入肺部，增加血液攝取到的氧氣量。

美國國立衛生研究院的大衛·安德森（David Anderson）博士也認爲，呼吸方式或許是身體調節血壓的關鍵。眾所周知，運用橫膈膜的輕慢呼吸可使血管鬆弛擴張，但是爲何血壓能持續下降，學者仍未確定原因。其中一種可能的解釋是，經常練習使身體放鬆的呼吸技巧，會啓動身體的放鬆反應，改善血液氣體調節和血管擴張程度。

運動時血液量會增加，刺激血管內皮細胞製造更多一氧化氮。廣島大學醫齒藥保健學研究科的研究團隊提出一份很有意思的研究，比較不同強度的運動下，血流量如何改變。運動強度是指個體在從事體能活動時感受到的費力程度。例如，大部分的人都同意中等速度走路是一項低強度運動，因爲可以輕鬆持續進行，而且從喘氣和復元的角度來看，走路對身體的負擔很少。這份刊在《循環》期刊的論文發現，跟逛街花費差不多能量的低強度運動，並不足以增加血液流量到有益身體的地步。而高強度運動，包括快速強力的活動，反而會減少血流量。只有適中程度的運動，例如快走、輕鬆慢跑或騎車，才能增加一氧化氮的製造量，改善全身血流量。

體能運動是增加一氧化氮的絕佳途徑，不過飲食、營養補給品和鼻呼吸的功效也不容小覷。最近我和愛爾蘭越野賽跑教練約翰．道恩斯（John Downes）聊天，他說他現在都積極鼓勵運動員喝甜菜根汁，因爲他親眼見證甜菜根汁增加體能、減少抽筋的功效。我知道依約翰的個性，除非眞的有效，否則他不會白費力氣推廣，於是我決定要探個究竟。我很快就翻到一篇英國艾希特大學的研究，探討增加攝取富含硝酸鹽的甜菜根，獲得製造一氧化氮所需的營養素之後，對人體有什麼影響。一組介於十九歲至三十八歲的男性實驗對象，每天喝兩杯甜菜根汁，爲期一週。結果發現跟只喝水的控制組比起來，實驗組運動所需的氧氣量「大幅減少」，他們可以多騎百分之十六的距離才感到疲累。除此之外，實驗組原本就不高的血壓也下降了（仍在正常範圍）。研究結論指出，攝取甜菜根汁後，非最大運動（譯注：submaximal exercise，指低於最大運動強度、做到最後不會力竭的運動）所需的氧氣量下降現象，「其他已知方法皆無法達成，包括長期耐力運動訓練。」

除了甜菜根汁，其他能製造一氧化氮，保護心臟的重要食物來源包括魚類、綠色蔬菜、黑巧克力、紅酒（一天一杯，不是一瓶！）、葡萄柚汁、綠茶、紅茶和燕麥。其他不該多吃的食物包括一再提到的肉類和加工食品。平時除了攝取正確食物，研究也證實補充精胺酸（L-Arginine）可以增加一氧化氮的製造量，不過效果因年齡和基因而異。只要稍微改變飲食，加上練習從鼻子輕慢呼吸，就有機會保障一輩子的心血管健康。

許多人不曾細想心血管健康，總以爲心臟可以強力跳動七十年以上，不會出問題。但是現在不只有心臟病史的人會發生心臟問題，健康年輕人的心臟也可能出現毛病。其實，只要改變呼吸方式，增加體內一氧化氮的濃度，心臟病是可以完全預防的。

一九〇九年，美國生理學家楊德爾·亨德森（Yandell Henderson）博士提出開創性研究，揭開呼吸和心跳率之間的關係，至今在學界仍受用無窮。亨德森發表了一篇論文《缺二氧化碳血症與休克：論二氧化碳對心跳率的調節功能》（Acapnia and Shock: Carbon Dioxide as a Factor in the Regulation of Heart Rate），描述他如何利用改變肺部通氣，任意控制狗的心跳率，範圍從每分鐘低於四十下心跳，最高到每分鐘超過兩百下。亨德森寫道：「只要稍微降低動脈的二氧化碳量，心跳就會立刻加速。」

幾年前，我有一位學員名叫安娜，當時她三十多歲，有心跳過快的心悸毛病。她靜止時的脈搏大約每分鐘九十下，高於平均的六十至八十下。她覺得「心臟都快跳出胸口了」。安娜覺得很難受，她諮詢了好幾位專家，但專家都說她的身體沒問題。

爲了徹底解決煩惱，安娜做了很多項健康檢查，心電圖也照了。好消息是她的心血管很正常，壞消息是她的狀況仍找不出確切原因和解決方法。拿到診斷報告後，安娜只能相信自己的狀況無法靠現代科學解決。

不幸的是，這世上還有很多像安娜一樣困擾的人。已故的胸肺科醫師克勞德・盧姆發表多篇論文，描述一位症狀與安娜相同、同樣沒有生理異常的病患，完美地說明了安娜的經歷。這些案主有個共通點，他們都有過度呼吸的傾向。醫學各大領域遇到的多項症狀，其「神秘」的病因似乎都是這個看似無害的習慣。

安娜和丈夫尋遍所有傳統途徑，想解決心悸的毛病，剛好得知我的課程。當他們發現過度呼吸會引起心跳過快的心悸，鬆了一口氣，立刻決定報名課程。

安娜來到診療室時，三十出頭的她看起來相當健康，身材玲瓏苗條。我暗中觀察她的呼吸一陣子。她似乎習慣鼻呼吸，但有件事引起我的注意：安娜每隔幾分鐘就會嘆氣，再聳起肩膀大吸一口氣。這些年我看過許多慣性嘆氣的影響，容易焦慮的人尤其習慣嘆氣。嘆氣和口呼吸一樣，本人幾乎不會察覺。我向安娜解釋，爲了解決她的心臟毛病，她一定要改掉經常嘆氣的習慣。

嘆氣通常不是自發性的舉動，本人往往嘆了氣才會發現，但我們還是能想辦法減少甚至戒除這個習慣。我跟安娜說，每次想嘆氣時，記得閉住呼吸，或是把那股氣吞下去。如果不小心嘆了氣，那就立刻閉氣十秒，補償剛剛的過度呼吸。我也教她放鬆身體的練習，以及從輕慢呼吸到正確呼吸的練習，安娜回家後很認眞地每天做六次，一次十分鐘。除此之外，她從早到晚越來越常留意自己的呼吸，確保呼吸隨時都是平靜無聲的狀態。

一星期後，安娜夫婦回來報到。安娜說她的心情平靜許多，脈搏也降低至每分鐘六十至七十下的正常數值。安娜是我早期親身體驗到過度呼吸與心血管健康關聯的案例之一，我永遠不會忘記，我在她身上清楚見識到過度呼吸對人體能有如此多不同又嚴重的影響。

爲了示範呼吸對心跳率的影響，我常會請學員找到脈搏，快速大口吸氣六七次，然後短短幾秒內，他們就會感覺到脈搏加速。接著我再請學員把呼吸放輕放慢，脈搏會再次趨緩。

如果呼吸速率和呼吸量對心臟影響如此迅速又顯著，我們不得不問，不良的呼吸習慣對長期心臟健康會有多大的影響。

心臟擔負著全身最重要的功能，而且心臟也是一種肌肉，需要充足的血流量和氧合作用才能正常運作。亨德森的研究明確指出，呼吸量超過新陳代謝的需求時，血液的二氧化碳濃度就會下降。

缺氧狀態（亨德森稱爲缺二氧化碳血症）會降低血管的血流量，減少流進心臟的血液，影響心臟運作。既然血液二氧化碳濃度變低，會強化紅血球細胞與氧氣的親和力，心臟獲得的氧氣自然會減少。相反地，減低呼吸量至正常範圍，增加血液的二氧化碳濃度，就能提高血流量、輸送更多氧氣，爲心臟供給充足氧氣。

運動員心搏停止：缺失的關鍵

每一年都有健康年輕的運動員死於成人猝死症候群或心搏停止。這些死訊不只會打擊親友，對整個運動界也有深遠影響。

科爾馬克·麥卡納倫（Cormac McAnallen）代表家鄉北愛爾蘭蒂龍郡打蓋爾式足球，生涯中幾乎每次出賽都拿冠軍。他就讀貝爾法斯特女王大學和都柏林大學學院，還擔任女王大學二〇〇四年的畢業生代表。

二〇〇四年三月二日，柯爾馬克在睡夢中猝死，死因是未被診斷出來的心臟病，得年二十四歲。社會各界紛紛哀悼這位英年早逝的運動員，愛爾蘭總統瑪麗·麥卡利斯（Mary McAleese）更稱他為「當代數一數二的偉大蓋爾式足球員」。

鑽研本書相關資料時，我得知某些沒有明顯風險因子的健康運動員，會發生心搏停止，或心電圖出現異常，於是感到很好奇。畢竟大多運動員正處於體能顛峰，維持良好飲食習慣，不抽菸，膽固醇和血壓值正常，通常都注重健康。除了無法控制的易感基因，還有哪些因素會增加運動員心搏停止的風險？

為了了解年輕運動員心臟衰竭的原因，多項研究都在探討心電圖的異常之處，想找出控制心臟節律的電流傳導系統與無預警心搏停止之間的關聯。

無論是心跳過快、過慢或不規律，心跳異常的現象都稱為心律不整。當控制心跳時機和節律的電子訊號變得混亂，就會引發心搏停止。此時心臟無法再保持效率，將血液推送到全身各處，除非立刻施以醫療處置，否則下場就是死亡。

發生當下立刻做心肺復甦術（CPR）加心臟電擊，才有可能保命。心搏停止通常來得毫無預警，但有時候會發生心跳率異常、胸痛、暈眩、昏厥、兩眼發黑，以及類似流感的症狀。快要發生心搏停止之前，運動員可能會暈眩不適，接著神志不清、呼吸停止，一旦大腦得不到血液和氧氣，當事人很快就會失去意識。若沒能在幾分鐘內恢復血液循環，大腦損傷就會無法復元，接著運動員就會死於突發性心臟衰竭和血液停止流通。

心電圖是一種測試，用來解讀心臟的電流傳導活動，可以得知心跳率、心跳規律與否，以及心臟肌肉是否受損。評估異常的心電圖時，醫生會檢驗多種指數，確認這些心臟異常狀況是否可能危害生命。

研究發現年輕運動員有一些常見的特定心電圖變化，通常是心臟爲了適應定期體能訓練所產生的改變。不過，有些心電圖讀數異常，例如T波倒置和ST段下降，有可能是運動或鍛鍊期間突發性心搏停止的前兆。年輕健康的運動員若發現心電圖明顯異常，也有可能是潛在心臟疾病的初期徵兆。

一般認爲ST段下降是心臟血管循環減低的徵兆，研究指出ST段下降和突發性心搏停止風險有關。有一份研究找來一千七百六十九位無明顯冠狀動脈心臟病的男性，追蹤十八年後，共有七十二人死亡。這七十二位對象在運動時，心電圖全都顯示出無症狀的ST段下降反應。

前面我們討論過，過度呼吸會減少心臟得到的血流量和氧氣。現在我們該問的問題是，呼吸量大小會不會影響心搏停止的發作機率。我認爲要查清年輕運動員心臟猝死的原因，呼吸量是一個重要因素。

希臘帕特雷大學的研究人員提出一份研究，揭開呼吸量如何改變心電圖數據。研究找來四百七十四位沒有明顯心臟疾病的健康志願者，請他們連續五分鐘提高呼吸量，每分鐘吸吐超過三十次，製造過度換氣現象。結果其中七十二位志願者的心電圖讀數出現異常，包括ST段下降和T波倒置，而且百分之八十．五的異常讀數在過度換氣的第一分鐘就出現了。有趣的是，研究發現年齡、性別、抽菸習慣和高血壓皆不影響整體的異常發生率。也就是說，就算是非常健康的對象，過度換氣也會引發心電圖異常。

如果連續五分鐘每分鐘呼吸三十次就能引發心電圖異常，想一想中度到高度活動會使呼吸數增加到每分鐘五十到七十下，那麼劇烈運動對運動員發生心臟病的風險影響有多大？運動員是否該學習如何在運動期間維持健康的呼吸量，以降低過度換氣對心血管健康的影響？

佩妮是一位心臟科護理人員，過去三十年都在愛爾蘭林莫瑞克大學醫院服務。她健康狀況良好，身材適中，但當她邁入六十歲大關，卻開始出現心律不整的症狀，讓她很擔心。症狀在幾年間越來越明顯，佩妮形容那種感覺像是「胸腔左側有一隻大蝴蝶在飛來飛去」。症狀的發作時間不固定，有時候甚至持續八小時以上。

一切的開端是佩妮的工作越來越吃重，她的工作職責變多，工時跟著拉長。愛爾蘭有幾年陷入經濟危機，醫療體系都在削減人力，因此第一線的護理人員首當其衝，必須扛下更多工作量。這件事使佩妮變得焦慮，她認爲這就是心律不整的主因。

每次心律不整發作，佩妮就特別想要吸到氧氣。爲了滿足缺乏空氣的感覺，佩妮的焦慮和呼吸量都會提高，導致心跳更快，使症狀惡化。這是症狀和病況交互惡化的惡性循環。

我在林莫瑞克的診療室與佩妮見面，我發現她會同時鼻呼吸和口呼吸。她的上胸呼吸動作很明顯，而且吐氣之後沒有自然停頓。她的ＢＯＬＴ成績是八秒，我立刻確定她是慢性過度換氣，心臟問題的根源或許就在於此。

爲了重新訓練佩妮的呼吸方式，我教她學會用橫膈膜呼吸。我請她把一隻手放胸口，另一隻手放肚臍上方，讓她可以感覺呼吸運用的肌肉，然後開始指導她將氣吸入腹部。吸氣時腹部凸出，吐氣時腹部凹進去。下一步，佩妮必須對胸口和腹部稍微用手施壓，增加呼吸的阻力。佩妮花了三分鐘練習平復呼吸，逐漸放慢呼吸速度，減少吸入的空氣量，使身體稍微缺乏空氣。我請佩妮每天做這項練習五次，每次十分鐘。其他訓練內容很簡單，就是整天都用鼻子呼吸，晚上嘴巴貼膠帶入睡，避免無意識口呼吸。

接下來幾週，我又見了佩妮幾次。到了第三週，她的ＢＯＬＴ成績已經進步到二十五秒。更重要的是，心律不整的症狀跟著大幅減少了。

我教佩妮的呼吸練習，跟克勞德．盧姆醫師研發的帕普沃斯（Papworth）呼吸法很類似。盧姆醫師的過度呼吸研究十分著名，人稱「關懷醫師的元祖」，他很難得同時具備同情心和耐心，對身心疾病患者更是照顧有加。一九五九年，盧姆醫師加入英國劍橋郡帕普沃斯醫院的團隊，發展體外心肺循環手術的技術。從此之後數十載，他對慣性過度呼吸越來越感興趣。爲了解決常見的呼吸異常，他和團隊的物理治療師們聯手發展出帕普沃斯呼吸法。盧姆醫師投注全副心力寫作與授課，想引起更多人關注過度換氣症候群，許多篇論文更獲登多本知名醫學期刊，包括《刺胳針》《英國皇家醫學會學刊》，以及《國際身心醫學》。很少醫生能像他一樣，有動力和勇氣投注大部分工作生涯揭開諸多常見文明病的病因，尤其現代醫療對這些文明病只能治標不治本。

心臟病發：缺失的關鍵

心肌梗塞，又稱心臟病發，是指流入心臟的血液嚴重短缺或完全被切斷。血液停止輸入後，心臟就會缺乏氧氣，使得心臟部分肌肉受損或死亡。

心臟病常在體能運動或受到情緒壓力期間或之後發作。這兩種狀況都會增加呼吸量，當呼吸量大於身體新陳代謝的需求，二氧化碳就會離開肺部和血液，造成血流量下降，心臟氧合作用降低。

高達十分之一的心臟病發患者都有過度換氣的症狀。有一份研究在患者死於心肌梗塞後立刻做冠狀動脈造影，發現百分之三到六的患者造影都屬正常，可見心肌梗塞並非出於潛在的心臟疾病，反而可能是過度換氣的後果。

有些心肌梗塞的案例或許有部分或全部原因是過度換氣造成流進心臟肌肉的血液減少。由此斷定，我們的呼吸方式以及血液二氧化碳濃度，對心臟的健康和功能有重大影響。

下面的章節要帶大家探討心臟疾病患者，包括曾經心臟病發的人，呼吸是否比一般人沉重；以及修正呼吸量的呼吸練習是否能避免心臟問題惡化；最後是實施心肺復甦術時，過度換氣是否會對結果產生不利的影響。

心臟疾病與過度換氣

某些類型的心臟病患者習慣加重呼吸，呼吸力道比一般健康人更沉重，但是一旦修正呼吸量，許多人也發現心臟病症狀減輕了。如果這些患者一開始就練習放輕呼吸，罹患心臟病的風險會不會降低？

一份研究找來二十位中度到重度慢性心臟衰竭的患者，發現他們每分鐘呼吸量爲十五．三至十八．五公升。正常呼吸量爲每分鐘四到六公升，這些患者則是正常量的兩到三倍之多。這項研究和其他類似研究都指出，慢性心臟衰竭的患者呼吸比一般人更激烈。表現出沉重呼吸的患者在體能運動時，也會有呼吸困難的感覺。這種現象其實不令人意外，畢竟你現在已經知道，**平時的呼吸方式就決定了運動時的呼吸方式**。平時若是胸式呼吸，且動作明顯，運動時就更容易喘不過氣，從此踏上過度呼吸的惡性循環。

從這份研究可以明顯看出，**呼吸方式是心臟健康的重要影響因素，而且呼吸沉重程度和慢性心臟衰竭嚴重度成正比**。過度呼吸不但會減弱心臟把血液輸送到全身的能力，多餘的呼吸量還會減少部分心臟肌肉的血流量，使心臟得不到充足氧合作用。二〇〇四年，《歐洲心血管疾病預防與康復》期刊登載一篇論文，論文找來五十五位男性，在他們心臟病發後兩個月進行檢驗。實驗安排受試對象在這兩個月內參加呼吸課程，結果對象的呼吸量大幅降低約五成，從每分鐘十八．五公升減至九．八公升。正常呼吸量是每分鐘四到六公升，相較之下，從這份研究數據可看出，曾心臟病發的人呼吸量容易超過身體所需。但是，只要學會矯正呼吸的練習，呼吸量又能降至接近正常的數值。

除此之外，從事呼吸練習的患者，動脈的二氧化碳濃度也從三十三．二毫米汞柱提高至四十四．二，在正常範圍上限。基於呼吸量和呼吸功能獲得改善，論文作者建議醫學界應重視呼吸訓練，將其列入心臟病康復療程。

其他研究也證實正確呼吸的功效，指出呼吸練習可長久改善呼吸功能，幫助降低心臟功能不全的症狀。

心肺復甦術（CPR）途中換氣過度

我們已經清楚看見放輕呼吸對改善血流量和氧合作用，甚至有助於預防呼吸過量的人心臟病發。過度呼吸會帶來多種健康隱憂，但是有一種健康風險特別讓人擔憂，甚至有可能導致死亡。

心肺復甦術（CPR）是心搏停止的緊急處置程序，幫助維持大腦正常運作，直到醫護人員進一步採取措施，恢復對象的血液循環和呼吸。我們知道換氣過度會降低心臟的血流量和氧合作用，但是研究也發現CPR期間過度換氣反而對人有害。

有些訓練有素但過於積極的急救人員執行CPR時，會因過度換氣導致當事人死亡。學者研究這些案例發現，急救人員雖經過專業訓練，在做復甦術時實際換氣的頻率卻高出所需，反而使當事人過度換氣。研究認爲將過多空氣灌入患者體內造成呼吸道高壓，會對患者的血流量造成有害反應，最終可能引發死亡。一份研究結論提出警告：「因應近期發現CPR途中過度換氣可能造成當事人死亡，目前亟需爲CPR施救人員提供額外教育訓練，以降低風險。」

如以上研究指出，原本設計來拯救生命的急救程序，竟然可能造成反效果，實在讓人震驚不已。若再細想呼吸量和心臟血流量的關係早在一個世紀以前便有記載，就更驚愕了。幸好，自二〇〇七年起，CPR程序已歷經大幅更動，包括改成人工控制換氣。現在CPR比較著重靠壓胸維持血液循環，而不是人工換氣。

多年來，我看過許多年輕運動員，不論體能高低，呼吸量都遠超過他們運動所需的程度。本章試圖在過多呼吸量、心臟氧合作用降低，以及引發的心電圖異常、心臟病發和慢性心臟病之間找出因果關係。合理的推測是，氧合作用不佳的心臟，較不易應付激烈運動的需求。每個月我都在報章雜誌上讀到，才正要開始享受大好人生的孩童、青少年和年輕人，死於未診斷出的心臟病。每次聽到這些不幸的消息，我都會想：要是有人鼓勵他們採取正確的鼻呼吸，是不是就不會發生憾事？不論是一般人或運動員，都應該更加注意自己的呼吸量。哪怕只拯救到一條年輕生命，都應該全力呼籲全民重視正確的呼吸法。

第12章　減少呼吸量，就可治好哮喘

四十三歲的朱利安從小就接受哮喘治療，他服用過咳嗽藥，曾前往海岸地區吹拂據說有療效的海風，也曾站在沸騰的茶壺前吸熱蒸氣，做過的療法簡直包羅萬象。他還記得某幾個晚上，哮喘太嚴重，搞得他整晚不能睡，還把頭伸出窗外想多吸一點空氣。如果你在一九七〇至一九八〇年代是個哮喘兒，想必你很了解當時擔憂的家長爲了讓孩子能正常呼吸，費了多少苦心。

一九八〇年代後期，朱利安除了固定跑醫院接受噴霧治療，醫生還開了多種舒緩和預防症狀的藥物。這段看似沒有終點的治療與服藥之旅持續多年。朱利安試圖維持身體健康，但他很常呼吸困難，尤其是半夜到凌晨這段時間。

時間快轉到二〇〇六年，朱利安的哮喘藥物劑量更高了，同時健康程度逐漸下滑，一直不見成效的療程開始嚴重影響他的身心健康。朱利安的故事可以套在任何患有中度至重度哮喘的患者身上。運動確實有益健康，但許多患者擔心哮喘發作，所以會刻意不運動。

二〇〇七年初，朱利安參加我在都柏林開設的課程。**我把重點放在鼻呼吸、放輕呼吸和**

走路閉氣練習。課程隔天，朱利安服下最後一帖哮喘緩解藥，自此不再靠藥物舒緩症狀。

六個月內，朱利安的哮喘症狀獲得大幅改善。過了二〇〇七年聖誕節，他也不再服用任何哮喘預防藥物。他開始可以每週五天去游泳，一次游一．六公里，藉此增進體能。二〇〇八年，家庭醫師同意將朱利安的醫療紀錄列爲「哮喘症狀已治癒」。

接下來三年，朱利安的運動計畫進展到每週八小時高強度室內飛輪、循環訓練和伸展課程，以及所有從我課程中學到的鼻呼吸與減量呼吸技巧。

朱利安改變了呼吸和運動習慣，加上飲食調整，不僅成功增進體能表現，還能利用更多體力和耐力享受強度更高的活動。二〇一二年，四十歲的朱利安參加過五場半馬，訓練期間更練跑超過一千兩百公里。他只花一小時四十六分鐘完賽第三場半馬，創下個人最佳紀錄。兩週後，他更以三小時五十七分鐘的佳績完賽柏林全馬。之後，朱利安還參加了都柏林市馬拉松，費時僅四小時。短短六個月，朱利安的半馬成績比起第一場賽事足足縮短了八分鐘。

短短六年內，朱利安從一開始偶然翻到我的書，決定報名呼吸課程，一路增進體能，完全停用哮喘藥物，到後來竟可以參加這麼多場半馬和全馬！

哮喘的英文「asthma」源自希臘文，字義是「喘氣」。哮喘歷史可追溯到久遠的年代，但是近代人承受的哮喘之苦遠大於從前。估計百分之四到二十的總人口數，以及百分之十一到五十的特定哮喘患者，都得承受運動引起的哮喘。有趣的是，一份研究指出百分之五十五的足球員和百分之五十的籃球員都有呼吸道窄化的現象，容易引發哮喘，不過水球員的哮喘症狀比例就明顯較低。本章節稍後會探討這項差異。

那麼，哮喘的成因是什麼？第一項常見理論是「衛生假說」。衛生假說認爲若兒童待在太乾淨衛生的環境，接觸的細菌不夠多，長大後免疫力就會不佳。第二項常見被引用的理論是環境汙染源增加。汙染源增加或許是觸發因素，但不一定是問題根源。舉個例子，我住的愛爾蘭西部空氣品質良好，居民的哮喘率卻偏高。

是不是還有其他因素會大幅提高哮喘的罹患率，好比說慣性呼吸過度？如果假設爲眞，那麼減量呼吸肯定可以扭轉病情。如果仔細審視哮喘的成因和症狀，以及哮喘引起的生理改變，我們就能判定呼吸練習對治療哮喘有多重要。

既然哮喘的特徵是呼吸困難，合理的作法應該是先處理不良呼吸習慣，設法找出發病的根源。從這個切入角度治療哮喘不是什麼新手法，古希臘醫生蓋倫（Galen）和十六世紀醫生帕拉塞爾蘇斯（Paracelsus）都曾採取這套療法。帕拉塞爾蘇斯還建議患者採取閉氣和呼吸練習，治療咳嗽與呼吸道緊縮。

哮喘流行率上升和個人財富也有關係。隨著財富增加，人民的生活水準改變：食品加工程度越來越高，競爭壓力加大，居家通風變差，人們運動量降低，而且大多人都從事靜態工作。五十年前，大眾的生活與工作狀況與現在差異甚大，哮喘率也低得多。當時我們吃更多天然食物，競爭沒那麼激烈，居家通風良好，大多工作都是勞動爲主。那種生活形態有利於維持正常的呼吸量，所以哮喘沒那麼普及。

前面提過，健康成人的正常呼吸量大約每分鐘四到六公升空氣，但患有哮喘的成人休息時呼吸量大約是十到十五公升，等於正常需求量的兩到三

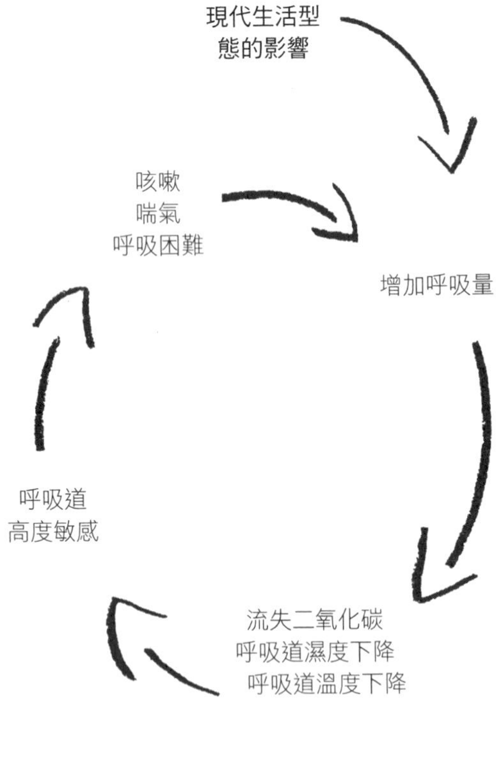

倍。請想像一下，當一個人每天的呼吸量都是正常均值的兩到三倍，天天累積下來，對於呼吸系統的影響該有多大啊。

休息時的正常呼吸應該是規律無聲的腹式呼吸，並且從鼻子吸吐。哮喘患者則習慣口呼吸，經常嘆氣、吸鼻子，而且上胸呼吸動作明顯。哮喘發作時，喘氣、呼吸困難等症狀會加速呼吸，導致狀況惡化。換句話說，哮喘越嚴重，呼吸量就會跟著加大。

歷來已經有詳細記載指出哮喘患者呼吸量過大，但我們仍得判定呼吸量變大是哮喘的成因還是結果。呼吸道緊縮時，患者會產生窒息感，一般人的直覺反應是吸入更多空氣到肺部，試著消除這種窒息感。無論是呼吸道緊縮導致呼吸加重、呼吸量變大，還是呼吸加重導致呼吸道緊縮，這種惡性循環不會有終止的一天。哮喘症狀只會越來越嚴重，患者只能被迫養成不良的呼吸習慣。

只有一個辦法能判定呼吸量過大是否爲哮喘的成因：找一組哮喘患者做呼吸練習，使呼吸量盡量降至正常範圍，看看會發生什麼事。

澳洲布里斯本梅特爾醫院做了一項研究，發現當成人哮喘患者的呼吸量從每分鐘十四公升降至九．六公升，哮喘症狀就減少了七成，急救藥物用量下降九成，預防性類固醇藥物用量則減少五成。研究指出減量呼吸和哮喘症狀改善有直接關係。呼吸量離正常範圍越近，咳嗽、氣喘、胸悶、呼吸困難等哮喘症狀減輕幅度就越高。

另一方面，實驗的控制組參加了醫院內部的哮喘控制計畫，結果病症改善幅度爲零。這是因爲醫院的控制計畫完全沒有改變患者的呼吸量。其他進一步的研究指出，哮喘患者練習減量呼吸後，三到六個月內就大幅減少預防性類固醇藥物和急救藥物用量，病情控制成效顯著，更支持上述論點。

自二〇〇二年開始，我接觸過數千位患有哮喘的大人和小孩，並且教他們如何減量呼吸以根除哮喘的成因。

動物皮屑、塵蟎、運動、汙染源、過度清潔、氣候改變等觸發誘因，往往被認爲是哮喘症狀的起因，但根據我的經驗，絕大多數的哮喘患者只要學會放輕呼吸，就算這些觸發誘因不變，他們仍能大幅控制住病情。哮喘症狀發作的根本原因幾乎都是呼吸過量。只要學員理解呼吸練習的內容，每天撥時間改變呼吸習慣，就能持續感受到正面成效。

幾項臨床試驗都顯示，患者練習減量呼吸後，哮喘症狀和藥物用量皆大幅減低。由此可見，呼吸過度無疑是哮喘的重大成因。當然，哮喘患者爲了緩解窒息感，自然會想吸進更多空氣，不過這個反應只會讓症狀惡化。現代生活的各種面向都促使呼吸量增大，因此天生有哮喘易感基因的人很容易發作。一旦哮喘上身，患者就會加速加重呼吸，使狀況雪上加霜。了解這個惡性循環的眞相後，擺脫哮喘的第一步就是改掉過度呼吸的習慣。

我完全能理解哮喘發作的痛苦，因爲我自己就跟這種症狀纏鬥超過二十年。過去我成天鼻塞，連最基本的運動都做不了，而且經常張口呼吸。年復一年，我的哮喘藥物越用越凶，症狀卻完全不見改善。哮喘嚴重影響我的睡眠、專注力、情緒和生活品質。我純粹運氣好，讀到俄國康斯坦丁・菩提格醫師的研究，哮喘才不藥而癒。當時我才學會消除鼻塞，使呼吸量降低沒幾天，氣喘程度就已經大幅減輕了。**現在，我已經超過十三年沒有氣喘過。我唯一做的事，就是恢復正常呼吸。**

呼吸練習徹底改變了我的人生，因此我在二〇〇一年決定轉換人生跑道，親自到已故的菩提格醫師門下受訓。二〇〇二年，我成立「關懷哮喘」（Asthma Care）機構，致力向大人小孩推廣治療哮喘的方法。現在，許多國家都有我們的診療室。

解決慢性過度呼吸的第一步是從口呼吸改成鼻呼吸。鼻呼吸對一般人很重要，對哮喘患者的重要性更是非同小可。當你的呼吸量大於實際需求，你就會習慣打開嘴巴，把更多空氣吸進肺部。診斷出哮喘的人常常會覺得鼻子吸不飽空氣，所以會改成口呼吸。

口呼吸會從幾個方面影響哮喘：

- 嘴巴無法過濾空氣中的粒子，包括病菌和細菌。
- 嘴巴調節空氣溫度和濕度的效率比不上鼻子，這些乾冷空氣會直接進入肺部。
- 嘴巴空間更大，呼吸量自然更高，使得肺部排除過多二氧化碳。二氧化碳是呼吸道平滑肌的天然鬆弛劑，流失二氧化碳會造成呼吸道更加緊縮。

・只有鼻呼吸才能享有一氧化氮的健康功效，支持肺部的防禦能力。

考慮到上述這些因素，也難怪口呼吸會削弱哮喘患者的肺部功能，同時也是哮喘症狀惡化的一大成因。

患者不只要在休息時間保持鼻呼吸，運動時採取鼻呼吸也有好處。《美國呼吸系統疾病綜論》（*American Review of Respiratory Disease*）刊登過一篇論文，探討鼻呼吸對運動引起的哮喘有何作用。研究人員注意到，當受試對象聽到「請自然呼吸」時，這些哮喘患者多半會張開嘴巴呼吸。作者發現運動時口呼吸會使呼吸道更加緊縮，反而是受試者被要求在運動時維持鼻呼吸，運動引起的哮喘就不會發作。論文的結論寫道：「鼻咽和口咽在運動引起的支氣管收縮扮演著重要角色。」簡言之，若要完全避免運動引起的哮喘，患者一定要保持鼻呼吸。

患有哮喘的頂尖運動員通常都選擇游泳，而不是其他運動形式，這是有原因的。游泳的時候，臉部會浸在水裡，降低吸入肺部的空氣量，增進運動員對二氧化碳的耐受力。即使游泳選手必須透過嘴巴換氣，減量呼吸對肺部的保護效果仍然顯著。患有哮喘的大人小孩喜歡游泳的另一個原因，或許是水會對胸腔和腹部施展輕微壓力，進一步限制呼吸量，強化運動員的表現。

陸上運動和游泳在呼吸方式和呼吸量方面的差異，對哮喘患者至關重要。陸上運動對呼吸方式的限制不如水中，所以你很容易就呼吸過度，使得呼吸道緊縮，血液二氧化碳濃度降低，BOLT成績也變差。哮喘患者若平時休息就會呼吸過度，運動時勢必也會呼吸過度，進而引發哮喘。不過，水中運動能自然限制呼吸，使你的呼吸量趨近正常，對哮喘患者而言是相對安全又高效的運動環境。

本章開頭提出一項統計數據，顯示在一群運動員中，呼吸道緊縮會影響百分之五十五的足球員與百分之五十的籃球員，而水球員的影響率是零。究竟是什麼因素，造成如此顯著的差異？答案很簡單，也許你早就知道了。水球員受訓時，必須閉氣在水中游泳。他們對二氧化碳濃度的耐受力更強，體內一氧化氮濃度更高，呼吸量也跟著降低。只要呼吸量維持正常，哮喘傾向就不會顯現出來。

不過，如果你有哮喘，但不喜歡游泳，我有個更簡單的方法！氧氣益身計畫結合了所有游泳的益處，而且還不止如此。儘管游泳好處多多，很多研究也指出哮喘患者不適合待在氯化消毒的泳池，因爲氯會破壞肺部組織。除此之外，即使游泳能減量呼吸，其他沒在游泳的時間還是要改掉不良的呼吸習慣。許多游泳人士平時仍維持口呼吸和不良的呼吸習慣，這麼做不僅降低他們的運動表現，哮喘也無法痊癒。

要成功解決哮喘，你必須練習本書介紹的「從輕慢呼吸到正確呼吸」，以及「模擬高地訓練」，藉此提高你的BOLT成績。你可以在〈實踐篇〉找到適合的呼吸計畫，你的整體目標就是將BOLT成績提高到四十秒。剛起床是測量BOLT成績，追蹤進度的最佳時間點。如果BOLT成績持續低於二十秒，哮喘症狀就會原地踏步。然而，如果你一早測量的BOLT成績開始大於二十秒，喘氣、咳嗽、呼吸困難、胸悶等症狀就會消失。請注意，即使BOLT成績已達二十秒，遇到某些觸發誘因，你的哮喘症狀還是有可能發作。**想要完全揮別哮喘症狀，你必須達到BOLT成績四十秒才行。**

在你努力提高BOLT成績的過程中，哮喘症狀還是有可能發作，視每個人的病史和觸發誘因而定。有兩大因素決定你是否能靠下列練習止住哮喘症狀：休息時的BOLT成績，以及初始症狀發作時，你多快採取處理措施。**越早開始做呼吸練習，你就越能防止哮喘變成常態。**如果一味忽略症狀，暗自希望症狀消失，哮喘的影響就會越演越烈，最後到了失控的地步。如果你的哮喘症狀經常發作，你就知道氣喘和咳嗽通常只會越來越糟，所以越早採取行動對你越有利。

止住哮喘症狀的練習

這項練習可以止住哮喘症狀，但請先徵詢醫師同意再進行練習。

初期發生胸悶、氣喘、咳嗽或傷風時，請按照下列步驟呼吸。如果十分鐘內無法止住症狀，屆時再服用急救藥物。如果症狀已經很嚴重，請先立刻服用藥物。如果服用急救藥物後兩三分鐘，症狀仍未停止，請立刻打給醫院或醫師求救。

按照下列步驟，在哮喘症狀失控前止住症狀：

- 從鼻子稍微吸氣吐氣，不要發出聲音。
- 閉氣走十到十五步。
- 停下來，放開鼻子，恢復輕柔的鼻呼吸。
- 休息三十到六十秒，重複練習。
- 繼續閉氣走十到十五步，接著休息三十到六十秒，同時保持鼻呼吸。
- 如果症狀很輕微，你可以試著閉氣走超過十五步。
- 持續練習十分鐘。

除了保持鼻呼吸，提高ＢＯＬＴ成績，運動前也要記得充分熱身，避免運動引起的哮喘。熱身運動至少要做十分鐘。理想的熱身包括一邊快走，一邊練習每隔一分鐘就閉氣至中度或強度缺乏空氣。熱身十分鐘後，開始調高步速，維持在鼻呼吸能承受的範圍。一旦你想要張口呼吸，就放慢速度。運動結束後，盡量讓呼吸平復到正常程度。

減量呼吸和鼻呼吸能快速高效舒緩哮喘的症狀。呼吸練習如此簡單，沒道理這世上的任何哮喘患者還要多受一天的折磨。

第13章 生活再忙，也別忘了運動

古時候沒有超級市場、便利商店、微波爐和麥當勞，人類照樣存活了幾百萬年。以前人類爲了養家活口，必須從事採集漿果蔬食、打獵等勞力活。追捕獵物往往會花上好幾天，直到獵物力竭身亡爲止。

反觀現代能坐就不站的生活方式，要是附近沒有便利的食物，你覺得會有多少人願意好好吃飯？有一件事很確定——我們對運動的態度必須一百八十度大轉變。爲了好好進食，我們一定要定期持續體能運動，因爲那就是人體原本的功能和保持健康的方法。就算現代社會不需要親自狩獵，我們難道就不繼續運動嗎？

很多人這輩子大概來不及受訓成爲頂尖運動員，但還是可以享受定期運動的快樂和數不清的健康益處。即使你目前的生活型態以久坐不動爲主，你也可以慢慢逐步提升體能，爲健康帶來正面改變。當你離開沙發，或遠離電腦，你會自信十足，很有成就感。**如果你每天運動一小時，一週五天。只要持續兩三週，睡眠品質、情緒和健康狀態就會出現顯著轉變。**

醫藥科學雖然進步，卻控制不了現代文明病蔓延。我們似乎把維持健康的責任丟給藥廠，不願意主動改善生活型態和飲食，以預防疾病。每年越來越多人得到哮喘、心臟病、糖尿病、高血壓和癌症。不只如此，新的「疾病」也不斷被發明出來。有人認爲大型藥廠的市場狀況和股價決定了新市場的需求和不斷攀升的銷售量。人類平均壽命或許延長了，但一過五、六十歲，我們就得開始服用大量藥物。預防疾病還有另一個更好的辦法，不必擔心毒素累積或高額開銷，那就是定期快走或慢跑。如果你以前沒有定期運動的習慣，請先諮詢醫生意見，再開始訂定運動計畫。

幾乎所有健康專家都同意，在身體可以承受的範圍內定期運動很重要。過去幾年有數十份研究顯示，定期從事體能運動可提供多項健康益處，包括降低罹患心血管疾病、癌症和糖尿病等疾病風險。

早在一九五〇年代，研究人員就在探討定期體能運動和心血管健康的關聯。早期從事研究的學者包括傑若米．莫里斯醫師（Jeremy Morris），他找來三萬一千名運輸工人研究心臟病發病率。莫里斯發現一整天在雙層巴士爬上爬下，平均一天在巴士樓梯走五百到七百步的車掌，比起一天有九成時間都坐著的巴士司機，心臟病的發病率較低。不只如此，車掌得心臟病的年齡通常較大，而且不太會致命。

後來學者又找來十萬名郵政員工，再次發現整天徒步或騎單車送信的郵差，比起接線員、公務員主管和櫃台人員等必須久坐的職位更不容易心臟病發作。莫里斯醫師的研究經過六十年仍不減其重要性，既然越來越多人一整天都坐著工作，我們就更需要養成定期運動的習慣了。更重要的是，運動程度不要超過個人的體能限制。

確保運動程度適中的最佳辦法，就是維持鼻呼吸，以及可以舒適閉氣的時間長度，或者ＢＯＬＴ成績。若ＢＯＬＴ成績低於二十秒，表示呼吸量超過身體需求，運動時容易過度呼吸。運動期間應全程保持鼻呼吸，避免再增大呼吸量。

等到ＢＯＬＴ成績超過二十秒，你就可以在運動途中短暫用口呼吸。但是你必須等到ＢＯＬＴ成績超過三十秒，才能在沒有過度呼吸的風險下做激烈運動。當然，認眞想運動的人就要以ＢＯＬＴ成績四十秒爲目標。

唯有ＢＯＬＴ成績達到四十秒，呼吸量才能恢復正常。低於四十秒，表示身體還是會慣性過度呼吸。一般認爲運動員的ＢＯＬＴ成績應該都很傲人，事實並非如此。我測量過數百位運動員的ＢＯＬＴ成績，從假日才運動的上班族，到頂尖奧運等級選手都有。你猜結果如何？大多數人的ＢＯＬＴ成績都低於二十秒。有些人甚至連十秒都不到，程度跟嚴重哮喘的患者一樣。嚴重過度呼吸會在運動期間爲身體帶來大量負擔，所有想認眞運動的人，都應該盡可能減量呼吸，提高ＢＯＬＴ成績。

進行氧氣益身計畫就跟養成任何新習慣一樣，你必須實行連續兩到三週，才能確定減量呼吸、保持鼻呼吸和提高ＢＯＬＴ成績對自己有沒有好處。後續的〈實踐篇〉針對各種

ＢＯＬＴ成績、過去運動狀況和健康狀態，根據不同需求訂定多種呼吸計畫。從長期規畫的角度來看，兩到三週其實很短，而且多數人在剛開始幾天就會立刻感受到變化。一旦察覺到正向改變，你肯定會很樂意繼續遵照這些原則，終身奉行。

舉個例子，我第一次學會消除鼻塞，從口呼吸改成鼻呼吸時，立刻感覺頭部的壓力消失了。我人生前二十年都沒辦法好好呼吸，但是剛練習鼻呼吸的第一天，症狀就已減輕一半。

就算你不願意在體育賽事旺季的特訓全程保持鼻呼吸，請別忘記無論你選擇如何將氧氣益身計畫融入運動習慣，一定都會有回報。說到底，成功與否取決於ＢＯＬＴ成績的進步幅度。每提高五秒，健康效益就會累積加成。

本書〈實踐篇〉規畫了一系列計畫，符合每個人目前的訓練內容、ＢＯＬＴ成績、年齡和整體健康。選擇最適合你體能程度和能力的呼吸計畫，等你覺得可以充分駕馭目前的計畫，就再進階到更高等級的計畫。

幫我個忙，好嗎？

只要你按照本書的呼吸原則，努力提高ＢＯＬＴ成績，我敢肯定你的健康和運動表現各方面絕對會改善。

自二〇〇二年起，我看過業餘和專業運動員採行氧氣益身計畫後，在運動能力取得驚人的進步。我也見證過慢性過度呼吸對呼吸系統、心靈和心血管健康造成的負面影響。因此我決定負起使命，推廣本書的簡單呼吸技巧，教讀者如何輕鬆有效改善自己的健康和福祉。

而你可以幫助我進一步呼籲大家重視正確的呼吸方式！

如果你願意親身試驗，並且向周遭對健康和運動有興趣的親友，或是症狀符合本書描述的人，推廣正確的呼吸觀念，我會非常感激。你也可以到書店網站爲本書撰寫評論。

另外，如果你認爲氧氣益身計畫的呼吸技巧可以幫到某個人，請不吝與他們分享本書。

最後，如果你有任何問題，或是想與我分享實行氧氣益身計畫的個人心得，歡迎與我聯繫，我很樂意聽聽各位的想法和意見。

寄信至patrick@OxygenAdvantage.com就可以直接聯絡我。

實踐篇

量身打造屬於你的

氧氣益身計畫

◆依照ＢＯＬＴ成績與健康狀況選擇計畫簡介

每次我和新客戶合作，都會爲對方量身打造一套呼吸練習計畫和生活指南，幫助他們在最短時間內安全達成目標。規畫呼吸計畫必須考量每個人的健康和ＢＯＬＴ成績，最好也要觀察對方的生活方式，才能設計出最佳練習方式，把工作行程和目前運動習慣受到的干擾減到最小。我完全了解要從忙碌的日常生活擠出時間運動有多難，所以氧氣益身計畫的呼吸練習既快速又簡單，可以利用生活中任何一個空檔練習。ＢＯＬＴ**成績低表示你容易疲勞、集中力降低，且生產力不足**。只要每天挪出半小時到一小時做呼吸練習，你的ＢＯＬＴ成績、體力、健康和運動表現就能直線上升。我已經見證過數千位客戶利用些許時間改善身體氧合作用，就獲得高投資報酬率的健康效益。

看待氧氣益身計畫的最佳態度，就是把呼吸練習當成一種生活改變。不要認爲這是一套從早到晚都要做的正式練習，**請將氧氣益身計畫融入每天的例行生活**。這樣一來，呼吸練習就會成爲日常生活的一部分，而不是某種瑣事或負擔。

◆氧氣益身計畫簡介

慣性過度呼吸是指，休息和運動時吸入的空氣量超過身體所需。過度呼吸會導致：

- 血液的二氧化碳氣體減少
- 習慣口呼吸，無法享有一氧化氮氣體的健康功效
- 紅血球無法釋放足夠的氧氣（詳情參見第三十九頁的波耳效應）
- 血管和呼吸道平滑肌無法擴張
- 血液酸鹼值受到負面影響
- 心臟、大腦等運作肌群和器官的氧合作用減低
- 運動時，身體的酸性和疲勞度上升
- 運動表現受限
- 整體健康受到負面影響

實行氧氣益身計畫的好處包括：

- 改善睡眠和體力
- 運動時呼吸更輕鬆，降低氣喘程度

- 身體自然會製造更多紅血球生成素與紅血球
- 改善運作肌群和器官的氧合作用
- 降低乳酸堆積和疲勞感
- 提高跑步效率和最大攝氧量
- 增強有氧運動表現
- 增強無氧運動表現

◆氧氣益身練習簡介

下列BOLT測量方式和呼吸練習的詳盡解釋請參閱前面章節。

1.身體氧氣含量測試（BOLT）
2.通鼻練習
3.從輕慢呼吸到正確呼吸
4.從輕慢呼吸到正確呼吸：慢跑、跑步或其他活動
5.復元呼吸，強化集中力
6.模擬高地訓練：步行
7.模擬高地訓練：跑步、騎車、游泳
8.進階模擬高地訓練

—1. 身體氧氣含量測試（BOLT）—

你的進步幅度有三個判斷指標：體能運動時喘氣的降低程度、整體的身體感受和下方的BOLT成績：

1. 從鼻子安靜輕輕吸氣，再從鼻子安靜輕輕吐氣。
2. 用手指捏住鼻子，避免空氣進入肺部。
3. 開始計時，直到腦中第一次出現想呼吸的念頭。
4. 腦中第一次出現想呼吸的念頭時，你或許會感覺呼吸肌第一次表現出想呼吸的徵兆。（腹部可能會抽動，或脖子肌肉收縮。）
5. 鬆開手指，恢復鼻呼吸。
6. 最後閉氣後的第一次呼吸應該是很平靜的吸氣。

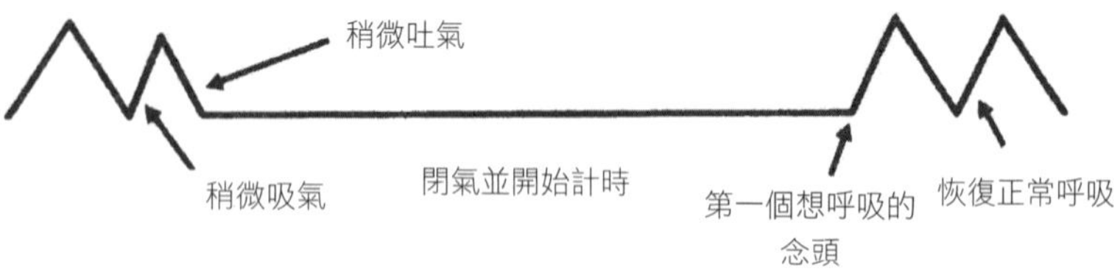

BOLT成績是指閉氣到第一次出現想呼吸的生理徵兆經過的秒數。爲了增加BOLT分數，你必須：

- 隨時保持鼻呼吸，包括運動和睡眠期間。
- 嘆氣、打呼和講話時，避免大口吸吐。
- 按照自己的健康和體能程度，選擇適合的氧氣益身計畫。

將氧氣益身計畫融入例行生活，BOLT成績應該在第一週就能增加三到四秒。繼續練習幾週，你的BOLT成績就會穩定維持二十秒。再持續下去，並且在運動時加入閉氣練習，BOLT成績就能突破二十秒。BOLT成績達成四十秒可能需要花六個月，但是屆時你的健康和體能程度將會達到前所未有的境界。好好享受這趟旅程吧！

2. 通鼻練習

（BOLT成績低於十秒的人、高血壓、其他心血管疾病、糖尿病患者、孕婦、有其他重大健康問題的人請勿嘗試。）

消除鼻塞的步驟如下：

1. 從鼻子安靜輕輕吸氣，再從鼻子安靜輕輕吐氣。
2. 用手指捏住鼻子閉氣。
3. 一邊閉氣，一邊盡快走路。閉氣直到強度缺乏空氣。當然，程度不要過於激烈！
4. 再度從鼻子呼吸，立刻讓呼吸恢復平穩。
5. 閉氣後第一次呼吸可能會比平常吸得更多，接下來第二、第三次呼吸要克制一點，盡快調整成平穩的呼吸。
6. 只要呼吸兩到三次，呼吸應該就能復元。如果做不到，表示剛剛閉氣太久了。
7. 靜待一分鐘左右，再次閉氣走路。
8. 重複練習五、六次，直到鼻塞消失。

—3.從輕慢呼吸到正確呼吸—

1. 一隻手放胸部，另一隻手放肚臍上方，幫助你順著呼吸去感覺。
2. 吸氣時，引導腹部輕輕往外擴張。
3. 吐氣時，引導腹部輕輕往內收縮。
4. 觀察自己的呼吸方式，注意每次呼吸的大小和深度。
5. 雙手稍微施加壓力，抑制呼吸的動作。感覺就像抵著雙手吸吐。
6. 慢慢減低每次呼吸的深度。
7. 吸進的空氣要比你原本預期的少，或者吸氣時間縮短。
8. 溫和放慢並放輕呼吸動作。
9. 呼吸時盡量放鬆。
10. 不要把身體繃緊、閉氣或暫停呼吸。繼續平順

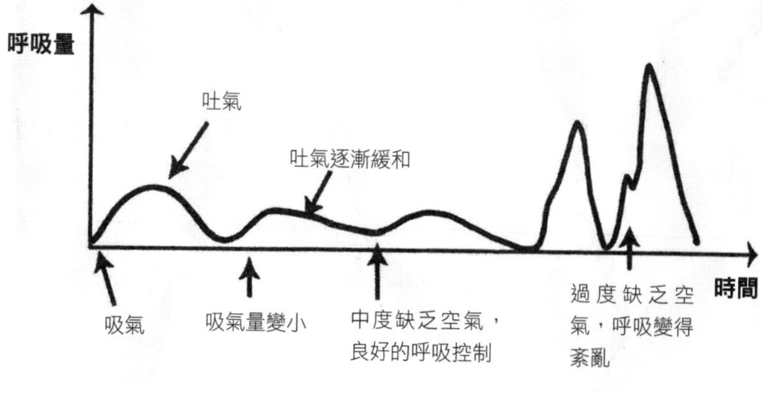

地呼吸，只是呼吸量持續減低。

11. 這項練習的目標是製造中度缺乏呼吸。每次練習盡量維持三到五分鐘。如果你的呼吸節奏打亂，或者呼吸肌開始收縮，表示身體過度缺乏空氣。這時先中斷練習，等到恢復正常呼吸再繼續練習。

—4. 從輕慢呼吸到正確呼吸：慢跑、跑步或其他活動—

不論你喜歡哪一種運動，記得都要觀察呼吸，並注意身體內在。將全副專注力從心思轉移到身體，動用全身從頭到腳的細胞一起運動。

從鼻子穩定規律的呼吸，好讓身體找到最完美的運動功率。繼續提高跑速，直到可以維持穩定規律的鼻呼吸為止。**如果你的呼吸亂了節奏，必須從口呼吸，表示運動強度太高了。這時請放慢速度，走路兩到三分鐘繼續運動。**

跑步的時候，一邊驅動身體前進，一邊感受腳掌與地面的輕柔接觸。不要重踩地面，以免臀部、關節痠痛，以及其他部位受傷。想像跑步的身體很輕盈，腳掌幾乎快碰不到地面。想像自己跑過一片細嫩樹枝，步伐輕到樹枝都踩不斷。記住，步伐輕盈、身體放鬆，呼吸規律穩定。

如果運動全程不張嘴，運動後很快就能平復呼吸。

—5.復元呼吸，強化集中力—

運動後按照下列步驟練習三到五分鐘，幫助平復呼吸和心智：

1. 正常從鼻子吸氣。
2. 用手指捏住鼻子，閉氣二到五秒。
3. 正常鼻呼吸十秒。
4. 重複前三個步驟。

「模擬高地訓練」練習重要須知

BOLT成績低於二十秒的人、高血壓、其他心血管疾病、糖尿病患者、孕婦，或者有其他重大健康問題的人，請勿從事任何模擬高地訓練的呼吸練習（低於三十秒者請勿從事進階版模擬高地訓練）。以下呼吸練習會製造中度至強度缺乏空氣，然而程度太激烈無益於健康。每次閉氣之後，應該只需兩到三次的鼻呼吸就能恢復正常。如果練習途中發生暈眩或其他任何負面副作用，請立刻停止練習。

—6. 從輕慢呼吸到正確呼吸：步行—

如果手邊有脈搏血氧濃度測定儀，你可以立刻看見閉氣練習降低血氧飽和度的效果，有助於激勵你持續實行計畫。步行練習的方法是一邊走路，一邊閉氣。前兩三次閉氣只要達到中度缺乏空氣即可，接下來慢慢提高強度，練習效果更佳。

1. **持續步行一分鐘，保持鼻呼吸**。
2. **輕輕吐氣後閉氣，接著短促呼吸十五秒**：輕輕吐氣後捏住鼻子，一邊走路一邊閉氣，直到中度缺乏空氣。鬆開手，恢復鼻吸氣，短促呼吸十五秒。繼續步行三十秒，保持鼻呼吸，然後再度閉氣，直到中度缺乏空氣。短促呼吸十五秒，恢復正常鼻呼吸。

3. **繼續走三十秒，重複練習**：繼續步行三十秒，保持鼻呼吸，然後輕輕吐氣捏住鼻子閉氣。繼續邊走邊閉氣，直到中度或強度缺乏空氣。鬆開手，恢復鼻吸氣，短促呼吸十五秒，讓呼吸恢復正常。
4. **重複閉氣八到十次**：腳步不要停下來，每分鐘閉氣一次，製造中度或強度缺乏空氣的感覺。每次閉氣結束，短促呼吸十五秒，全程共重複閉氣八到十次。

每次閉氣增加步數的幅度大概像這樣：二十步、二十步、三十步、三十五步、四十二步、四十七步、五十三步、六十步、六十步、五十五步。

—7.模擬高地訓練：跑步、騎車、游泳—

【跑步閉氣練習】

更激烈的運動也可以搭配閉氣練習，比如跑步：

1. 先跑步十到十五分鐘，再輕輕吐氣閉氣，直到強度缺乏空氣。依照個人的跑速和

BOLT成績，大約可以閉氣跑十步到四十步。

2. 閉氣之後繼續慢跑一分鐘，保持鼻呼吸，稍微恢復正常呼吸。
3. 邊跑步一邊重複閉氣八到十次。閉氣跑步有點難度，但是經過兩、三個呼吸應該就能恢復正常。

【騎車閉氣練習】

騎自行車也可以搭配類似的練習：

- 熱身之後，吐氣並閉氣，同時踩五到十五圈。
- 恢復鼻呼吸，繼續騎車一分鐘。
- 全程重複閉氣八到十次。

【游泳閉氣練習】

練習閉氣時，你必須增加每次換氣之間的划水次數。每次慢慢多划一點，一段時間內從三次、五次進步到七次。

—8.進階模擬高地訓練—

這項練習需要使用脈搏血氧濃度測定儀，監測血氧飽和度，確保不要低於百分之八十。

1. 先步行一分鐘左右。接著吐氣後閉氣走四十步，然後小小吸一口氣到肺部。小吸一口氣的目的是釋放壓力。接著再閉氣走十步。
2. 現在小小吸吐一口氣，然後閉氣走十步。
3. 繼續小小吸吐然後重複短時間閉氣，直到強度缺乏空氣。
4. 如果缺乏空氣的程度過激，請改成閉氣走五步以下。連續一次次閉氣後，血氧飽和度會持續下降。
5. 挑戰自我能耐，但不要造成身體負擔。
6. 繼續查看脈搏血氧濃度測定儀，確保血氧飽和度高於百分之八十。
7. 練習一到兩分鐘。

◆從輕慢呼吸到正確呼吸（進階版）

建議先熟練第九十頁的基本版，再練習這個「從輕慢呼吸到正確呼吸・進階版」。下列步驟會教你如何結合減量呼吸和腹式呼吸，提高BOLT成績。

請注意，這項練習跟其他體能運動一樣，建議飯後超過一小時再練習減量呼吸，身體會比較輕鬆，對健康也更有益。

這項練習包含三個簡單階段：

1. 動用橫膈膜，強化肌力
2. 將呼吸與腹部動作結合
3. 減量呼吸，使身體缺乏空氣

多練習腹式呼吸可以養成腹式呼吸的好習慣。這項練習分成三部分，確保你能學會正確技巧，並逐漸將腹式呼吸融入到平常的呼吸習慣。首先，你要學會放鬆橫膈膜肌肉，才能在呼吸時運用橫膈膜。第二，你要學會讓腹部動作配合呼吸，才能牽動橫膈膜。最後，你就能練習用腹部輕柔呼吸，在休息時讓身體的氧合作用發揮最大效能。記住，爲了改善運動的呼吸狀況，你必須先學會在休息時保持高效率呼吸。

第一階段：放輕鬆，運用橫膈膜

．身體坐直，但不要太僵硬，以免增加身體的緊繃度。試著拉長肚臍到胸骨的距離，想像一條線從後腦勺頂端輕輕把你的身體提起來。

．把身體向上帶，同時想像肋骨之間的空隙慢慢打開。

．一隻手放胸部，另一隻手放肚臍上方。這時候先不必思考呼吸方式。

．把注意力帶到肚臍上方那隻手。保持身體坐直，將腹部輕輕往外推，手也跟著往外，只要可以感覺到起伏動作即可。現在還不必改變呼吸方式，這個階段只需要鼓勵身體動用到腹部。

．現在腹部輕輕往內收，看著自己的手也跟著往內。

．這項簡單的練習要持續做兩三分鐘，幫助「僵硬」的橫膈膜活動一下。

．另外，你也可以選擇用另一個姿勢做這項練習：平躺，膝蓋彎曲，雙腳踩地。

第一階段重點摘要

．腹部輕輕往外推，看著自己的手也跟著往外。

．腹部輕輕往內收，看著自己的手也跟著往內。

—放鬆橫膈膜的暖身呼吸—

如果多年的口呼吸習慣造成橫膈膜異常僵硬，下列額外練習可以喚醒肌肉，鼓勵身體採取更好的呼吸方式：

· 鼻子輕輕吸氣。
· 鼻子輕輕吐氣。
· 手指捏住鼻子，閉起嘴巴，避免空氣跑出來。
· 試著吸吐，同時繼續閉氣。
· 當你試著吸吐，你可能會感覺到胃部往前後移動，那是因為呼吸肌正在收縮，幫忙橫膈膜放鬆。
· 感受到中度缺乏空氣後，鬆開手，恢復正常鼻呼吸。
· 練習兩到三次，幫助放鬆橫膈膜。

等腹部可以自在外推內收，就能進行第二階段，將腹部動作結合呼吸。

第二階段：結合腹部動作與呼吸

·身體坐直。
·一隻手放胸部，另一隻手放腹部。
·呼吸的時候，肩膀放鬆，落在自然的高度。
·透過胸口的動作，搭配大腦的引導和手部施力，緩緩減低呼吸量。
·同時，試著協調腹部動作和呼吸。
·吸氣的時候，輕輕將腹部往外推。想像把空氣吸進肚子。（腹部動作不要太大，否則容易暈眩。）
·吐氣的時候，輕輕將腹部往內收。
·呼吸應該很輕柔、安靜又平穩。
·練習兩三分鐘，適應一下橫膈膜的動作和呼吸。

如果這項練習對你來說很困難，不妨換成半仰臥姿勢試試看。躺在軟墊上，頭部墊一個小枕頭，膝蓋彎曲，維持這個姿勢做以下練習：

·拿一本厚重的書放在肚臍上面。

．吸氣的時候，把呼吸帶到腹部，輕輕把肚子的書本往上推。
．吐氣的時候，腹部輕輕回到原位。
．吸氣是主動階段，吐氣則是被動階段，因爲空氣可以自然離開身體，不必費力。吸氣時，想像肚子稍微充氣，看著書本往上升。吐氣時，想像氣球自然而然緩慢洩氣。

第二階段重點摘要

．吸氣，腹部輕輕往外。
．吐氣，腹部輕輕往內。

如果你很有自信，認爲呼吸已經可以配合橫膈膜動作，那麼請進行第三階段。

第三階段：運用腹式呼吸減量呼吸

如果你已經嘗試過第一和第二階段，仍然無法把上胸呼吸改成腹式呼吸，也別擔心。多年來習慣上胸呼吸的人，要調整成新的呼吸方式，確實需要花點時間。你一樣可以進行第三階段，只要持續練習第一到第三階段，腹式呼吸會變得越來越簡單。練習得越勤快，你對二氧化碳的耐受力就越高。

減量呼吸是指降低每分鐘吸進肺部的空氣量。呼吸量一旦降低，血液就會累積些微二氧化碳，幫助橫膈膜放鬆。如果你已經在前兩個階段熟練橫膈膜呼吸法，第三階段練習使呼吸量趨近正常時，你會感到輕鬆許多。

利用橫膈膜呼吸法減量呼吸有兩大方式。第一，盡量放鬆全身，讓呼吸動作放慢放輕。身體放鬆之後，呼吸量就會自動減低。第二，注意自己的呼吸方式，尤其是每次吸吐的空氣量。花一兩分鐘專注觀察呼吸節律，你會大概抓到進入身體的空氣量。順著呼吸，盡量放慢吸吐的速度，你的呼吸動作就會減低，最後會稍微有點缺乏空氣的感覺。

這種想呼吸的衝動就是減量呼吸的核心重點，也是一個很好的徵兆，表示你正在主動改變呼吸習慣，養成更健康、更有效的呼吸方法。第一次做減量呼吸練習，你或許會很難維持缺乏空氣的感覺，但是如果想要改變身體，強化運動表現，你必須持續練習下去。下列這句話可說是本書精髓，我每天都會向學員解釋：

判斷呼吸量減少的唯一線索，就是你是否想要吸進更多空氣。想吸進更多空氣的感覺，就類似測量BOLT成績的那種感受。這種想呼吸的感覺不應該帶來壓力，比較像是平常走路的程度。

第三階段要把腹式呼吸和減量呼吸結合在一起。做這項練習時，最好坐在鏡子前面，觀察並順著呼吸的動作：

・身體坐直。
・一隻手放胸部，另一隻手放腹部。
・想像一條線從後腦勺頂端輕輕把你的身體提起來，並想像肋骨之間的空隙慢慢打開。
・吸氣時，引導腹部輕輕往外，胸口盡量不要動。
・吐氣時，引導腹部輕輕往內，胸口一樣盡量不要動。
・順著每次鼻子吸吐的動作。
・注意每次吸吐的幅度。評估每次呼吸的大小和頻率。
・呼吸的時候，輕輕用手對胸口和腹部施壓。這樣應該會對呼吸產生額外阻力。
・抵著雙手呼吸，專心減少每次的呼吸量。
・每次吸進的空氣要比你原本預期的少，吸氣量要減少，或者吸氣時間縮短。
・緩和吐氣，讓肺部和橫膈膜發揮自然的彈性。想像

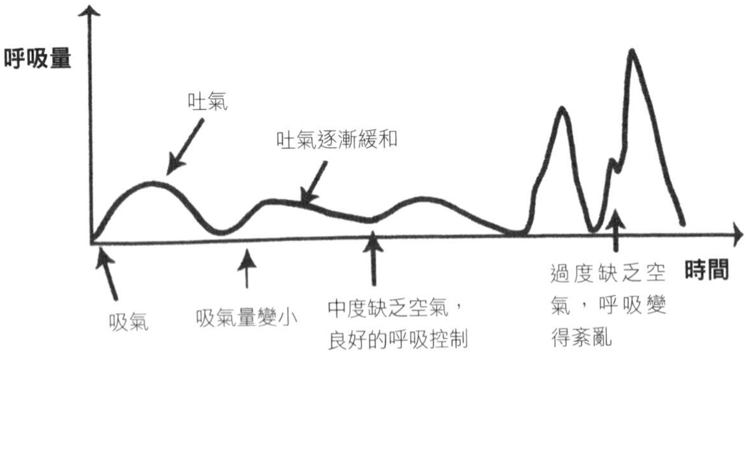

一顆氣球自然而然緩慢洩氣。

．吸氣量變小，吐氣逐漸緩和之後，你會透過鏡子發現，呼吸的動作就不再那麼明顯了。

像這樣的簡單練習，就能放輕呼吸動作百分之二十至三十。如果你的胃部肌肉開始收縮、痙攣、緊繃，或者呼吸節奏打亂、失控，表示身體已經過度缺乏空氣。這時先中斷練習十五秒左右，等到不再缺乏空氣，再繼續練習。

人們最常犯的錯誤是刻意繃緊胸部或腹部肌肉，想限制呼吸的動作。**如果你發現胸部或腹部很緊繃，請先休息十五秒左右再繼續**。減量呼吸的正確方法是用雙手對胸部和胸部稍微施壓，用放鬆的技巧協助放緩呼吸速度，而不是單憑蠻力。

不必擔心每分鐘的呼吸次數。理想上，呼吸次數會自然減少。但是，如果你的BOLT成績低於二十秒，練習期間的呼吸頻率可能會加快。這時候盡量放慢呼吸，恢復平穩的速度。等到BOLT成績更進步，做這項減量呼吸的練習就能更輕鬆控制呼吸。

一開始，你或許只能維持缺乏空氣的狀態二十秒，就想要吸進多一點空氣。不過練習越多次，你就越能延長缺乏空氣的時間。記住，缺乏空氣的程度必須適中，不能太過激烈，最好能在適中程度維持三到五分鐘。一次兩組各五分鐘的練習，就足以重新設定呼吸中心，提高對二氧化碳的忍受門檻。

練習減量呼吸時，你一定要讓身體缺乏空氣，血液的二氧化碳才會增加。這時候大腦的呼吸系統會重新設定呼吸量，調成更平穩正常的範圍。爲了稍微調整大腦的呼吸中心，缺乏空氣的感覺必須持續十分鐘。本書大部分的呼吸練習可以分成兩組，一組五分鐘。如果你很有自信，已經很熟悉減量呼吸的練習，也可以一次做完十分鐘。

◆依照BOLT成績與健康狀況選擇計畫

請注意：**氧氣益身計畫的呼吸練習，主要是在行走、慢跑或跑步途中閉住呼吸，製造中度至強度的缺乏空氣感，以達到高強度訓練的相似效果**。因此，本計畫不適合高齡人士和孕婦，以及高血壓、心血管疾病、第一型糖尿病、腎臟病、憂鬱症、癌症患者，或任何有重大健康問題的人。建議上述人士僅練習鼻呼吸和比較溫和的「從輕慢呼吸到正確呼吸」，直到狀況解除。

氧氣益身計畫的練習跟其他體能運動一樣，**建議至少飯後兩小時再進行**。

◇BOLT十秒以下專屬計畫（適合有健康疑慮的人或老年人）

・每天早上起床測量BOLT成績。
・一整天保持鼻呼吸。如果要確保晚上睡覺仍維持鼻呼吸（參見第八十頁），睡前請用膠帶貼住嘴巴。
・一整天做復元呼吸練習（參見第一〇七頁），最好是每天做六次，一次十分鐘，練習閉氣二到五秒。

・復元呼吸還有另一種作法（參見第二四三頁），就是從鼻子吐氣後，用手指捏住鼻子，閉氣走五到十步。休息一分鐘，接著重複步驟十次。

・每天散步十到十五分鐘，全程不要張開嘴巴。如果你想從嘴巴呼吸，請停下腳步，平復呼吸。

・等BOLT成績進步到十五秒，放鬆身體並練習從輕慢呼吸到正確呼吸會更輕鬆。到時候練習從輕慢呼吸到正確呼吸，會比復元呼吸練習更有益處。BOLT成績偏低的人，每天建議做一小時的從輕慢呼吸到正確呼吸（一組十分鐘，共六組）。

・BOLT成績提高之後，做體能運動會更輕鬆。你的BOLT成績預計會在六到八週進步至二十五秒。

填寫第二七七頁表格，記錄你的進度。

六十五歲的麥可喜歡散步。他有慢性哮喘，咳嗽、呼吸困難、氣喘等症狀都會發作。麥可的BOLT成績是七秒。因此這份計畫重質不重量。

一開始，考慮到麥可的BOLT成績偏低，從輕慢呼吸到正確呼吸對他來說可能會很吃力，因爲缺乏空氣感會打亂他的呼吸。因此，一開始要讓他集中在呼吸本身，最好是整天維

BOLT成績低於10秒	範例（24小時制）	第1天	第2天	第3天	第4天	第5天	第6天	第7天
BOLT	7:00 7秒							
復元呼吸	7:00 10分							
復元呼吸	10:00 10分							
復元呼吸	11:00 10分							
復元呼吸	14:00 10分							
復元呼吸	15:00 10分							
復元呼吸	21:00 10分							
散步	16:00 10分							

持鼻呼吸，並且經常練習短暫閉氣（復元呼吸練習）。麥可也可以多練習放鬆身體，放輕呼吸。只要這些練習不會帶來壓力，也不會打亂呼吸，對麥可會很有幫助。

對麥可來說，輕鬆散步就足以製造可忍受的空氣缺乏感。除非麥可不會感覺不適，否則他不必練習閉氣走路。有時候閉氣走路可有效消除胸悶，幫助提高BOLT成績。如果麥可願意練習閉氣散步，則步數不宜超過十步。他不能閉氣到呼吸失控的地步，否則呼吸一旦被打亂，就有可能觸發哮喘症狀。

從輕慢呼吸到正確呼吸是一項很值得做的練習，等到麥可的BOLT成績達到十五秒，做這項練習就會輕鬆許多。只要麥可天天做六組十分鐘的減量呼吸練習，他的BOLT成績會持續進步。這些練習聽起來很辛苦，實際上跟哮喘共存才是眞正的辛苦，而且麥可已經爲了哮喘付出高昂代價，包括生活品質和生產力下降。花時間練習減量呼吸，將是麥可這輩子投資報酬率最高的決定。

◇BOLT十秒至二十秒專屬計畫

- 每天早上起床測量BOLT成績。
- 一整天保持鼻呼吸。如果要確保晚上睡覺仍維持鼻呼吸（參見第八十頁），睡前請用膠帶貼住嘴巴。
- 一整天不時觀察自己的呼吸，確保呼吸平穩輕柔。
- 每次發現自己要嘆氣，趕緊把那股氣吞下去，或直接閉住呼吸。如果你事後才意識到自己剛剛嘆氣，請輕輕從鼻子吐氣，然後閉氣五到十秒，補償流失的二氧化碳。
- 練習從輕慢呼吸到正確呼吸（參見第九十頁）或復元呼吸練習（參見第一〇七頁），一天三次，每次十分鐘。早上、下午、睡前各一次。
- 每天花三十到六十分鐘練習「從輕慢呼吸到正確呼吸：步行」（參見第二六二頁），如果你的BOLT成績已經超過十五秒，可以改成慢跑。

填寫下頁表格，記錄你的進度。

BOLT成績 10~20秒	範例（24小時制）	第1天	第2天	第3天	第4天	第5天	第6天	第7天
BOLT	6:30 15秒							
減量呼吸	6:30 10分							
減量呼吸	8:00 10分							
減量呼吸	22:00 10分							
運動30分到1小時	15:00 40分							

珍妮佛在英國一間服飾店擔任銷售與行銷經理。她的工作很吃重，不是長時間開車就是坐在電腦前，往返總部和各家店面的通勤占去她大部分的時間。由於工作繁忙，珍妮佛不得不放棄定期運動的習慣。隨著三十五歲的生日到來，她開始意識到健康和體能狀況，決定採取全新的運動計畫。

珍妮佛的起始BOLT成績是十二秒，沒有明顯的健康問題。計畫一開始，很多人都會衝過頭，記得適量就好。爲了彌補多年缺乏運動，我們常會忍不住一開始就做最激烈的運動，但是運動強度超過本身能力可能會嚴重呼吸困難，還會讓人沮喪。有時候你會挫折到乾脆放棄整個新計畫，還不如一開始按部就班，慢慢取得進展。**每次展開新的運動計畫，請記住一句話：「慢慢來，比較快。」**每週運動增加的強度和時間不超過百分之十。

爲了配合珍妮佛的BOLT成績和體能程度，我爲她設計的練習一開始很輕鬆。珍妮佛的BOLT成績一達到二十秒，就把步行改成慢跑，讓身體逐漸適應耐受更高的二氧化碳濃度。開始慢跑第一週，她在步行兩分鐘和慢跑兩分鐘之間交替進行。第二週和第三週改成慢跑三分鐘再步行一分鐘。到了第四週，她終於達成長久以來的目標，可以一口氣跑完半小時，而且全程不用口呼吸也不會難受。總而言之，珍妮佛堅持鼻呼吸，逐步練習減量呼吸，並且定期運動，於是成功獲得驚人的效益，也不曾因訓練過頭而受傷或灰心喪志。這套新計畫完美配合她的需求，讓她能在現有工作與生活之間安排時間運動，享受全新的健康體能。

◇BOLT二十秒至三十秒專屬計畫

・每天早上起床測量BOLT成績。
・一整天保持鼻呼吸（參見第八十頁），睡前請用膠帶貼住嘴巴。
・練習從輕慢呼吸到正確呼吸（參見第九十頁）減量呼吸，一天三次，每次十分鐘。早上、下午、睡前各一次。
・先步行熱身十分鐘，接著每隔一分鐘就閉氣至中度或強度缺乏空氣，以模擬高地訓練（參見第一四五頁）。
・每天在快走或慢跑時練習從輕慢呼吸到正確呼吸，持續三十到六十分鐘。途中要放鬆身體，做腹式呼吸和鼻呼吸，製造缺乏空氣的感覺。
・步行或慢跑時做八到十次閉氣練習，模擬高地訓練。
・運動結束後，做復元呼吸練習（參見第一〇七頁）。

填寫下頁表格，記錄你的進度。

BOLT成績20~30秒	範例（24小時制）	第1天	第2天	第3天	第4天	第5天	第6天	第7天
BOLT	6:15 25秒							
減量呼吸	6:15 10分							
減量呼吸	10:00 10分							
減量呼吸	22:00 10分							
減量呼吸快走或慢跑	15:00 45分							
模擬高地訓練	跟運動同時進行							

大衛今年二十三歲，是個反應敏銳的運動員。他一週受訓四次，代表家鄉打英式橄欖球。他的BOLT成績是二十秒。

大衛長年習慣口呼吸，而且經常嘆氣。他睡覺會打鼾，起床總是口乾舌燥、鼻塞又覺得睡不飽。他也發現受訓時，自己的呼吸聲比隊友還明顯（壞心的隊友幫他取了個綽號叫「火車」）。每次他打算擒抱對手並摔倒，對手都會先聽到他跑步時粗重的呼吸聲，提早避開攻擊。我第一次跟大衛見面，立刻注意到他的臉部結構很窄，下唇鬆弛，凸出的鼻子有點歪，顯然他自小就習慣口呼吸。

大衛跟許多運動員一樣，他們花了很多年訓練體能，所以一開始不太情願大幅更動既有的訓練行程。爲了消除他的恐懼，我和他促膝長談，仔細解釋基本生理學、正確呼吸對運動表現有多重要、BOLT測量方式背後的理論，以及模擬高地練習的好處。

輕鬆慢跑時，大衛可以全程保持鼻呼吸。但一輪到激烈訓練，他就很難不張口呼吸。訓練時保持鼻呼吸，會對呼吸造成阻力，畢竟鼻子空間就是比嘴巴小。大衛擔心禁止口呼吸導致訓練強度降低，之前鍛鍊肌肉的成果會退步。考慮到這個狀況，大衛的最佳作法是實行百分之九十的氧氣益身計畫，以便提高BOLT成績。計畫內容包括慢跑時模擬高地訓練、一整天保持鼻呼吸，並且在休息和受訓期間靠放鬆技巧減量呼吸。大衛只能在受訓強度較高時暫時張口呼吸。隨著大衛的ＢＯＬＴ成績逐步提升，他就能在高強度運動時繼續保持鼻呼吸。同時，也可以比較受訓前的ＢＯＬＴ成績和受訓結束後一小時的成績，檢測自己是否過度呼吸。受訓之後的ＢＯＬＴ成績應該會高出約百分之二十五。如果不到百分之二十五，大衛就要降低受訓的強度，直到他能在受訓全程保持鼻呼吸。

大衛的目標是在十二週內達到ＢＯＬＴ成績四十秒。把握體能訓練時間達到強度缺乏呼吸，是他達標的關鍵。

◇ＢＯＬＴ三十秒以上專屬計畫

- 每天早上起床測量ＢＯＬＴ成績。
- 一整天保持鼻呼吸（參見第八十頁），睡前請用膠帶貼住嘴巴。
- 先步行熱身十分鐘，接著每隔一分鐘閉氣一次，以模擬高地訓練（參見第一四五頁）。
- 跑步時練習從輕慢呼吸到正確呼吸（參見第九十頁），一邊提高運動強度，一邊維持鼻呼吸，達到強度缺乏空氣。

・繼續鼻呼吸，再跑二十分鐘至一小時。
・跑到中段時開始練習閉氣，模擬高地訓練。吐氣後以良好速度閉氣跑十到四十步。
・接著恢復鼻呼吸，同時放鬆身體。接下來整趟跑步每隔幾分鐘就做一次閉氣練習。
・運動結束後，做復元呼吸練習（參見第一〇七頁）。
・每隔一天做一次進階版模擬高地訓練（參見第一五一頁）。
・睡前做十五分鐘從輕慢呼吸到正確呼吸，減量呼吸。

填寫第二八七頁表格，記錄你的進度。

布蘭達三十二歲，健康極佳，一週四天跑十六公里。她是競賽型長跑選手，BOLT成績介於三十五至四十秒之間。爲了維持良好的BOLT成績，布蘭達必須在運動期間達到中度至強度缺乏空氣。

當布蘭達想要鞭策身體出力更多、速度更快，她就會提高跑速，同時維持鼻呼吸。她通常都能在最高跑速繼續從鼻子呼吸。布蘭達的BOLT成績已經很接近四十秒了，所以即使從事高強度運動，她也不必開口呼吸。既然呼吸效率夠高，口呼吸就無益於提高她的運動表現。布蘭達現有的訓練內容已足以維持目前優秀的BOLT成績。

BOLT成績30秒以上	範例（24小時制）	第1天	第2天	第3天	第4天	第5天	第6天	第7天
BOLT	7:00 35秒							
減量呼吸跑步	10:00 45分							
模擬高地訓練跑步	跟跑步同時進行							
進階版模擬高地訓練	12:00 完成		休息		休息		休息	
睡前減量呼吸	22:30 45分							

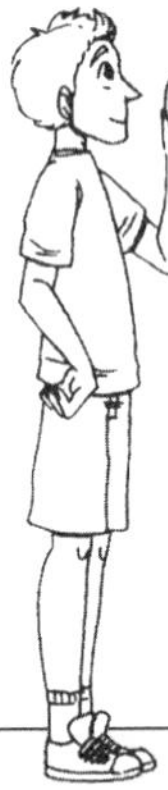

BOLT成績20~30秒

且健康狀況良好

早上測量BOLT成績

一整天保持鼻呼吸

從輕慢呼吸到正確呼吸：坐姿（每天3次，各10分鐘）

運動前先熱身

從輕慢呼吸到正確呼吸：快走或慢跑（每天30~60分鐘）

模擬高地訓練：快走或慢跑

運動結束後，做復元呼吸練習

BOLT成績30秒以上

且健狀況康良好

早上測量BOLT成績

一整天保持鼻呼吸

運動前先熱身

運動期間做從輕慢呼吸到正確呼吸

模擬高地訓練：慢跑或跑步

每隔一天做一次進階版模擬高地訓練

睡前15分鐘做從輕慢呼吸到正確呼吸

BOLT10~30秒以上的

氧氣益身計畫簡介

每週持續練習，努力提高BOLT成績，你就能從事更激烈的運動，達到更高的境界。請參照以下圖表，檢視你在通往成功的路徑上將經過哪些階段。

氧氣益身計畫頒獎台

BOLT成績10秒以下

早上測量BOLT成績

一整天保持鼻呼吸

復元呼吸練習（每天6次，各10分鐘）

每天散步10~15分鐘，全程不要張開嘴巴

等BOLT成績進步到15秒，做從輕慢呼吸到正確呼吸（每天6次，各10分鐘）

BOLT成績10~20秒

早上測量BOLT成績

一整天保持鼻呼吸

避免嘆氣和大口呼吸

從輕慢呼吸到正確呼吸（每天3次，各10分鐘）

從輕慢呼吸到正確呼吸：步行或慢跑（每天30~60分鐘）

運動結束後，做復元呼吸練習

◇減重計畫（不限BOLT成績）

・一整天保持鼻呼吸，永久改掉口呼吸習慣。
・睡前請用膠帶貼住嘴巴（參見第八十頁「睡覺也要保持鼻呼吸」）。
・日常生活中隨時留意自己的呼吸，確保呼吸平穩、放鬆又安靜。
・練習從輕慢呼吸到正確呼吸（參見第九十頁），每天五次，一次十到十五分鐘。不妨分成下列五組練習：
　＊上班前十分鐘
　＊午休十分鐘
　＊下班後十分鐘
　＊晚上看電視時，十分鐘（或以上）
　＊睡前十五分鐘
・每天花三十到六十分鐘，一邊走路一邊練習從輕慢呼吸到正確呼吸：步行。
・BOLT成績超過二十秒，且適合做閉氣練習的人，請做模擬高地訓練。步行時做八到十次閉氣練習，達到中度缺乏空氣。
・特別留意飢餓感，問自己是否真的需要進食，一旦吃飽就停下來。
填寫下頁表格，記錄你的進度。

BOLT成績低於10秒	範例（24小時制）	第1天	第2天	第3天	第4天	第5天	第6天	第7天
BOLT	7:45 17秒							
減量呼吸	8:00 10分							
減量呼吸	9:30 10分							
減量呼吸	12:30 10分							
看電視時間減量呼吸	18:00 10分							
睡前減量呼吸	23:15 15分							
步行時做從輕慢呼吸到正確呼吸	15:00 完成							

本書前面介紹過唐娜，她最大的煩惱根源是每次成功減重之後總會復胖，因此非常灰心喪志。爲了幫助唐娜重拾健康，達到理想體重，我請她只做三項練習就好：從輕慢呼吸到正確呼吸、保持鼻呼吸步行，並在步行時練習閉氣。

她的BOLT成績原本是十二秒，這是工作吃重、壓力大，又沒時間運動的人典型的成績。唐娜白天都用鼻子呼吸，但是每天早上起床都覺得口乾舌燥，表示她在睡著之後無意識換成口呼吸。她的BOLT成績不佳還有一個因素：夜夜難眠。雖然她按正常時間上床，卻無法立刻入睡，往往兩三個小時輾轉難眠。因此，她老是睡不飽，起床之後仍昏昏欲睡，面對工作與家庭生活都無法全力以赴。

我爲唐娜設定的主要目標，是提高BOLT成績、讓胃口自然變小，並且改善睡眠品質和體能。

對唐娜而言，她最需要在睡前放輕呼吸，讓身體適量缺乏空氣。這項練習不一定要在床上實行，唐娜在傍晚時通常有段不忙的時間，可以輕鬆看個電視，這時候最適合拿來練習減量呼吸，這樣她就不必特地再撥出時間練習了。我建議她不要看新聞或其他涉及暴力或侵犯的節目。這項練習提供機會讓身體放鬆，不宜再激起壓力反應。

自從唐娜在睡前放輕呼吸，她的睡眠變得更深層，現在她能提早十五分鐘起床，開始準備迎接一天的行程。還有一點也很重要，唐娜會不時放輕呼吸，把注意力放到呼吸上，讓呼吸變得安靜平穩，讓身體輕度至中度缺乏呼吸。

唐娜一開始覺得睡覺很難保持鼻呼吸，但是試了幾次，身體就開始適應新的呼吸法。到了第四天晚上，她已經可以一覺到天亮，需要的睡眠時間變短，可以更早醒來，而且不感覺疲累。

除了呼吸練習之外，唐娜也很注意飢餓和口渴的感覺，這一點很重要。改善組織和器官的氧和作用後，身體可以更有效利用食物，自然減低食欲。我給唐娜的建議是，餓了再吃，飽了就停下來。只要遵守這個簡單的原則，她一天下來吃的零食變少了，甚至中午用餐時間也延後了。**根據身體需求進食，比按照時間進食更重要**。可惜大家都被灌輸每天必須定時用餐，而不是視飢餓程度進食。唐娜發現呼吸練習還有另一項好處，她更容易口渴，飲水量因此增加。

唐娜的胃口明顯縮減，呼吸練習的成效也反映在提高的BOLT成績上。兩週內，她的BOLT成績就從十二秒進步到二十秒，同時甩掉三公斤。我鼓勵唐娜加快進度，每天步行二十分鐘期間做八到十次閉氣練習，達到中度缺乏空氣。做這項練習可以模擬高地訓練，暫時降低血氧飽和度，進一步抑制食欲。

很多BOLT成績偏低的人，包括唐娜，都不喜歡運動，因為很容易喘不過氣，造成身體很大的負擔。當唐娜的BOLT成績升到二十秒，她開始想要做更多運動，進一步幫助達成理想體重，並且增強體力和自信。

我對唐娜和其他人都強調一個觀念：**從輕慢呼吸到正確呼吸不只是一項練習，更是一種生活方式**。一整天的呼吸方式會影響我們的情緒和健康。當唐娜把呼吸練習融入日常生活，維持BOLT成績超過二十五秒，她終於可以徹底告別溜溜球飲食。唐娜很高興目前體重已經降到六十五公斤（最胖時期達到八十公斤），有了更多體力和自我認同，她很樂意再繼續運動下去。

◇兒少計畫（通鼻練習）

- 通鼻練習（參見第七十七頁）簡單快速，又容易測量，最適合兒童練習。
- 一天做十二次通鼻練習，分成兩組，一組各六次。早餐前做六次，其他時段再做六次。兒童閉氣走路的步數應該每週多加十步，最終目標是八十到一百步。
- 做通鼻練習的時候，我通常會鼓勵孩子用膠帶貼住嘴巴（參見第八十一頁），確保練習全程不開口，空氣也不會漏出來。
- 孩子平常在家看電視或做別的事情時，用膠帶貼住嘴巴可以幫助他們習慣一整天保持鼻呼吸。

・一整天用鼻子呼吸，並且把舌頭放在口腔頂部。（有關口呼吸對兒少臉型發育的影響，可透過網路或相關書籍取得進一步的資訊。）

填寫下面表格，記錄你的進度。

兒少計畫		範例（單位：幾步）	第1天	第2天	第3天	第4天	第5天	第6天	第7天
白天步行	第1次	25							
	第2次	27							
	第3次	30							
	第4次	25							
	第5次	28							
	第6次	30							
晚上步行	第7次	35							
	第8次	35							
	第9次	37							
	第10次	30							
	第11次	40							
	第12次	37							

馬可今年七歲，有鼻塞和慣性口呼吸的問題。馬可的醫師排除哮喘的可能，但是他的呼吸聲在休息和吃東西時都清晰可聞（家長對此很驚愕）。每次踢足球，馬可都會喘不過氣，必須暫時離開比賽，平復呼吸。更嚴重的是，馬可睡覺會打鼾。

兒童很能適應呼吸訓練，但是家長也要多觀察孩子的呼吸狀況。我總是說，兒童呼吸訓練的成敗關鍵，取決於家長的動機是否夠強烈。我會在課堂上提到鼻呼吸對臉部發育、集中力、睡眠品質和整體健康至關重要，藉此鼓勵父母多關注孩子的呼吸習慣。我也會以自身為例，說明童年的口呼吸習慣如何使我在高中和大學時期專注力不足。看似無害的口呼吸，後果其實非常嚴重。

兒少計畫不必太複雜，我只安排一項練習，並提醒幾個基本原則。遵守計畫，孩子就能取得良好進展。

馬可很愛踢足球，為了增強運動表現，他答應要做呼吸練習。當馬可能夠閉氣走八十到一百步，他只要持續練習，繼續保持這個好成績就行了。比如兩三週後，馬可應該可以每天只做三次步行練習，就能維持八十步的成績。

以下是馬可的進度範例：

第一週：三十二步

第二週：三十七步

第三週：四十九步

第四週：五十八步

第五週：七十步

第六週：八十一步

第七週：八十三步

第八週：七十九步

第九週：八十二步

第十週：八十五步

馬可閉氣走路的進步幅度，要看他每天的呼吸狀況而定。如果他沒有整天保持鼻呼吸，或是仍經常大口呼吸，那麼閉氣走路的進步就會比較慢。因此，除了步行練習外，一定要確定孩子整天都保持安靜的鼻呼吸。爲了達成目標，每次家長聽到呼吸聲，不妨溫柔提醒馬可要安靜呼吸。另一項鼓勵家長採取呼吸計畫的誘因是，馬可吃飯時不再需要一邊咀嚼滿嘴食物，一邊又用嘴巴大口呼吸而發出聲音。

附錄1　運動員的努力：先天優勢還是後天鍛鍊？

一七〇四年，一隻名爲「達利阿拉伯」（Darley Arabian）的競速型種馬從敘利亞來到英國，牠是當今逾百分之九十五純種馬的父線始祖。遺傳學家派翠克．康寧漢（Patrick Cunningham）和同事在我的母校都柏林三一學院做研究，追溯過去兩個世紀以來將近一百萬隻馬匹的血統，發現純種馬的能力表現有百分之三十由基因決定。人們一直以來爭論能力是先天還是後天重要，現在這些研究數據顯示先天基因在運動能力方面確實扮演關鍵角色。

運動能力有個方面特別受到先天基因加後天行爲的影響，那就是在童年逐漸定型的臉龐和上下頜。舉個例子，看看尤山．波特（Usain Bolt）、桑婭．理查茲．羅斯（Sanya Richards-Ross）、史蒂芬．胡克爾（Steve Hooker）、羅傑．費德勒（Roger Federer）等歷屆奧運金牌得主的臉型和上下頜結構。這些金牌選手和大部分頂尖運動員有一個驚人的相似之處，他們都有發達的顴骨和寬大的上下頜。運動員的能力一部分取決於呼吸道是否良好，而呼吸道取決於臉型結構是否正常。如果童年長時間張開嘴巴或吸吮大拇指，臉型就會逐漸脫離天生該有的樣子。

事實上，史上獲得最多奧運金牌的「飛魚」菲爾普斯，是少數沒有發達顴骨和寬大上下頜的頂尖運動員。從他的臉型看來，他小時候很可能習慣用嘴巴呼吸，十幾歲時大概需要做口腔矯正。另外，菲爾普斯選擇游泳這項運動，無論是有意識或無意識的選擇，大概都是因爲游泳是他唯一能駕馭的運動。游泳可以限制呼吸量，幫助消除口呼吸或低效率呼吸方式累積的負面作用。

人類的自然呼吸方式是鼻呼吸，但是許多孩子習慣口呼吸，尤其有哮喘或鼻塞困擾的孩子更是如此。巴西的研究人員計算出三到九歲孩童口呼吸的普及率，發現隨機挑選的三百七十位對象裡，有百分之五十五都習慣口呼吸。經常口呼吸的孩童，其臉型、上下頜和牙齒排列通常會出現不良改變。口呼吸有兩個方面會影響臉型。第一，孩子的臉比較容易變得又長又窄。第二，上下頜無法完整發育成理想形狀，因此縮減了呼吸道的大小。如果上下頜不夠凸出，就會反過來侵占呼吸道的位置。自己試看看就知道了：閉上嘴巴，伸出下巴，從鼻子吸吐一次，你會感覺空氣從上下頜後方通過。現在盡量把下巴往內收，呼吸的時候，你應該會感覺喉嚨很緊。這就是不良臉部結構對呼吸道大小的影響。無怪乎呼吸道受限的人喜歡口呼吸。

嘴唇和舌頭施加的力道會大幅影響兒童臉型的成長。嘴唇和臉頰會在臉上施加向內的力量，舌頭則是向外抵銷。嘴巴閉上時，舌頭會停在口腔頂部，稍微向上顎施力。由於舌頭是寬大的U形，上顎也會因此塑造成寬大的U形。換句話說，上顎的形狀會反映出舌頭的形狀，而寬大的U形上顎才能好好地容納所有牙齒。

但是口呼吸的時候，舌頭很難停在口腔頂部。現在可以立刻試看看：張開嘴，用舌頭頂住上顎，然後試著從嘴巴吸吐。你還是可以吸到一點空氣，但感覺很不對。所以說，習慣口呼吸的人，舌頭多半會停在口腔底部或懸在中間。上顎一旦少了舌頭的施力，最後就會發育成窄小的V形。從外型來看，人的臉型會變窄，牙齒歪斜，且容易有口腔問題。已經有許多研究記載習慣口呼吸的孩童，臉型往往較長。

童年呼吸方式對臉型結構的第二個影響，就是上下頜的位置。上下頜發育的方式會直接影響上呼吸道的寬度。我們的上呼吸道由鼻子、鼻腔、鼻竇和喉嚨組成。你必須擁有寬大的上呼吸道，讓空氣順利進出肺部，才能拿出強勁的運動表現。雖然提高BOLT成績，養成有效的呼吸技巧，是優秀表現的關鍵，不過擁有通暢的呼吸道也是運動員一項重要的優勢。舉例來說，馬拉松跑者的呼吸道如果跟吸管一樣窄，那呼吸技巧效率再高也沒用。

一般臉型應該是往前凸出。既然口呼吸的孩童舌頭沒有頂住上顎，上下頜就無法靠舌頭的施力正常發育，不能自然往前伸長。一旦上下頜無法長到理想位置，空氣流動就會受影響。下半臉和呼吸道要正常發育，孩童一定要養成鼻呼吸的習慣。從鼻子呼吸，讓舌頭停在口腔上方，才能正常發育成理想的臉型。

一九九〇年後期，當時二十出頭的我把口呼吸的習慣改成鼻呼吸。但是直到二〇〇六年，我遇到口腔肌功能治療師喬依·莫勒（Joy Moeller）、芭芭拉·格林（Barbara Greene）和凱倫·山謬（Karen Samuel），我才知道放舌頭的正確位置。在那之前，我絲毫沒有思考過這件事，所以我的舌頭大概在口腔亂動了三十二年。喬依、芭芭拉和凱倫共投入將近一百年的時間，重新教人們認識舌頭擺放位置和臉部肌肉，幫他們解決各種影響上下頜和牙齒發育的負面問題。如果不徹底解決口呼吸、舌頭施力、錯誤吞嚥方式等根本問題，砸大把金錢做口腔矯正可能都是白白浪費了。只要一開始避開這些錯誤習慣，說不定你根本不必花錢矯正牙齒。

如果舌頭放在正確位置，應該會有四分之三輕輕抵住口腔上緣，舌尖則剛好停在上排門牙後面，跟發出「呢」音的位置相同。舌頭的最佳位置和鼻呼吸一樣，人類老早就發現了。數千年來，舌頭位置成爲東方瑜伽和佛教信仰重要的一環。一九六八年，瑜伽修行者巴揚（Yogi Bhajan）將昆達利尼瑜伽引進美國。他認爲口腔上緣和舌尖是全身最重要的部位。古代佛經《巴利文大藏經》有幾個段落敘述佛陀爲忍住飢餓，控制心智，把舌頭抵住口腔上方。

每次漫畫家要創造一個充滿霸氣的男性角色，角色下頜通常畫得有稜有角，而且非常寬厚。從人際關係的角度來看，寬大的臉部結構和強勁的下頜線條會比往內縮的下頜更吸引人。經典的方形下頜不只讓你更有機會約到心儀對象，可能銀行存款也更可觀。加州大學河濱分校商學院的研究人員提出一份研究，發現寬臉男性的談判能力較強，談成的簽約獎金比窄臉男性多出將近兩千兩百美元。同一群作者的另一份研究也發現，寬臉男性經營的公司財務能力也非常優秀。

綜觀人類演化史，社會人類學家認爲臉部外觀是建立社會地位和個人角色的決定因素。重視俊美外表並不膚淺，亞里斯多德說得好：「美貌比任何一封推薦函都要有效。」

慢性的慣性口呼吸會改變一個人的姿勢，削弱肌力，限制胸腔擴張，因而減低呼吸的順暢度。有趣的是，研究人員發現男性比女性更容易出現口呼吸習慣。

艾吉爾．彼得．哈佛德（Egil Peter Harvold）醫生，是畸齒矯正與顱面畸形的專家，他在一九七〇年代針對猴子的臉部結構發育做過廣泛研究。他發現鼻呼吸受限多年會造成上下頜變低、牙齒歪斜等面部畸形。現在回頭看這些研究，我們會覺得對無辜的動物做這種實驗很殘忍，但是現在還有成千上萬名孩童進行相同的實驗，承受著口呼吸造成的顱面畸形。哈佛德醫生的研究爲上下頜與臉部不良發育的治療與預防鋪了路，而且幾乎獨自爲北美洲引進畸齒矯正學的分支：功能性矯正裝置療法。

二〇一二年有份研究探討口呼吸對臉部結構造成的長期改變，論文指出這個看似「良性」的習慣「實際上會對多重生理和行爲功能帶來立即和/或延緩的級聯效應。」因爲鼻塞而改成口呼吸的嬰兒和孩童比較容易齒列不正，發育成窄長臉型，在外觀留下永久的影響。

口呼吸也會嚴重影響孩子的健康狀況，包括限制下呼吸道、睡眠品質不佳、壓力指數高，以及生活品質低下。研究結果認爲慣性口呼吸甚至和嬰兒猝死症候群有關。

不要輕易拔牙！

過去幾年，我受邀到歐洲、澳洲和美國的牙科研討會演講。每一場研討會都是與國際牙科及相關學科專家交流的絕佳機會，包括畸齒矯正專家。畸齒矯正學分成兩大派別，各持相反意見：功能性矯正派與傳統矯正派。

功能矯正派注重臉型是否正確，齒列是否正直。孩童可以戴功能性矯正器，幫助導正臉部、上下頜和牙齒的發育方向，發揮天然臉型的優勢。功能矯正派常見的論點是，牙齒擠在一起並非是牙齒長太大，而是口呼吸或吸拇指的習慣造成下顎太小。對症下藥的作法應該是輕輕擴張上下頜，引導上下頜往前凸出，爲牙齒騰出空間，最後不得已才拔牙。

反觀傳統矯正派的論點是先矯正牙齒本身，臉型和呼吸道大小是其次。如果牙齒擠在一起，傳統矯正派會選擇拔掉四顆良好的前臼齒，再讓前牙後退或將前牙往後拉，縮短多出來的空間。前牙後退的時候，臉部尤其雙唇周圍會有點下陷，使得鼻子和下巴更凸出。有時甚至會因爲下顎後退太多，導致上下顎無法連合。一旦下顎後退太多，就會占到上呼吸的空間，使呼吸道縮小，降低運動能力。

如果你的孩子正在做矯正治療，我想提幾個國際矯正牙醫約翰．莫烏醫生（John Mew）的建議。莫烏醫生畢生奉獻給孩童臉部發育矯正，他認爲：

．首先，詢問牙醫一開始要拔掉幾顆恆齒，之後要讓幾顆恆齒後退。可惜的是，大部分接受傳統矯正治療的孩子都要拔掉四顆前臼齒，而且將近半數的人最後會沒空間長智齒，只剩二十四顆牙齒。如果能確保孩子的面部正常發育，上下顎就有空間容納全部三十二顆牙齒。

．詢問牙醫是否確定孩子的面部不會往垂直方向增長。你有權了解所有治療方式及所有可能衍生的問題。

知識就是力量。先了解功能性和傳統矯正治療的詳細資訊，你才能爲自己和孩子做出最佳選擇。採取正確的治療方式，將會連帶影響到孩子的健康。花點時間做功課，選擇侵入傷害較小的療程，絕對值得。前牙後退矯正應該是逼不得已的最後手段。

及早發現，及早矯正

根據一份美國研究指出，一般北美洲白人孩童的頭圍增長有百分之九十五發生在九歲那一年。下顎的發育期則會持續到十八歲。

根據上述研究發現，顱面若要正確發育，必須從早期就引導孩子做正確的鼻呼吸，並且把舌頭放到適當位置。口呼吸對上下頜和臉部結構的負面影響，在青春期之前最嚴重。所以要讓孩子免受牙齒矯正之苦，就得把握這段短暫的關鍵時期，以免孩子的臉部結構出現重大改變。

我女兒在八個月大的長牙期會偶爾開口呼吸。從那時起，我就不斷鼓勵她改回鼻呼吸。我自己以身作則一整天都用鼻呼吸，而且只要她閉上嘴巴呼吸，我都會大力讚美她。

我和太太在成長期都有嚴重的呼吸問題，從遺傳學角度來看，女兒原本也可能養成口呼吸的習慣。鼓勵孩子保持鼻呼吸，把舌頭放在正確位置永不嫌早。這麼做不只有機會省去牙齒矯正的麻煩，孩子的臉型、整體健康和運動能力都會在短短幾年留下深遠影響。只要確保孩子保持正確的動作和行爲，即使身上帶有易感基因，也能將發作機率降到最小。

幾年前，我爲兒童、青少年和家長寫了一本《當菩提格遇上莫烏醫師：兒童與青少年專用的菩提格呼吸法》（*Buteyko Meets Dr. Mew: Buteyko Method for Children and Teenagers*），主題是口呼吸與顱面改變的關聯。我研讀了大量的相關研究，並在書中介紹許多經過同儕審閱的論文，以佐證我的主張。我認爲只要鼓勵孩子保持鼻呼吸，牙齒不正、臉型窄小、大鼻子和上下頜發育不良等問題都能一勞永逸，許多家長看了書都大爲震驚。我們談的可不只是孩子的運動表現，而是終其一生的健康！口呼吸對孩童發展的重大影響絕不容忽視。童年口呼吸的習慣對我造成了許多不良影響，但是只要掌握鼻呼吸益處的正確知識，任何人都不必再重蹈我的覆轍。

附錄2　閉氣練習的上限與安全須知

閉氣時，氧氣無法進入肺部，多餘的二氧化碳也無法排除。盡力憋氣到底時，血液的部分氧氣分壓會降低，促使身體收縮非重要器官的血管，爲心臟和大腦保留所有可用氧氣。比如說，你的四肢可能會因爲血管收縮，血液被分到其他部位而發冷。憋氣也會觸發心搏徐緩反應，也就是心跳變慢，使外圍血管收縮，血壓增高，脾臟收縮，引發「潛水反應」。所有呼吸空氣的脊椎動物都會發生潛水反應，這是面對供氧量縮減的自動反應，也是嬰兒和幼童入水後會靠本能閉氣的原理。經常練習閉氣的成人，潛水反應會更顯著。

閉氣期間，動脈的氧氣分壓會比平時的一百毫米汞柱更低，而二氧化碳會高於平時的四十毫米汞柱。當氧氣降到六十二毫米汞柱，二氧化碳升到五十四毫米汞柱，我們就勢必要恢復呼吸。成人很難憋氣到幾近昏厥的地步，研究計算過氧氣掉到二十七毫米汞柱，二氧化碳升到九十至一百二十毫米汞柱時，人就會失去意識。大腦缺氧太久會受到傷害，所以身體內建潛水反應、昏厥等保護機制，以防大腦長時間缺氧。

只要在個人可承受範圍內閉氣，本書的閉氣練習絕對安全。但是有高血壓、心臟病、第一型糖尿病或其他重大健康問題的人，無論休息或運動都不該從事閉氣練習。

為了模擬高地訓練，你必須閉氣到產生強度缺乏空氣。同時請記住，超出本書建議的閉氣強度並無助益。你一定要能在兩三次呼吸之間恢復平靜。如果想在激烈運動期間加入閉氣練習，建議BOLT成績先達到至少二十秒。在那之前，記得在休息和輕度至中度活動時輕鬆練習閉氣，就能幫助你將BOLT成績提高到二十秒以上。

有件事很有意思。閉氣練習可以提高對二氧化碳的耐受力，但是大腦內建的缺氧應對機制並不會因此改變缺氧標準。這就是刻意閉氣和睡眠呼吸中止症的主要差異，睡眠呼吸中止症是一種生理狀況，會使人在睡眠期間不自覺閉住呼吸，有時會導致嚴重的健康問題。如果閉住呼吸會產生這些可怕的副作用，刻意閉氣豈不是也會傷害身體？幸好，針對頂尖閉氣高手的研究發現結果正好相反。閉氣潛水員從事的運動有可能會使他們嚴重缺氧，所以伊凡賽夫（Ivancev）和同事提出的研究探討了閉氣潛水員的閉氣能力和二氧化碳敏感度。這些潛水員經過反覆練習，可以長時間閉氣，使體內氧氣大幅減少，卻不會傷害大腦或昏厥。朱莉亞（Joulia）和同事進一步研究發現，潛水員的潛水反應更明顯，血氧飽和度下降程度較小，而血流量更高。

閉氣的各種階段

閉氣可以分成缺乏空氣三階段，從輕度、中度到強度。

第一階段，閉氣不會刺激呼吸肌恢復呼吸，因爲二氧化碳尚未達到門檻。這就是所謂的輕度缺乏空氣。

第二階段是中度缺乏空氣。隨著閉氣時間拉長，二氧化碳會持續在血液堆積，直到濃度達到門檻，刺激呼吸肌收縮或抽搐，試圖吸進空氣。閉氣時間越長，呼吸肌收縮的頻率就越高，因爲身體一直想要把空氣吸入肺部。

第三階段是想要呼吸的欲望已經強烈到不得不恢復呼吸。這就是所謂的強度缺乏空氣。

- 輕度缺乏空氣：沒有想呼吸的感覺。
- 中度缺乏空氣：從呼吸肌第一次非自主收縮，到肌肉收縮變得很頻繁。
- 強度缺乏空氣：想呼吸的欲望十分強烈，必須要終止閉氣。

影響閉氣時間長短的要素

閉氣時間的決定因素有三種：新陳代謝率、缺氧耐受力，以及肺部、血液和組織的總儲氣量。

閉氣之前與閉氣途中試著放鬆身體，可降低新陳代謝率。定期練習閉氣則能提高缺氧耐受力。其他會影響閉氣時間長短的活動包括：

- 分心
- 吸氣後閉氣，還是吐氣後閉氣
- 運動員在閉氣之前是否有過度換氣

吸氣後閉氣可延長閉氣時間，因爲吸進的空氣會稀釋二氧化碳，表示大腦的二氧化碳受器不會那麼快就啓動。

如果閉氣之前先吸幾口大氣，閉氣時間也會延長，但這麼做對游泳選手來說十分危險。游泳前大吸幾口氣，會大幅降低血液的二氧化碳濃度，卻不太會增加氧氣儲量。這個技巧會使大腦無法及時命令肌肉恢復呼吸，等到選手想要恢復呼吸時，氧氣量已經降得太低。若發生這種狀況，選手會在水裡失去意識，最糟的情況就是不幸溺死。美國海軍海豹部隊的網站就提出相關警告：

嚴重警告：我方注意到許多人爲了準備接受特種部隊訓練，先行在水中練習閉氣，而近期已經發生多起溺水或幾近溺水的意外事故。**請勿在沒有專業人員監督的情況下，自行練習（水中）閉氣。**

謝辭

本書得以付梓，要感謝氧氣益身計畫教練與運動員的熱情支持，以及一些優秀人士的傑出建議。我特別要感謝出版經紀人道格．阿布拉姆斯（Doug Abrams）和他的團隊成員，包括蘿拉．勒福（Lara Love），謝謝你督促我重寫整份原稿，不吝提供詳盡見解、清晰邏輯和專業編輯，幫助我能夠以「就像在酒吧跟人聊天一樣」輕鬆地傳達訊息。謝謝凱西．瓊斯（Cassie Jones）和William Morrow的出版團隊，謝謝你們熱誠的支持與付出，協助我把這本書生出來。謝謝Piatkus and Little Brown Book Group的克勞蒂雅．康諾（Claudia Connal）和其他同仁，謝謝各位把這本書帶到歐洲、南非、澳洲和紐西蘭讀者的手上。

還要謝謝喬．蓋佛德（Jo Gatford）這一路上的相助，謝謝你對這十幾萬字的篇幅施了魔法，把最後的手稿變成易讀好吸收的內容。

感謝我的好同事們：亞倫．魯斯醫師（Alan Ruth），你的細心程度無人能敵，湯姆．赫倫（Tom Herron）、伊翁．伯恩斯（Eoin Burns）卡蘿．巴利亞（Carol Baglia）、唐恩．戈頓（Don Gordon）、尤金妮雅．馬利薛夫（Eugenia Malyshev）、查爾斯．佛羅倫多醫師（Charles Florendo）、湯姆．皮茲金（Tom Piszkin），以及威廉．羅賓斯（William L. Robbins）。謝謝你們放下工作爲我細讀手稿，提出眞誠又直接的意見，提醒我哪些內容需要修改。感謝詹姆士・奧圖（James O'Toole）、伊蒙・霍利（Eamon Howley）和丹尼・爵爾（Danny Dreyer），謝謝你們的鼓勵，也謝謝你們相信這本書的訊息能幫到眾人。

感謝莎拉・蓋勒格（Sarah Gallagher）發揮專業長才，檢視本書提到的論文、補充更多研究，並釐清其他部分，確保我對心血管健康資訊的解讀無誤。特別感謝約瑟夫・默寇拉醫師，默寇拉醫師奉獻畢生心力教育民眾活用簡單、安全又有效的預防措施，保持身體健康。默寇拉醫師，這世上需要更多像您這樣的人！

謝謝唐恩・奧賴爾登（Don O'Riordan）教練和超級認眞的哥耳威女子足球隊，謝謝你們協助打造一份適合團隊運動環境的氧氣益身計畫。

又，我一定要感謝本書繪者瑞碧卡・貝格斯（Rebecca Burgess），謝謝你畫出如此美麗的圖像，運用視覺協助傳遞本書觀念。

謝謝我的妻子希妮德。妻子幽默感十足，還不准我把獻給她的謝辭寫得跟其他篇一樣無趣。好吧，無不無聊就由各位來當裁判吧！謝謝我美麗的女兒蘿倫，願你長大後也繼續保持鼻呼吸。

最後，謝謝各位讀者。謝謝你們願意購買此書並花時間閱讀。希望這本書能爲你帶來受益終身的健康身心。

作者介紹

派屈克．麥基翁大學就讀都柏林三一學院，之後接受菩提格呼吸法創始人──已故的康斯坦丁．菩提格親自指導。派屈克從小深受哮喘所苦，必須依賴多種藥物和吸入器控制症狀，直到二十六歲發現菩提格呼吸法，人生才徹底改變。應用菩提格醫師的呼吸原則之後，派屈克服藥二十年來未曾改善的哮喘症狀立刻減輕許多。自從學會鼻呼吸，並減量呼吸之後，他的人生各方面都出現正向改變。

這是派屈克人生第一次控制住哮喘症狀。

由於這項發現改變了自己的人生，派屈克決定要轉換人生跑道，幫助所有承受相同症狀的大人和小孩。二〇〇二年結束俄國之旅後，派屈克前往澳洲、美國和歐洲各地倡導氧氣益身計畫。他至今出過七本書，其中三本登上同類書籍的暢銷排行榜。他也受邀前往全球各地的牙科和呼吸研討會演講。

派屈克與愛爾蘭利莫瑞克大學合作，在探討菩提格呼吸法對哮喘鼻炎療效的臨床研究擔任指導人。研究獲頂尖鼻炎期刊《耳喉科學》刊登，論文指出受試者的鼻子症狀減低七成，包括打鼾、失去嗅覺、鼻塞以及鼻呼吸困難。

派屈克根據與數千名客戶和數百名健保專家的合作經驗，以及過去十多年來對閉氣訓練的延伸研究，打造出氧氣益身計畫。本書多項練習皆由派屈克專門研發，用來幫助運動員增強運動表現。

派屈克上過國際各大廣播和電視專訪，包括全球最大健康網站Mercola.com創辦人約瑟夫．默寇拉醫師的訪談。派屈克要傳達的訊息很簡單：保持平穩、輕柔又高效率的鼻呼吸。這就是唯一重點。派屈克對正確呼吸抱持莫大熱誠，他不斷開發並精進呼吸技巧，想幫助世界各地的哮喘患者消除症狀，並且讓運動員和非運動員都能強化體能與健康。

職業不是賺錢的途徑。
而是你來到這世上的使命。
擁有如此強大的熱情與激情，這份職業於是成了你的天賦。
——梵谷

氧氣益身計畫官網介紹

歡迎上我們的網站下載手機應用程式、接受指導、Skype諮詢，並參加線上研討會。

看到這裡，我希望你已經開始實行氧氣益身計畫了。對一部分人而言，本書的理論和呼吸練習就足以完全顛覆他們的運動習慣和健康。另一部分的人可能需要有實際經驗，才能完全理解氧氣益身計畫的內容。當你的呼吸技巧越來越進步，你或許會想要接受氧氣益身計畫專業教練的指導，或是參加Skype課程和線上研討會。

- 美國、歐洲、澳洲和紐西蘭都有氧氣益身計畫的教練師資。我們每一位教練都受過專業訓練，能幫助你以安全快速的方式取得最佳進度。
- Skype課程提供與作者一對一的諮詢時段。你將會獲得專業指導、回饋意見、一套量身打造的呼吸計畫，以及確保你取得最佳進展所需的動機。
- 氧氣益身的線上研討會將由派屈克本人指導運動員做每一項呼吸練習，讓你可以清楚看見每一種技巧實際的應用方式。

如果想了解詳情或聯絡我們，請上OxygenAdvantage.com。

歡迎不吝提供意見與建議。

參考書目（Notes and References）

一 The Oxygen Paradox

· Cheung S. *Advanced environmental exercise physiology*. 1st ed. Human Kinetics; 2009

· Bohr Chr., Hasselbalch K., Krogh A. Concerning a Biologically Important Relationship - The Influence of the Carbon Dioxide Content of Blood on its Oxygen Binding. *skand Arch physiol*. 1904;16:401-12;http://www.udel.edu/chem/white/C342/Bohr%281904%29.html (accessed 20th August 2012).

· West J.B. *Respiratory Physiology: The Essentials*. Lippincott Williams and Wilkins, 1995

· Magarian GJ, Middaugh DA, Linz DH. Hyperventilation syndrome: a diagnosis begging for recognition. *West J Med*.1983 ;(May; 138(5)):733–736

· Gibbs, D. M. (1992). Hyperventilation-induced cerebral ischemia in panic disorder and effects of nimodipine. *American Journal of Psychiatry*, 1992 Nov; 149(11), 1589–1591.

· Kim EJ, Choi JH, Kim KW, Kim TH, Lee SH, Lee HM, Shin C, Lee KY, Lee SH. The impacts of open-mouth breathing on upper airway space in obstructive sleep apnea: 3-D MDCT analysis. *Eur Arch Otorhinolaryngol*. 2011 Apr;268(4):533-9;Kreivi HR, Virkkula P, Lehto J, Brander P. Frequency of upper airway symptoms before and during continuous positive airway pressure treatment in patients with obstructive sleep apnea syndrome. *Respiration*. 2010;80(6):488-94.Ohki M, Usui N, Kanazawa H, Hara I, Kawano K. Relationship between oral breathing and nasal obstruction in patients with obstructive sleep apnea.*Acta Otolaryngol Suppl*. 1996;523:228-30; Lee SH, Choi JH, Shin C, Lee HM, Kwon SY, Lee SH. How does open-mouth breathing influence upper airway anatomy? *Laryngoscope*. 2007 Jun;117(6):1102-6. Scharf MB, Cohen AP Diagnostic and treatment implications of nasal obstruction in snoring and obstructive sleep apnea. *Ann Allergy Asthma Immunol*. 1998 Oct;81(4):279-87; 287-90; Wasilewska J, Kaczmarski M Obstructive sleep apnea-hypopnea syndrome in children *Wiad Lek*. 2010;63(3):201-12; Rappai M, Collop N, Kemp S, deShazo R. The nose and sleep-disordered breathing: what we know and what we do not know. *Chest*. 2003 Dec;124(6):2309-23.

· A study by Dr van den Elshout from the Department of Pulmonary Diseases at the University of Nijmegen in the Netherlands explored the effect on airway resistance when there is an increase of carbon dioxide (*hypercapnia*) or a decrease (*hypocapnia*). Altogether, 15 healthy people and 30 with asthma were involved. The study found that an increase of carbon dioxide resulted in a “significant fall” in airway resistance in both normal and asthmatic subjects. This simply means that the increase of carbon dioxide opened the airways to allow a better oxygen transfer to take place. Interestingly, individuals without asthma also experienced better breathing. See: van den Elshout F.J.J.; van Herwaarden CL; Folgering H.T.M. Effects of hypercapnia and hypocapnia on respiratory resistance in normal and asthmatic subjects. *Thorax*.1991;(46):28-32

· Casiday Rachel, Frey Regina. *Blood, Sweat, and Buffers: pH Regulation During Exercise Acid-Base Equilibria Experiment*. http://www.chemistry.wustl.edu/~edudev/LabTutorials/Buffer/Buffer.html (accessed 20th August 2012).

· Lum, C. “Hyperventilation: The tip and the iceberg”, *J Psychosom Res*, 1975;19(5-6):375-83.

二 How Fit Are You Really: The Body Oxygen Level Test (BOLT)

· A study by Japanese researchers Miharu Miyamura and colleagues from Nagoya University, of ten marathon runners and 14 untrained individuals found that athletes had a significantly greater tolerance to carbon dioxide at rest when compared with untrained individuals. The study found that for the same amount of exercise, athletes experienced 50 to 60 percent less breathlessness than that of untrained individuals. See: Miyamura M, Yamashina T, Honda Y, Ventilatory responses to CO_2 rebreathing at rest and during exercise in untrained subjects and athletes. *Japanese Journal of Physiology* 1976(3); 26: 245-54

· Finaud J, Lac G, Filaire E. Oxidative stress: relationship with exercise and training. *Sports Medicine*.2006;36(4):327-58

· Scoggin et al. stated that, "one difference between endurance athletes and non- athletes is decreased ventilatory responsiveness to hypoxia (low oxygen) and hypercapnia (higher carbon dioxide)." See: Scoggin CH, Doekel RD, Kryger MH, Zwillich CW, Weil JV. Familial aspects of decreased hypoxic drive in endurance athletes. *Journal Applied Physiology* 1978;Mar;44(3):464-8. In a paper entitled, 'Low exercise ventilation in endurance athletes', that was published in *Medicine and Science in Sports*, the authors found that non-athletes breathe far heavier and faster to changes in oxygen and carbon dioxide when compared with endurance athletes at equal workloads. The authors observed that the lighter breathing of the athlete group may explain the link between "low ventilatory chemosensitivity and outstanding endurance athletic performance." See: Martin BJ, Sparks KE, Zwillich CW, Weil JV. Low exercise ventilation in endurance athletes. *Med Sci Sports*.1979;Summer;11(2):181-5

· In a study published in the *Journal of applied Physiology*, which compared 13 athletes and 10 non-athletes, the athletes' response to increased carbon dioxide was 47 percent of that recorded by the non-athlete controls. The authors noted that athletic ability to perform during lower oxygen pressure and higher carbon dioxide pressure corresponded to maximal oxygen uptake or VO_2 max. See: Byrne-Quinn E, Weil JV, Sodal IE, Filley GF, Grover RF. Ventilatory control in the athlete. *Journal of Applied Physiol*.1971 ;Jan;30(1):91-8. In another study conducted at the Research Centre of Health, Physical Fitness and Sports at Nagoya University in Japan, researchers evaluated nine initially untrained college students. Five out of the nine students took up physical training for three hours a day, three times a week for four years. The researchers found that VO_2 max increased after training and the response of breathing to increased arterial carbon dioxide decreased significantly during each training period. Moreover, CO_2 responsiveness was found to correlate negatively with maximum oxygen uptake in four out of the five trained subjects. Similarly to the previous study, subjects with reduced sensitivity to CO_2 experienced increased delivery of oxygen to working muscles. See: Miyamura M, Hiruta S, Sakurai S, Ishida K, Saito M. Effects of prolonged physical training on ventilatory response to hypercapnia. *Tohoku J Exp Med*.1988;Dec;156 (Suppl):125-35

· Saunders PU, Pyne DB, Telford RD, Hawley JA. Factors affecting running economy in trained distance runners. *Sports Medicine*. 2004;34(7):465-85

· Scientists investigated whether controlling the number of breaths during swimming could improve both swimming performance and running economy. A paper published in the *Scandinavian Journal of Medicine and Science in Sports* involved eighteen swimmers comprising of ten men and eight women who were assigned to two groups. The first group was required to take only two breaths per length and the second group seven breaths. As swimming is one of the few sports which naturally limits breath intake, it is often of interest to scientists since reducing the amount of air consumed during training adds an additional challenge to the body and may lead to improvements in respiratory muscle strength. Interestingly, the researchers found that running economy improved by 6 percent in the group that performed reduced breathing during swimming.

· See: Lavin, K. M.; Guenette, J. A.; Smoliga, J. M.; Zavorsky, G. S. Controlled-frequency breath swimming improves swimming performance and running economy. *Scandinavian Journal of Medicine & Science in Sports* 2015 Feb;25(1):16-24

· Stanley et al. concluded that, 'the breath hold time/partial pressure of carbon dioxide relationship provides a useful index of respiratory chemosensitivity' .See: Stanley,N. N.,Cunningham,E.L.,Altose,M.D.,Kelsen,S.G.,Levinson,R.S., and Cherniack, N.S.

· Evaluation of breath holding in hypercapnia as a simple clinical test of respiratory chemosensitivity. *Thorax*.1975;30:337-343

· Japanese researcher Nishino acknowledged breath holding as one of the most powerful methods to induce the sensation of breathlessness, and that the breath hold test 'gives us much information on the onset and endurance of dyspnea (breathlessness)' . The paper noted two different breath hold tests as providing useful feedback on breathlessness. According to Nishino; because holding of the breath until the first definite desire to breathe is not influenced by training effect or behavioural characteristics, it can be deduced to be a more objective measurement of breathlessness. See: Nishino T. Pathophysiology of dyspnea evaluated by breath-holding test: studies of furosemide treatment. *Respiratory*

Physiology Neurobiology.2009 May 30;167(1):20-5
· McArdle W, Katch F, Katch V. Exercise Physiology: Nutrition, Energy, and Human Performance. 1st ed. North American Edition. Lippincott Williams & Wilkins; Seventh, (p289) (November 13, 2009)
· The Department of Physiotherapy at the University of Szeged, Hungary conducted a study that investigated the relationship between breath hold time and physical performance in patients with cystic fibrosis. Eighteen patients with varying stages of cystic fibrosis were studied to determine the value of the breath hold time as an index of exercise tolerance. The breath hold times of all patients were measured.
· Oxygen uptake (VO_2) and carbon dioxide elimination was measured breath by breath as the patients exercised. The researchers found a significant correlation between breath hold time and VO_2 (oxygen uptake), concluding ‘that the voluntary breath-hold time might be a useful index for prediction of the exercise tolerance of CF patients’. Taking this one step further, increasing the BOLT of patients with CF corresponds to greater oxygen uptake and reduced breathlessness during physical exercise.
· See: Barnai M, Laki I, Gyurkovits K, Angyan L, Horvath G. Relationship between breath-hold time and physical performance in patients with cystic fibrosis. European Journal Applied Physiology.2005 Oct;95(2-3):172-8
· Results from a study of 13 patients with acute asthma concluded that the magnitude of breathlessness, breathing frequency and breath hold time was correlated with severity of airflow obstruction and, secondly, that breath hold time varies inversely with the magnitude of breathlessness when it is present at rest. In simple terms, the lower the breath hold time of asthmatics, the greater the breathing volume and breathlessness. See: Pérez-Padilla R, Cervantes D, Chapela R, Selman M. Rating of breathlessness at rest during acute asthma: correlation with spirometry and usefulness of breath-holding time. *Rev Invest Clin*.1989 Jul- Sep;41(3):209-13

3.Noses Are for Breathing, Mouths Are for Eating

· Swift, Campbell, McKown. Oronasal obstruction, lung volumes, and arterial oxygenation. *Lancet* , 1988;1:73-75
· Harari D, Redlich M, Miri S, Hamud T, Gross M. The effect of mouth breathing versus nasal breathing on dentofacial and craniofacial development in orthodontic patients. *Laryngoscope*.2010 Oct;120(10):2089-93
· D'Ascanio L, Lancione C, Pompa G, Rebuffini E, Mansi N, Manzini M. Craniofacial growth in children with nasal septum deviation: A cephalometric comparative study.
· *International Journal of Pediatric Otorhinolaryngology*. October 2010;74(10):1180- 1183
· Baumann I, Plinkert PK. Effect of breathing mode and nose ventilation on growth of the facial bones. *HNO*.1996 May;44(5):229-34;Tourne LP. The long face syndrome and impairment of the nasopharyngeal airway. *The Angle Orthodontist* .1990 Fall;60(3):167-76
· Price W. *Nutrition and Physical Degeneration*. 8th edn. Price Pottenger Nutrition Foundation, January 31, 2008. p55
· Catlin G. *Letter and Notes of Travels Amongst the North American Indians*. wiley & Putnam,1842.
· Sutcliffe Steve (2005). *Bugatti Veyron review*. [ONLINE] Available at: http://www.autocar.co.uk/car-review/bugatti/veyron/first-drives/bugatti-veyron. [Last Accessed 2nd Sep 2014].
· Burton M, Burton R. *International Wildlife Encyclopedia*. 3rd edn. : Marshall Cavendish Corp; 2002. pP403
· Aquatic Ape Theory Elaine Morgan. *Aquatic Ape Theory*. [ONLINE] Available at: http://www.primitivism.com/aquatic-ape.htm. [Last Accessed 2nd Sep 2014].
· Wikipedia. *Pelecaniformes*. http://en.wikipedia.org/wiki/Pelecaniformes (accessed 2nd Sep 2014).
· Nixon J. *Breathing pattern in the guinea-pig*. [ONLINE] Available at: http://www.aemv.org/Documents/AAV07smallbookfinal.pdf#page=69. [Last Accessed 2nd Sep 2014].

- Hernandez-Divers S. *The Rabbit Respiratory System: Anatomy, Physiology, and Pathology*. The Rabbit Respiratory System: Anatomy, Physiology, and Pathology (accessed 2nd Sep 2014).
- Jackson P, Cockcroft P. (eds.) Clinical Examination of Farm Animals. 1st ed.Wiley- Blackwell; May 2008. p70
- Ramacharaka Yogi. Nostril versus mouth breathing. In: (eds.)THE HINDU-YOGI SCIENCE OF BREATH By YOGI RAMACHARAKA Author of "Yogi Philosophy and Oriental Occultism", "Advanced Course in Yogi Philosophy", "Hatha Yogi", "Psychic Healing", etc. Copyright 1903 (Expired)
- Timmons B.H., Ley R. *Behavioral and Psychological Approaches to Breathing Disorders*. 1st ed. . Springer; 1994
- Fried R. In: (eds.) Hyperventilation Syndrome: Research and Clinical Treatment (Johns Hopkins Series in Contemporary Medicine and Public Health). 1st ed. : The Johns Hopkins University Press ; December 1, 1986.
- Morton AR, King K, Papalia S, Goodman C, Turley KR, Wilmore JH. Comparison of maximal oxygen consumption with oral and nasal breathing. *Australian Journal Science Medicine Sportrt*.1995 Sep;27(3):51-5
- Vural C, Güngör A . [Nitric oxide and the upper airways: recent discoveries]. *Tidsskr Nor Laegeforen*. 1999 Nov 10;119(27): 4070-2
- Doctors Maria Belvisi and Peter Barnes, and colleagues from the National Heart and Lung Institute in the United Kingdom demonstrated that one of the roles of nitric oxide includes dilation of the smooth muscles surrounding the airways.
- See: Belvisi MG, Stretton CD, Yacoub M, Barnes PJ. Nitric oxide is the endogenous neurotransmitter of bronchodilator nerves in humans. *Eur J Pharmacol*.1992 Jan 14;210(2):221-2
- Djupesland PG, Chatkin JM, Qian W, Haight JS. Nitric oxide in the nasal airway: a new dimension in otorhinolaryngology. *Am J Otolaryngol*.2001 Jan; 22(1): 19-32
- Lundberg JO.. Nitric oxide and the paranasal sinuses. *Anat Rec (Hoboken)*.2008 Nov;291(11):1479-84
- Vural C, Güngör A.. [Nitric oxide and the upper airways: recent discoveries].. *Kulak Burun Bogaz Ihtis Derg*. 2003 Jan;10(1):39-44
- Okuro RT, Morcillo AM, Ribeiro MÂ, Sakano E, Conti PB, Ribeiro JD. Mouth breathing and forward head posture: effects on respiratory biomechanics and exercise capacity in children. *J Bras Pneumol*.2011;Jul-Aug;37(4):471-9
- Conti PB, Sakano E, Ribeiro MA, Schivinski CI, Ribeiro JD.. Assessment of the body posture of mouth-breathing children and adolescents. *Journal Pediatrics (Rio J)*.2011;Jul-Aug;87(4):471-9
- The Orthodontists Online Community. *Mouth Breathing*. http://orthofree.com/fr/default.asp?contentID=2401 (accessed 7th January 2015).
- Kim EJ, Choi JH, Kim KW, Kim TH, Lee SH, Lee HM, Shin C, Lee KY, Lee SH. *The impacts of open-mouth breathing on upper airway space in obstructive sleep apnea: 3-D MDCT analysis*. Eur Arch Otorhinolaryngol. 2010 Oct 19.
- Kreivi HR, Virkkula P, Lehto J, Brander P. *Frequency of upper airway symptoms before and during continuous positive airway pressure treatment in patients with obstructive sleep apnea syndrome*. Respiration. 2010;80(6):488-94.
- Ohki M, Usui N, Kanazawa H, Hara I, Kawano K. *Relationship between oral breathing and nasal obstruction in patients with obstructive sleep apnea*.Acta Otolaryngol Suppl. 1996;523:228-30.
- Lee SH, Choi JH, Shin C, Lee HM, Kwon SY, Lee SH. *How does open-mouth breathing influence upper airway anatomy*? Laryngoscope. 2007 Jun;117(6):1102-6
- Scharf MB, Cohen AP *Diagnostic and treatment implications of nasal obstruction in snoring and obstructive sleep apnea*. Ann Allergy Asthma Immunol. 1998 Oct;81(4):279-87; quiz 287-90.

· Chang, H R. In: (eds.)Nitric Oxide, the Mighty Molecule: Its Benefits for Your Health and Well-Being. 1st ed. Mind Society; 2012.
· Raju, T N (2000), "The Nobel chronicles. 1998: Robert Francis Furchgott (b 1911), Louis J Ignarro (b 1941), and Ferid Murad (b 1936).", *Lancet* (2000 Jul 22) 356 (9226): 346
· Rabelink, A J (1998), "Nobel prize in Medicine and Physiology 1998 for the discovery of the role of nitric oxide as a signalling molecule", *Nederlands tijdschrift voor geneeskunde* (1998 Dec 26) 142 (52): 2828–30
· Culotta E, Koshland DE Jr. NO news is good news. *Science*.1992 Dec 18;258(5090):1862-5
· Ignarro, L . In: (eds.) NO More Heart Disease: How Nitric Oxide Can Prevent--Even Reverse--Heart Disease and Strokes. 1st ed. United States: St. Martin's Griffin; Reprint edition; January 24, 2006.
· Lundberg J, Weitzberg E. Nasal nitric oxide in man. *Thorax*.1999;(54):947-952
· Roizen, MF, and Oz, MC, 2008. You on a diet revised, The Owners Manual for waist management. New York. Collins.
· Maniscalco M, Sofia M, Pelaia G.. Nitric oxide in upper airways inflammatory diseases. *Inflammation* Res. 2007 Feb;56(2):58-69
· Lundberg JO. Airborne nitric oxide: inflammatory marker and aerocrine messenger in man. *Acta Physiol Scand Suppl*.1996;633:1-27
· Cartledge J, Minhas S, Eardley I. The role of nitric oxide in penile erection. Expert *Opinion Pharmacotherapy*. 2001 Jan;2(1):95-107
· Toda N, Ayajiki K, Okamura T. Nitric oxide and penile erectile function. *Pharmacology Therapeutics*. 2005 May;106(2):233-66
· Gunhan K, Zeren F, Uz U, Gumus B, Unlu H. Impact of nasal polyposis on erectile dysfunction.*American Journal of Rhinology and Allergy*. 2011 Mar-Apr;25(2):112-5
· Sahin G, Klimek L, Mullol J, Hörmann K, Walther LE, Pfaar O.. Nitric oxide: a promising methodological approach in airway diseases. *Int Arch Allergy Immunol*. 2011;156(4):352-61
· Weitzberg E, Lundberg Jon. Humming Greatly Increases Nasal Nitric Oxide. *American Journal of Respiratory and Critical Care Medicine*. ; 166.No2(2002):144- 145
· Three months following the instruction, results as published in the leading European rhinitis Journal *Clinical Otolaryngology* showed a 70 percent reduction of symptoms such as nasal stuffiness, poor sense of smell, snoring, trouble breathing through the nose, trouble sleeping, and having to breathe through the mouth.
See: Adelola O.A., Oosthuiven J.C., Fenton J.E. Role of Buteyko breathing technique in asthmatics with nasal symptoms. *Clinical Otolaryngology*. 2013, April;38(2):190- 191

4 Breathe Light to Breathe Right

· Pei Ch. *Qi Gong for beginners*. 1st ed. USA. Body Wisdom; 2009
· Blofeld J. Taoism: the road to immortality. Boulder, Shambala.1st ed. : Shambala; 1978.
· Lavelle Crawford. *Kids on fat people*.
https://www.youtube.com/all_comments?v=U6rFzngemUE (accessed 2nd Sep 2014).
· In a paper entitled: "Is man able to breathe once a minute for an hour?: the effect of yoga respiration on blood gases," researcher Miharu Miyamura investigated the sensitivity to carbon dioxide during respiration of one breath per minute for an hour by a professional Hatha yogi. Results showed that authentic yoga practitioners have reduced sensitivity to carbon dioxide.
See: Miyamura M, Nishimura K, Ishida K, Katayama K, Shimaoka M, Hiruta S. Is man able to breathe once a minute for an hour? the effect of yoga respiration on blood gases. *Japanese Journal Physiology*. 2002 Jun;52(3):313-6

5.**Secrets of Ancient Tribes**

· Tom Piszkin. Email to: Patrick McKeown. (patrick@oxyadvantage.com) August 2014

· Bob Babbitt. *Gun Shot at the Oakland Coliseum*.
http://www.ttinet.com/tf/about2.htm (accessed 1st July 2012).

· Douillard J. In: (eds.)1) Perfect Health for Kids: Ten Ayurvedic Health Secrets Every Parent Must Know. 1st ed. USA: North Atlantic Books,U.S; 2004.

· Lane Sebring M.D. *What does it really feel like to be a healthy human*?.
http://the- whole-human.com/article/lane-sebring-md/what-does-it-really-feel-be-healthy-human (accessed 10 June 2013).

· Woorons X, Mollard P, Pichon A, Duvallet A, Richalet JP, Lamberto C.. Effects of a 4-week training with voluntary hypoventilation carried out at low pulmonary volumes. *Respiratory Physiology Neurobiology*. 2008;Feb 1;160(2):123-30

· LaBella CR, Huxford MR, Grissom J, Kim KY, Peng J, Christoffel KK. . Effect of neuromuscular warm-up on injuries in female soccer and basketball athletes in urban public high schools: cluster randomized controlled trial. *Arch Pediatr Adolesc Med*. 2011 Nov;165(11):1033-40

· Woods K, Bishop P, Jones E. Warm-up and stretching in the prevention of muscular injury. *Sports Medicine*. 2007;37(12):1089-99

· Shellock FG, Prentice WE. Warming-up and stretching for improved physical performance and prevention of sports-related injuries. *Sports Medicine*. 1985 ;Jul- Aug;2(4):267-78

· Danny Dreyer. *Danny Dreyer, Founder & President*.
http://www.chirunning.com/about/staff-profile/danny-dreyer/ (accessed 2nd Sep 2014).

· Dreyer D, Dreyer K. *ChiRunning: A Revolutionary Approach to Effortless, Injury- Free Running*. Touchstone; 2009. Page 54.

6.**Gaining the Edge – Naturally**

· Wilber RL. Application of altitude/hypoxic training by elite athletes. *Medicine and science in sports and exercise*. 2007; Sep;39(9):1610-24

· Björn T. Ekblom. *Blood boosting and sport. Best Practice & Research Clinical Endocrinology & Metabolism.* 1st ed. Elsevier; March 2000

· Sawka MN, *Joyner MJ, Miles DS, et al. American College of Sports Medicine position stand: the use of blood doping as an ergogenic aid*. Med Sci Sports Exerc1996;28:i–viii.

· Walsh D. In: (eds.) From Lance to Landis: Inside the American Doping Controversy at the Tour de France. 1st ed. : Ballantine Books; First Edition edition; 2007.

· Fotheringham, William. Put Me Back On My Bike: In Search of Tom Simpson.

· London: Yellow Jersey Press. (2007) [1st. pub. 2002].

· BBC World Service. *The death of Tom Simpson*.
http://www.bbc.co.uk/programmes/p00hts7t (accessed 2nd Sep 2014).

· BBC. REMEMBERING A SENSATION.
http://www.bbc.co.uk/insideout/northeast/series6/cycling.shtml (accessed 2nd Sep 2014).

· JON UNGOED-THOMAS. Lance Armstrong ‘given drugs in lunch bag’, claims teammate Tyler Hamilton. *The Sunday Times*. September 02, 2012.

· USADA. *Statement From USADA CEO Travis T. Tygart Regarding The U.S. Postal Service Pro Cycling Team Doping Conspiracy*.
http://cyclinginvestigation.usada.org/ (accessed 14th January 2015).

· Oprah Winfrey. *Lance Armstrongs Interview*.

http://www.oprah.com/own/Lance- Armstrong-Confesses-to-Oprah-Video (accessed 2nd Sep 2014).
· EVAN PEGDEN. *Swart vindicated by Armstrong report*.
http://www.stuff.co.nz/sport/other-sports/7805732/Swart-vindicated-by-Armstrong- report (accessed 14th January 2015).
· RTE. *Rough Rider*. http://www.rte.ie/tv/programmes/roughrider.html (accessed 2nd Sep 2014).
· Medline Plus. *Hemoglobin*.
http://www.nlm.nih.gov/medlineplus/ency/article/003645.htm (accessed 15th August 2012).
· NIH National Institutes of Health. *Hematocrit*.
http://www.nlm.nih.gov/medlineplus/ency/article/003646.htm (accessed 20th April 2013).
· Levine BD, Stray-Gundersen J. A practical approach to altitude training: where to live and train for optimal performance enhancement. *Int J Sports Med*. Oct 1992;13 Suppl 1:209-12
· Levine, B.D. Intermittent hypoxic training: fact and fancy. *High altitude Med*. 2002;Biol. 3:177-193
· Levine, B.D. Should "artificial" high altitude environments be considered doping?
· *Scand. J Med. Sci. Sports* 16:297-301, 2006
· Levine BD, Stray-Gundersen J. "Living high-training low": effect of moderate- altitude acclimatization with low-altitude training on performance. *Journal of Applied Physiology*. 1997; Jul;83(1):102-12
· Stray-Gundersen J, Chapman RF, Levine BD. "Living high-training low" altitude training improves sea level performance in male and female elite runners. *Journal of Applied Physiology*. 2001;Sep;91(3):1113-20
· David Wallechinsky, Jaime Loucky. *The Complete Book of the Winter Olympics*. 1st ed. Turin. Sport Media Publishing; 2006
· "Moderate-intensity aerobic training that improves the maximal aerobic power does not change anaerobic capacity and that adequate high-intensity intermittent training may improve both anaerobic and aerobic energy supplying systems significantly." See: Tabata I, Nishimura K, Kouzaki M, Hirai Y, Ogita F, Miyachi M, Yamamoto K. Effects of moderate-intensity endurance and high-intensity intermittent training on anaerobic capacity and VO2max. *Medicine and science in sports and exercise*. 1996; Oct;28(10):1327-30
· Stephen J. Bailey, Daryl P. Wilkerson, Fred J. DiMenna, Andrew M. Jones. Influence of repeated sprint training on pulmonary O2 uptake and muscle deoxygenation kinetics in humans. *Journal of Applied Physiology*. 2009;Jun;106(6):1875-87
· Professor Andrew Jones. *Understand the body's use of oxygen during exercise Oxygen kinetics – start smart for a mean finish*! http://www.pponline.co.uk/encyc/understand-the-bodys-use-of-oxygen-during- exercise-36326 (accessed 20th April 2013).
· Hagberg JM, Hickson RC, Ehsani AA, Holloszy JO. Faster adjustment to and recovery from submaximal exercise in the trained state. *Journal of Applied Physiology*. 1980;Feb;48(2):218-24
· Rahn, H.; Yokoyama, T. (1965). Physiology of Breath-Hold Diving and the Ama of Japan.. United States: National Academy of Sciences - National Research Council. p. 369. ISBN 0-309-01341-0. Retrieved 2012-03-25.
· Professor Sir ALISTER HARDY. WAS MAN MORE AQUATIC IN THE PAST? *New Scientist*.17 March 1960;
· Hardy A (1977) Was there a Homo aquaticus? Oxford Univ Scient Soc, Zenith 15: 4- 6.
· AIDA. *World Records*. http://www.aidainternational.org/competitive/worlds-records (accessed 6th July 2012)

· Isbister JP. Physiology and pathophysiology of blood volume regulation. *Transfus Sci*.1997;Sep;18(3):409-423

· Koga T. Correlation between sectional area of the spleen by ultrasonic tomography and actual volume of the removed spleen. *J Clin Ultrasound*.1979; Apr;7(2):119-120

· Erika Schagatay is the director of research at Mid Sweden University. Her interest in physiology began after she met native breath hold divers from several tribes, including Japanese *Ama*, Indonesian *Suku Laut* and *Bajau*, who were able to hold their breath for far longer than medical literature stated was possible. Schagatay has completed a number of studies on the effects of holding the breath on both trained and untrained breath hold divers.

· See: Mid Sweden University. *People*. http://www.miun.se/en/Research/Our- Research/Research-groups/epg/About-EPG/People/ (accessed 29 August 2012).

· One of Schagatay' s studies involved 20 healthy volunteers, including ten who had their spleens removed, to determine the adaptations caused by short-term breath holding. The volunteers performed five breath holds of maximum duration (as long as possible for each individual) with a two minute rest in between each.

· The results found that the volunteers with spleens showed a 6.4 percent increase in hematocrit (Hct) and a 3.3 percent increase in hemoglobin concentration (Hb) following the breath holds. This means that after just five breath holds, the oxygen- carrying capacity of the blood was significantly improved. However, for the individuals who had their spleens removed, there were no recorded changes to the blood resulting from breath holding.

· See: Schagatay E, Andersson JP, Hallén M, Pålsson B.. Selected contribution: role of spleen emptying in prolonging apneas in humans. *Journal of Applied Physiology*. 2001;Apr;90(4):1623-9

· During a separate study by Schagatay, seven male volunteers performed two sets of five breath holds to near maximal duration; one in air and the other with their faces immersed in water. Each breath hold was separated by two minutes of rest and each set separated by twenty minutes. Both Hct and Hb concentration increased by approximately 4 percent across both series of breath holds – in air and in water. This study in particular provides pertinent information about the consequence of breath holding: since there was no visible increase in the results of breath holding with the subject' s faces immersed in water, the authors concluded that "the breath hold, or its consequences, is the major stimulus evoking splenic contraction."

· See: Schagatay E, Andersson JP, Nielsen B. Hematological response and diving response during apnea and apnea with face immersion. *European Journal of Applied Physiology*. 2007;Sep;101(1):125-32

· A study by Bakovi et al from University of Split School of Medicine, Croatia, was conducted to investigate spleen responses resulting from five maximal breath holds. Ten trained breath hold divers, ten untrained volunteers and seven volunteers who had their spleen removed were recruited. The subjects performed five maximum breath holds with their face immersed in cold water, and each breath hold was separated by a two-minute rest. The duration of the breath holds peaked at the third attempt, with breath hold divers reaching 143 seconds, untrained divers reaching 127 seconds and splenectomised persons achieving 74 seconds. Spleen size decreased by a total of 20 percent in both breath hold divers, and the untrained volunteers. Researchers concluded that the "results show rapid, probably active contraction of the spleen in response to breath hold in humans. Rapid spleen contraction and its slow recovery may contribute to prolongation of successive, briefly repeated breath hold attempts."

· See: Darija Baković, Zoran Valic, Davor Eterović, Ivica Vuković, Ante Obad, Ivana Marinović-Terzić, Zeljko Dujić. Spleen volume and blood flow response to repeated breath-hold apneas. *Journal of Applied Physiology*. 2003;(vol. 95 no. 4):1460-1466

· In a paper by Dr Espersen and colleagues from Herlev Hospital, University of Copenhagen, Denmark, splenic contraction was found to take place even with very short breath holds of 30 seconds. However, the strongest contraction of the spleen was as it released blood cells into circulation, occurring when a subject held their breath for as long as possible.

· See: Kurt Espersen, Hans Frandsen, Torben Lorentzen, Inge-Lis Kanstrup,Niels J. Christensen. The human spleen as an erythrocyte reservoir in diving-related interventions . *Journal of Applied Physiology*. 2002;May;92(5):2071-9

· In his doctoral thesis entitled 'Haematological changes arising from spleen contraction during breath hold and altitude in humans', Matt Richardson investigated the role played by higher levels of carbon dioxide.

Eight non-divers performed three sets of breath holds on three separate days under different starting conditions, varying the levels of carbon dioxide available to the subjects before each test. The first test was preceded by the breathing of 5 percent CO_2 in oxygen (hypercapnic), the second with pre-breathing of 100 percent oxygen (normocapnic), and the third with hyperventilation of 100 percent oxygen (hypocapnic).

The duration of each breath hold was kept constant in all three sets, and baseline values of Hb and Hct were the same for all conditions. After the three breath holds, the increase in Hb in the hypercapnic (higher carbon dioxide) trial was 9.1 percent greater than in the normal carbon dioxide trial (normocapnic) and 71.1 percent greater than in the lower carbon dioxide trial (hypocapnic). Richardson concluded that "an increased capnic stimulus during breath hold may elicit a stronger spleen response and subsequent Hb increase than breath hold preceded by hyperventilation."

See: Richardson, Matt X. Hematological changes arising from spleen contraction during apnea and altitude in humans. *Doctoral dissertation*. 2008;(978-91-86073-03-9)

· Dillon W; Hampl V; Shultz P; Rubins J; Archer S. Origins of Breath Nitric Oxide in Humans . *Chest*.1996;110(4):930-938

· M J Joyner. O_2max, blood doping, and erythropoietin . *British Journal Sports Medicine*. 2003;37:190-191

· Lemaître F, Joulia F, Chollet D. Apnea: a new training method in sport?
Med Hypotheses. 2010;Mar;74(3):413-5

· De Bruijn and colleagues from the Department of Natural Sciences, Mid Sweden University, investigated whether subjecting the body to lower oxygen levels by holding the breath could increase EPO concentration. The study involved ten healthy volunteers performing three sets of five maximum duration breath holds, with each set separated by ten minutes of rest.

Results showed that EPO concentration increased by 24 percent, peaking three hours after the final breath hold and returning to baseline two hours later.

See: de Bruijn R, Richardson M, Schagatay E. Increased erythropoietin concentration after repeated apneas in humans. Eur J Appl Physiol 2008;102:609–13. Epub 2007 Dec 19.

· Cahan C, Decker MJ, Arnold JL, Goldwasser E, Strohl KP. Erythropoietin levels with treatment of obstructive sleep apnea. *Journal Applied Physiology*. 1995;Oct;79(4):1278-85

· A study by Winnicki and colleagues from the Medical University of Gdansk, Poland, tested the hypothesis that the repetitive lowering of oxygen levels from breath holds during sleep apnea increase EPO. The study involved 18 severe and 10 very mild patients. Results showed a 20 percent increase to EPO in patients with severe obstructive sleep apnea, which decreased following elimination of the breath holds by treatment.

See: Winnicki M, Shamsuzzaman A, Lanfranchi P, Accurso V, Olson E, Davison D, Somers VK. Erythropoietin and obstructive sleep apnea. *Am J Hypertens*. 2004 ;Sep;17(9):783-6

· LTG GEORGE S. PATTON, JR. *Third Army, Standard Operating Procedures, 1944*.
http://historicaltextarchive.com/sections.php?action=read&artid=384 (accessed 2nd Sep 2014).

· Woorons X, Bourdillon N, Vandewalle H, Lamberto C, Mollard P, Richalet JP, Pichon A.. Exercise with hypoventilation induces lower muscle oxygenation and higher blood lactate concentration: role of hypoxia and hypercapnia. *Eur J Appl Physiol*. 2010 Sep;110(2):367- 77

· Dr Mercola. *Use This to Remove Splinters -- and to Address Many Other Health Needs* .
http://articles.mercola.com/sites/articles/archive/2012/08/27/baking-soda- natural-remedy.aspx (accessed 10th June 2013).

· University of Arizona Cancer Center. *Marty Pagel, PhD, awarded $2 million NIH grant to study impact of baking soda on breast cancer*.

http://azcc.arizona.edu/node/4187 (accessed 10th August 2012).

· J Edge and colleagues at the University of Australia in Perth conducted a study of the effects of bicarbonate of soda on the ability of muscles to neutralise the acid that accumulates during high intensity training. In Edge' s study, 16 recreationally active women were recruited and randomly placed in two groups of eight. One group ingested bicarbonate of soda and the other ingested a placebo.

The results showed that the bicarbonate group experienced greater improvements in lactate threshold and time to fatigue. There working muscles were better able to neutralise the acid resulting from training, showing improvements to endurance performance.

See: Edge J, Bishop D, Goodman C.. Effects of chronic NaHCO3 ingestion during interval training on changes to muscle buffer capacity, metabolism, and short-term endurance performance. *Journal Applied Physiology*. 2006;Sep;101(3):918-25

· In another study at the University of Bedfordshire in the UK, researchers investigated the effects of sodium bicarbonate on maximum breath hold time.

Eight recreational breath hold divers were recruited to partake in two bouts of three monitored breath holds while their faces were immersed in water. Following the study, the authors suggested that ingestion of bicarbonate of soda before breath holds prolongs maximum breath hold time by approximately 8.6 percent.

· See: SHEARD P.W, HAUGHEY H. Sodium bicarbonate and breath-hold times. Effects of sodium bicarbonate on voluntary face immersion breath-hold times. *Undersea Hyperb Med*. 2007 ;Mar-Apr;34(2):91-7

· Researchers from the Academy of Physical Education in Katowice, Poland conducted a study to evaluate the effects of oral administration of sodium bicarbonate on swim performance in competitive youth swimmers. The swimmers completed two time trials; one after ingestion of bicarbonate and one after ingestion of a placebo. Total time for the 4 x 50 m test trial improved from 1.54.28 to 1.52.85 s. In addition, bicarbonate had a significant effect on resting blood pH. Researchers concluded that the ingestion of sodium bicarbonate in youth athletes is an effective buffer during high intensity interval swimming and suggested that such a procedure may be used in youth athletes to increase training intensity and swimming performance in competition at distances from 50 to 200 m.

See: Adam Zajac, Jaroslaw Cholewa, Stanislaw Poprzecki, Zbigniew Waskiewicz, Jozef Langfort. EFFECTS OF SODIUM BICARBONATE INGESTION ON SWIM PERFORMANCE IN YOUTH ATHLETES . *Journal of Sports Science and Medicine* .2009;8:45-50

Siegler and Hirscher from the Department of Sport, Health and Exercise Science, University of Hull, UK, conducted a study to observe 'the ergogenic potential of sodium bicarbonate (NaHCO3) ingestion on boxing performance' . Ten amateur boxers were prematched for weight and boxing ability, and ingested either bicarbonate or a placebo. Sparring bouts consisted of four 3-minute rounds, each separated by a one-minute rest. The paper concluded that a standard dose of bicarbonate 'improves punch efficacy during 4 rounds of sparring performance' .

See: Siegler JC, Hirscher K.. Sodium bicarbonate ingestion and boxing performance. J *Strength Cond Res*. 2010;(Jan;24(1):103-8

· Christopher S.D. Almond, M.D., M.P.H., Andrew Y. Shin, M.D., Elizabeth B. Fortescue, M.D., Rebekah C. Mannix, M.D., David Wypij, Ph.D., Bryce A. Binstadt, M.D., Ph.D., Christine N. Duncan, M.D., David P. Olson, M.D., Ph.D., Ann E. Salerno, M.D., Jane W. Newburger, M.D., M.P.H., David S. Greenes, M.D.. Hyponatremia among Runners in the Boston Marathon. *New England Journal Medicine*. April 14, 2005;352(15):1550-1556

· Stephen Smith, Globe Staff,. *Marathon runner' s death linked to excessive fluid intake*.

http://www.remembercynthia.com/Hyponatremia_BostonGlobe.htm (accessed 2nd Sep 2014).

· wcvb.com. *Marathoner Died From Too Much Water Hyponatremia A Danger In Long-Distance Sports*.

http://www.wcvb.com/Doctors-Marathoner-Died-From- Too-Much-Water/11334548#!bOn5pH (accessed 2nd Sep 2014).

· Bear Grylls. *Facing Up*. 1st ed. Pan Macmillan; 2001. P29
· Maggiorini M. [Mountaineering and altitude sickness]. [Article in German] Ther Umsch. 2001 Jun;58(6):387-93.
· In a dissertation by Dr Gustavo, entitled 'Human adaptation to high altitude and to sea level', the author noted that 'patients with high hematocrit values had nearly twice as long breath holding times as normal and were able to sustain desaturation (of oxygen) at very low levels'.
See: Gustavo Zubieta-Calleja, MD. (dissertation) Human adaptation to high altitude and to sea level acid-base equilibrium, ventilation and circulation in chronic hypoxia. Accessed August 2012
· Gallagher A, Hackett P,. High-altitude illness. *Emergency Medicine Clinics North America* .2004;22:329–355
· Hackett, P H; R C Roach (2001-07-12). "High-altitude illness".
The New England Journal of Medicine 345 (2): 107–114.
· Poulter, Conor M. Burke Edward Moloney, Siobhan O' Sullivan, Thomas Hogan, Leonard
· Airway Dehydration in Asthma? : A Therapeutic Target. *Chest*. 2002; 121:1806-1811

7.Bring the Mountain to You

· Frank Lee. *Breathe right and win*.
http://www.viewzone.com/breathing.html (accessed 15th August 2012).
· Tom Piszkin. *Interview with Luiz De Oliveira*.
Email to: Patrick McKeown. (patrick@buteykoclinic.com) November 2012
· Wikipedia. *Joaquim Cruz*. http://en.wikipedia.org/wiki/Joaquim_Cruz (accessed 20th April 2013).
· FRANK LITSKY. *Emil Zatopek, 78, Ungainly Running Star, Dies*. http://www.nytimes.com/2000/11/23/sports/emil-zatopek-78-ungainly-running-star- dies.html (accessed 2nd Sep 2014).
· Running Junkies. http://www.runningjunkies.com/emil-zatopek/ (accessed 2nd Sep 2014).
· David Vaughan. http://www.radio.cz/en/section/books/running-a-great-czech-athlete- inspires-a-french-novelist (accessed 2nd Sep 2014).
· James Fairbourn.
http://eightlane.org/blog/2013/10/06/farah-confused-making-2-hour- claim-salazar/ (accessed 2nd Sep 2014).
· Sheila Taormina. Email to: Patrick McKeown. (patrick@oxyadvantage.com) 9th Dec 2013
· French researcher Lemaitre found that breath holds could also improve swimming coordination. After breath hold training, swimmers showed increases in VO_2 peak as well as an increase in the distance travelled with each swimming stroke. The researchers concluded that their studies indicated that "breath hold training improves effectiveness at both peak exercise and submaximal exercise and can also improve swimming technique by promoting greater propulsive continuity."
J Strength Cond Res. 2009 Sep;23(6):1909-14. Apnea training effects on swimming coordination. Lemaître F, Seifert L, Polin D, Juge J, Tourny-Chollet C, Chollet D.
· In addition to studying the effects of breath hold training on swimming coordination, Lemaitre and colleagues also investigated the effects of short repeated breath holds on breathing pattern in trained underwater hockey players (UHP) and untrained subjects (controls).
· Twenty male subjects were recruited, with ten members of a national underwater hockey team allocated to the UHP group, and ten subjects with little training and no breath hold

experience allocated to the control group.

· The subjects performed five breath holds while treading water with their faces immersed. The breath holds were spaced five minutes apart and performed after a deep but not maximal inhalation. The underwater hockey players were noted to have reduced breathlessness and higher concentration of CO_2 in exhaled breath after the test ($ETCO_2$).

See: Undersea Hyperb Med. 2007 Nov-Dec;34(6):407-14. Physiological responses to repeated apneas in underwater hockey players and controls. Lemaître F, Polin D, Joulia F, Boutry A, Le Pessot D, Chollet D, Tourny-Chollet C.

· Researchers from the Human Performance Laboratory, University of Calgary, Canada, conducted a study to investigate the relationship between a decrease of oxygen concentration during exercise and erythropoietin (EPO) production.7 Five athletes cycled for three minutes at an intensity greater than maximal (supramaximal) at two different elevations: 1,000m and 2,100m.

Oxygen saturation of hemoglobin was lower than 91 percent for approximately 24 seconds during exercise at 1,000 meters and for 136 seconds during exercise at 2,100 meters, with EPO levels increasing by 24 percent and 36 percent, respectively following the exercise.

See: Roberts D, Smith DJ, Donnelly S, Simard S. Plasma-volume contraction and exercise-induced hypoxaemia modulate erythropoietin production in healthy humans. *Clinical Science*. 2000 ;Jan;98(1):39-45

· Korean researchers Choi et al. carried out a study on 263 subjects to determine the relationship between hematocrit levels and obstructive sleep apnea (involuntary holding of the breath during sleep). Patients with severe sleep apnea had significantly higher levels of hematocrit than mild and moderate OSA. Study findings showed that hematocrit levels were significantly correlated with per cent of time spent at oxygen saturation of below 90 percent, as well as average oxygen saturation. See: Jong Bae Choi, José S. Loredo, Daniel Norman, Paul J. Mills, Sonia Ancoli-Israel, Michael G. Ziegler and Joel E. Dimsdale. Does obstructive sleep apnea increase haematocrit?. *Sleep and Breathing*.2006 ;Sep;10(3)155-60

· Espersen K, Frandsen H, Lorentzen T, et al. The human spleen as an erythrocyte reservoir in diving-related interventions. *J Appl Physiol* 2002 ; 92:2071–9.

· Schagatay E, Haughey H, Reimers J. Speed of spleen volume changes evoked by serial apneas. *Eur J Appl Physiol* 2005 ; 93:447–52.

· French researcher Lematires wrote a very interesting paper entitled 'Apnea - A new training method in sport' in which he noted that resting Hb mass in trained breath hold divers was 5 percent higher than in untrained divers. In addition, breath hold divers showed a larger relative increase to Hb after three apneas. The paper noted that, "the long-term effect of apnea training on Hb mass might be implicated in elite divers' performance."

See: Lemaître F, Joulia F, Chollet D. Apnea: a new training method in sport? *Med Hypotheses*.2010 ; Mar;74(3)413-5

· Matt Richardson investigated the haematological responses to maximal apneas performed by three groups: elite apnoeic divers, elite cross country skiers and untrained subjects. Pre-test hemoglobin tended to be higher in the diver group than both skiers and untrained individuals.

Each subject was required to perform three maximal breath holds separated by two minutes of rest and normal breathing. Following the breath holds, all groups responded with increased hemoglobin, with divers showing the largest increase. The duration of the third breath hold time was 187 seconds in divers, 111 seconds in skiers, and 121 seconds in untrained individuals.

The authors observed that the higher Hb concentration in divers "suggests that regular apnea practice could impart a specific training effect, effecting haematological responses to apnea in a manner that differs from that of exercise training."

See: Richardson M, de Bruijn R, Holmberg HC, Björklund G, Haughey H, Schagatay E. Increase of hemoglobin concentration after maximal apneas in divers, skiers, and untrained humans. *Canadian Journal Applied Physiology*. 2005 ; Jun;30(3)276-81

· Splenic size was measured before and after repetitive breath hold dives to approximately 6 meters in ten Korean ama (diving women) and in three Japanese males who were not experienced in breath holding. Following the breath holds, splenic size and hematocrit were unchanged in the Japanese male divers. In the ama, splenic volume decreased 19.5 percent, hemoglobin increased by 9.5 percent, and hematocrit increased 9.5 percent. The study showed that long-term repeated apneas induce a stronger spleen contraction and resultant hematological response.
· See: Hurford WE, Hong SK, Park YS, Ahn DW, Shiraki K, Mohri M, Zapol WM. Splenic contraction during breath-hold diving in the Korean ama. *Journal Applied Physiology*. 1990;Sep;69(3):932-6
· Andersson and colleagues from Lund University in Sweden conducted a study involving 14 healthy volunteers who performed a series of five maximal duration breath holds while their faces were immersed in water. The authors observed that breath hold time increased by 43 percent across the series of breath holds.
· See: Andersson JP, Schagatay E. Repeated apneas do not affect the hypercapnic ventilatory response in the short-term. *Eur J Appl Physiol*. 2009 Mar;105(4):569-74. Epub 2008 Nov 19.
· French researchers Joulia et al. observed that trained divers who had 7-10 years of experience in breath hold diving were able to hold their breath for up to 440 seconds at rest, compared with inexperienced individuals who held their breath for 145 seconds at most.
See: Joulia F, Steinberg JG, Wolff F, Gavarry O, Jammes Y. Reduced oxidative stress and blood lactic acidosis in trained breath-hold human divers. Respir Physiol Neurobiol. 2002 Oct ;133(1-2):121-30.
· Joulia F, Steinberg JG, Faucher M, Jamin T, Ulmer C, Kipson N, Jammes Y.Breath- hold training of humans reduces oxidative stress and blood acidosis after static and dynamic apnea. Respir Physiol Neurobiol. 2003 Aug 14;137(1):19-27.

∞Finding the Zone

· Geirland, John (1996). "Go With The Flow" . *Wired* magazine, September, Issue 4.09.
· Inner Speed Secrets: Mental Strategies to Maximize Your Racing Performance. Ross Bentley, Ronn Langford. Publisher: Motorbooks; 1st edition (September 22, 2000)
· Kevin Kelly. (kevin@kevinkellyunlimited.com) *ADD Society*.
Email to: Patrick McKeown. (patrick@oxygenadvantage.com) 15th Aug 2013
· BBC. *Turning into digital goldfish*.
http://news.bbc.co.uk/2/hi/1834682.stm (accessed 2nd Sep 2014).
· Bilton N. *Steve Jobs Was a Low-Tech Parent*.
http://www.nytimes.com/2014/09/11/fashion/steve-jobs-apple-was-a-low-tech- parent.html?_r=0 (accessed 24 Jan 2015).
· uk.eurosport.yahoo.com. *Giggsy doing it for himself*.
http://sg.newshub.org/giggsy_doing_it_for_himself_53525.html (accessed 2nd Sep 2014).
· Bob Carter. *Tiger emerges from Woods as golfing icon*.
http://espn.go.com/classic/biography/s/woods_tiger.html (accessed 2nd Sep 2014).
· *THE LEGEND OF BAGGER VANCE*.
https://www.movieguide.org/reviews/the- legend-of-bagger-vance.html (accessed 2nd Sep 2014).

· Isaacson W. *Steve Jobs*. 1st ed. USA. Simon & Schuster; 2011

· Johnson D, Thom N, Stanley E et al. Modifying Resilience Mechanisms in At-Risk Individuals: A Controlled Study of Mindfulness Training in Marines Preparing for Deployment. *The American Journal of Psychiatry*. August 2014;171(8)

· Patrick Hruby. *Marines expanding use of meditation training*.
http://www.washingtontimes.com/news/2012/dec/5/marines-expanding-use-of- meditation-training (accessed 3rd December 2014).

· *Mindfulness Can Literally Change Your Brain*.
https://hbr.org/2015/01/mindfulness- can-literally-change-your-brain (accessed 24th Jan 2015).

· RTE. ROG - *The Ronan O' Gara Documentry*.
http://www.rte.ie/tv/programmes/rog.html (accessed 2nd Sep 2014).

· Researchers have observed that hyperventilation significantly affects mental performance. Bruno Balke and colleagues from the U.S. Air Force School of Aviation at Randolph Field, Texas researched the effect of hyperventilation among jet pilots and whether it was a possible cause of unexplainable aircraft accidents. The objective of the study was to investigate the affect of hyperventilation on muscular activity which required mental processing. Six healthy male individuals were tested on a U.S. Air Force coordination apparatus before, during and after hyperventilation of 30 minutes duration. Lung carbon dioxide decreased to 12–15 mmHg during hyperventilation (normal PaCO2 is 40 mmHg). The researchers found that mental performance deteriorated by 15 percent when the concentration of arterial carbon dioxide reduced to 20 to 25 mm Hg, and by 30 percent when carbon dioxide concentration in arterial blood lowered to 14 mm Hg.
See: Balke Bruno, Lillehei James P. Effect of Hyperventilation on Performance. *Journal of Applied Physiology*. 1956 ;(November 1,vol. 9 no 3):371-374

· Researchers from the Department of Psychology, University of Leuven, Belgium, investigated the effect of reduced carbon dioxide on performance which required attention. The paper reported that hyperventilation that reduces arterial concentration of carbon dioxide is associated with physiological changes in the brain and with subjective symptoms of dizziness and concentration problems. The researchers found that more errors were made and progressively slower reaction times were observed during recovery from lower pressure of carbon dioxide.'
See: Van Diest I, Stegen K, Van de Woestijne KP, Schippers N, Van den Bergh O.. Hyperventilation and attention: effects of hypocapnia on performance in a stroop task. *Biol Psychol*. 2000 ;Jul;53(2-3):233-52

· Ley and colleagues from the Department of Psychology and Statistics at the University at Albany in New York found that students with high anxiety had lower levels of end tidal carbon dioxide and faster respiration frequency than low anxiety students. The study found that 'high-test-anxiety group reported a greater frequency of symptoms of hyperventilation and a larger drop in level of end-tidal CO_2 during testing than low-test-anxiety group'.
See: Ley R, Yelich G. Fractional end-tidal CO_2 as an index of the effects of stress on math performance and verbal memory of test-anxious adolescents. *Biol Psychol*.2006 ; Mar;71(3):350-1

· Kim EJ, Choi JH, Kim KW, Kim TH, Lee SH, Lee HM, Shin C, Lee KY, Lee SH. *The impacts of open-mouth breathing on upper airway space in obstructive sleep apnea: 3-D MDCT analysis*.Eur Arch Otorhinolaryngol. 2010 Oct 19.

· Kreivi HR, Virkkula P, Lehto J, Brander P. *Frequency of upper airway symptoms before and during continuous positive airway pressure treatment in patients with obstructive sleep apnea syndrome*. Respiration. 2010;80(6):488-94.

· Ohki M, Usui N, Kanazawa H, Hara I, Kawano K. *Relationship between oral breathing and nasal obstruction in patients with obstructive sleep apnea*. Acta Otolaryngol Suppl.

1996;523:228-30.

· Lee SH, Choi JH, Shin C, Lee HM, Kwon SY, Lee SH. *How does open-mouth breathing influence upper airway anatomy*? Laryngoscope. 2007 Jun;117(6):1102-6.

· Scharf MB, Cohen AP *Diagnostic and treatment implications of nasal obstruction in snoring and obstructive sleep apnea*. Ann Allergy Asthma Immunol. 1998 Oct;81(4):279-87; quiz 287-90.

· Wasilewska J, Kaczmarski M *Obstructive sleep apnea-hypopnea syndrome in children* [*Article in Polish*] Wiad Lek. 2010;63(3):201-12.

· Rappai M, Collop N, Kemp S, deShazo R. *The nose and sleep-disordered breathing: what we know and what we do not know*. Chest. 2003 Dec;124(6):2309-23.

· Izu SC, Itamoto CH, Pradella-Hallinan M, Pizarro GU, Tufik S, Pignatari S, Fujita RR. *Obstructive sleep apnea syndrome (OSAS) in mouth breathing children*. [*Article in English, Portuguese*] Braz J Otorhinolaryngol. 2010 Oct;76(5):552-6.

9.**Rapid Weight Loss Without Dieting**

· Tia Ghose. *Altitude Causes Weight Loss Without Exercise*. http://www.wired.com/wiredscience/2010/02/high-altitude-weight-loss/ (accessed 1st August 2013).

· Wasse LK, Sunderland C, King JA, Batterham RL, Stensel DJ. Influence of rest and exercise at a simulated altitude of 4,000 m on appetite, energy intake, and plasma concentrations of acylated ghrelin and peptide YY. *J Appl Physiol*. 2012 Feb;112(4):552-9.

· Kayser B, Verges S.. Hypoxia, energy balance and obesity: from pathophysiological mechanisms to new treatment strategies. *Obesity Review*.2013 Jul;14(7):579-92

· Lippl FJ, Neubauer S, Schipfer S, Lichter N, Tufman A, Otto B, Fischer R. Hypobaric hypoxia causes body weight reduction in obese subjects. *Obesity (Silver Spring)*.2010 Apr;18(4):675-81

· Westerterp-Plantenga MS, Westerterp KR, Rubbens M, Verwegen CR, Richelet JP, Gardette B. Appetite at "high altitude" [Operation Everest III (Comex-'97)]: a simulated ascent of Mount Everest. *J Appl Physiol*.1999 Jul;87(1):391-9

· Pugh, L. G. C. E. Physiological and medical aspects of the Himalayan Scientific and Mountaineering Expedition, 1960–61. Br Med. J. 2: 621–627, 1962.

· Rose, M. S., C. S. Houston, C. S. Fulco, G. Coates, J. R. Sutton, and A. Cymerman. Operation Everest II: nutrition and body composition. *J. Appl. Physiol*. 65: 2545– 2551, 1988.

· Ling Q, Sailan W, Ran J, Zhi S, Cen L, Yang X, Xiaoqun Q. The effect of intermittent hypoxia on bodyweight, serum glucose and cholesterol in obesity mice. *Pak J Biol Sci*.2008 Mar 15;11(6):869-75

· Qin L, Xiang Y, Song Z, Jing R, Hu C, Howard ST. Erythropoietin as a possible mechanism for the effects of intermittent hypoxia on bodyweight, serum glucose and leptin in mice. *Regulatory Peptides*.2010 Dec 10;165(2-3):168-73

· Dr Joseph Mercola. *Do Shorter, Higher Intensity Workouts for Better Results with the Peak 8 Fitness Interval Training Chart* . http://fitness.mercola.com/sites/fitness/Peak- 8-fitness-interval-training-chart.aspx (accessed 1st August 2013).

· Mayo Clinic. *Rev up your workout with interval training Interval training can help you get the most out of your workout*. http://www.mayoclinic.com/health/interval- training/SM00110 (accessed 1st August 2013).

· D. M. Ng and R. W. Jeffery, "Relationships between perceived stress and health behaviors in a sample of working adults," Health Psychology, vol. 22, no. 6, pp. 638– 642, 2003.

· E. Epel, R. Lapidus, B. McEwen, and K. Brownell, "Stress may add bite to appetite in women: a laboratory study of stress-induced cortisol and eating behavior," Psychoneuroendocrinology, vol. 26, no. 1, pp. 37–49, 2001.

· G. Oliver, J. Wardle, and E. L. Gibson, "Stress and food choice: a laboratory study," Psychosomatic Medicine, vol. 62, no. 6, pp. 853–865, 2000.
· N. E. Grunberg and R. O. Straub, "The role of gender and taste class in the effects of stress on eating," Health Psychology, vol. 11, no. 2, pp. 97–100, 1992.
· Christine Wheeler. *Eliminate Emotional Overeating and Shed Unwanted Pounds* . http://articles.mercola.com/sites/articles/archive/2006/05/20/eliminate-emotional- overeating-and-shed-unwanted-pounds.aspx (accessed 1st August 2013).
· K. Tapper, C. Shaw, J. Ilsley, A. J. Hill, F. W. Bond, and L. Moore, "Exploratory randomised controlled trial of a mindfulness-based weight loss intervention for women," Appetite, vol. 52, no. 2, pp. 396–404, 2009.
· N. S. Hepworth, "A mindful eating group as an adjunct to individual treatment for eating disorders: a pilot study," Eating Disorders, vol. 19, no. 1, pp. 6–16, 2011.
· J. L. Kristeller and C. B. Hallett, "An exploratory study of a meditation-based intervention for binge eating disorder," Journal of Health Psychology, vol. 4, no. 3, pp. 357–363, 1999.
· J. Dalen, B. W. Smith, B. M. Shelley, A. L. Sloan, L. Leahigh, and D. Begay, "Pilot study: Mindful Eating and Living (MEAL): weight, eating behavior, and psychological outcomes associated with a mindfulness-based intervention for people with obesity," Complementary Therapies in Medicine, vol. 18, no. 6, pp. 260–264, 2010.
· R. R. Wing and S. Phelan, "Long-term weight loss maintenance," The American Journal of Clinical Nutrition, vol. 82, no. 1, pp. 222S–225S, 2005.

10. **Reduce Physical Injury and Fatigue**

· Oxford University Press (OUP). *ScienceDaily: Your source for the latest research news Featured Research from universities, journals, and other organizations Famous performers and sportsmen tend to have shorter lives*. http://www.sciencedaily.com/releases/2013/04/130417223631.htm (accessed 2nd Sep 2014).
· Gruber J, Schaffer S, Halliwell B.. The mitochondrial free radical theory of ageing-- where do we stand?. *Frontiers in Bioscience*.2008;(13):6554-79
· Missouri Medicine. *Cardiovascular damage resulting from chronic excessive endurance exercise*. 2012;109(4):312-21
· Bennett S, Grant MM, Aldred S. *J Alzheimers Dis*.2009;17(2):245-57
· Devasagayam TP, Tilak JC, Boloor KK, Sane KS, Ghaskadbi SS, Lele RD. Free radicals and antioxidants in human health: current status and future prospects. *J Assoc Physicians India*. 2004;(Oct;52):794-804
· Urso ML, Clarkson PM. Oxidative stress, exercise, and antioxidant supplementation. *Toxicology*. 2003;Jul 15;189(1-2):41-54
· Powers SK, Jackson MJ. Exercise-induced oxidative stress: cellular mechanisms and impact on muscle force production. *Physiological Reviews*. 2008;Oct;88(4):1243-76
· Finaud J, Lac G, Filaire E.. Oxidative stress: relationship with exercise and training. *Sports Medicine*. 2006;36(4):327-58
· Powers SK, Nelson WB, Hudson MB. Exercise-induced oxidative stress in humans: cause and consequences. *Free Radic Biol Med*. 2011;Sep 1;51(5):942-50
· Kanter M. Free radicals, exercise and antioxidant supplementation. *The Proceedings of the Nutrition Society*. 1998 Feb;57(1):9-13
· A study by Jackson from the Department of Medicine in the University of Liverpool noted that 30 minutes of excessive muscular activity in rats resulted in increased free radical activity. The researchers suggested that this phenomenon might play a role in causing muscle damage.
See: Jackson MJ.. Reactive oxygen species and redox-regulation of skeletal muscle adaptations to exercise. *Philos Trans R Soc Lond B Biol Sci*. 2005 ;Dec 29;360(1464):2285-91
· Machefer G, Groussard C, Rannou-Bekono F, Zouhal H, Faure H, Vincent S, Cillard J, Gratas-Delamarche A. Extreme running competition decreases blood antioxidant defense capacity. *Journal American College Nutrition*. 2004;Aug;23(4):358-64

· Researchers at the Department of Medicine at the University of Helsinki in Finland conducted a study to determine the effects of physical training on free radical production. Nine fit male subjects were studied before and after three months of running and were found to have significantly decreased levels of all circulating antioxidants except for ascorbate during training. The conclusion reached was that "relatively intense aerobic training decreases circulating antioxidant concentrations".

See: Bergholm R, Mäkimattila S, Valkonen M, Liu ML, Lahdenperä S, Taskinen MR, Sovijärvi A, Malmberg P, Yki-Järvinen H. Intense physical training decreases circulating antioxidants and endothelium-dependent vasodilatation in vivo. *Atherosclerosis*. 1999 Aug;145(2):341-9

· Clarkson PM. Antioxidants and physical performance. *Critical Reviews of Food Science and Nutrition*.1995 Jan;35(1-2):131-41

· Clarkson PM, Thompson HS. Antioxidants: what role do they play in physical activity and health? *American Journal Clinical Nutrition*. 2000 Aug;72(2 Suppl):637S-46S

· Urso ML, Clarkson PM. Oxidative stress, exercise, and antioxidant supplementation. *Toxicology*. 2003 Jul 15;189(1-2):41-54

· Sacheck JM, Blumberg JB.. Role of vitamin E and oxidative stress in exercise.
Nutrition. 2001 Oct;17(10):809-14

· A paper published in the Journal of Respiratory Physiology and Neurobiology, reported on a three-month breath hold program which was superimposed onto the regular training of triathletes. The researchers found that incorporating breath holding into physical exercise; "blood acidosis was reduced and the oxidative stress no more occurred". The paper concluded that, "these results suggest that the practice of breath- holding improves the tolerance to hypoxemia (inadequate level of oxygen in the blood) independently from any genetic factor".

See: Fabrice Joulia, Jean Guillaume Steinberga, Marion Fauchera, Thibault Jaminc, Christophe Ulmera, Nathalie Kipsona, Yves Jammes. Breath-hold training of humans reduces oxidative stress and blood acidosis after static and dynamic apnea. *Respir Physiol Neurobiol*. 2003 ;Aug 14;137(1):19-27

· This study tested whether repeated breath holds by elite breath hold divers to reduce oxygen pressure in the blood could result in reduced blood acidosis and oxidative stress. Trained divers with seven to ten years of experience in breath hold diving, and with an ability to hold their breath for up to 440 seconds during rest, were compared with a second group of non divers who had at most a 145 second breath hold time.

Both groups performed a breath hold during rest, followed by two minutes of forearm exercises during which the diver group performed a breath hold and the second group breathed as normal. Interestingly, the group who breathed as normal showed an increase in blood lactic acid concentration, and oxidative stress. In the diver group, the changes in both lactic acid and oxidative stress were markedly reduced after both breath holds and exercise. The paper concluded that, humans who are involved in a long term training program of breath hold diving have reduced blood acidosis and oxidative stress following breath holds and exercise.

See: Joulia F, Steinberg JG, Wolff F, Gavarry O, Jammes Y. Reduced oxidative stress and blood lactic acidosis in trained breath-hold human divers. *Respir Physiol Neurobiol*. 2002 ;Oct 23;133(1-2):121-30

· For those of you who might be concerned that reducing the effects of free radicals only relates to elite breath hold divers, let me resolve your fears with the results of one final study. A 2008 paper published in the journal '*Medicine & Science in Sports & Exercise*' investigated the effects of breath holding on oxidative stress using two groups of people; a group of trained divers and a group of people with no diving experience at all. Results showed significant improvements in antioxidant activity across both groups, with little difference between the divers and non-divers.

See: Bulmer, Andrew C., Coombes, Jeff S., Sharman, James E., Stewart, Ian B. Effects of Maximal Static Apnea on Antioxidant Defenses in Trained Free Divers. *Medicine & Science in Sports & Exercise*. 2008;40(7):1307-1313

· Fisher-Wellman K, Bloomer RJ.. Acute exercise and oxidative stress: a 30 year history. *Dynamic Medicine*. 2009 ;8:1

· Radak Z1, Chung HY, Goto S.. Systemic adaptation to oxidative challenge induced by regular exercise. *Free Radical Biology Medicine.* 2008 Jan 15;44(2):153-9
· Campbell PT1, Gross MD, Potter JD, Schmitz KH, Duggan C, McTiernan A, Ulrich CM.. Effect of exercise on oxidative stress: a 12-month randomized, controlled trial., *Med Sci Sports Exerc*. 2010 Aug;42(8):1448-53
· Majerczak J1, Rychlik B, Grzelak A, Grzmil P, Karasinski J, Pierzchalski P, Pulaski L, Bartosz G, Zoladz JA.. Effect of 5-week moderate intensity endurance training on the oxidative stress, muscle specific uncoupling protein (UCP_3) and superoxide dismutase (SOD_2) contents in vastus lateralis of young, healthy men. *J Physiol Pharmacol*. .2010;6:61
· Finaud J, Lac G, Filaire E. Oxidative Stress Relationship with Exercise and Training. *Sports Med* . 2006;36 (4):327-358
· Shing CM1, Peake JM, Ahern SM, Strobel NA, Wilson G, Jenkins DG, Coombes JS.. The effect of consecutive days of exercise on markers of oxidative stress. *Appl Physiol Nutr Metab*. 2007 Aug; 32(4)
· Free Radic Biol Med. *Moderate exercise is an antioxidant: upregulation of antioxidant genes by training*. 2008 Jan 15;44(2):126-31
· Buffenstein R.. Negligible senescence in the longest living rodent, the naked mole-rat: insights from a successfully aging species. *J Comp Physiol B*. 2008 May;178(4):439-45
· Akshat Rathi. *Cancer immunity of strange underground rat revealed* . http://theconversation.com/cancer-immunity-of-strange-underground-rat-revealed- 15358 (accessed 2nd Sep 2014).
· Veselá A, Wilhelm J. The role of carbon dioxide in free radical reactions of the organism. *Physiological Research*. 2002;51(4):335-9
· Researchers in the US investigated the effects of detraining in collegiate competitive swimmers who commonly take a month off from training following a major competition. The study measured aerobic fitness, resting metabolism, mood state, and blood lipids in each swimmer during two tests: one in a trained state, and another after a resting period of five weeks. The results of the second test clearly showed an increase of body weight, fat mass and waist circumference, and a decrease of VO_2 peak. The authors suggested, therefore, that coaches and athletes ought to be aware of the negative consequences of de-training from swimming. See: Ormsbee MJ, Arciero PJ. Detraining Increases Body Fat and Weight and Decreases VO_2 peak and Metabolic Rate. *J Strength Cond* 2012 Aug;26(8):2087-95.Koutedakis Y. Seasonal variation in fitness parameters in competitive athletes. *Sports Medicine*.1995;Jun;19(6):373-92.A study of senior rugby league players found that a period of six weeks of inactivity produced a significant decrease in VO_2 max
See: Allen, G. D. Physiological and metabolic changes with six weeks detraining. *Australian Journal of Science and Medicine in Sport* (*AJSMS*). 1989;21(1): 4 - 9
· RJ Godfrey, SA Ingham, CR Pedlar, GP Whyte. The detraining and retraining of an elite rower: a case study. *Journal of Science and Medicine in Sport*. 2005;8(3):314– 320
· Mujika, Iñigo; Padilla, Sabino. Detraining: Loss of Training-Induced Physiological and Performance Adaptations. Part II: Long Term Insufficient Training Stimulus. *Sports Medicine* .2000;Volume 30(3):pp 145-154
· Toumi H, Best T. The inflammatory response: friend or enemy for muscle injury?. *Br J Sports Med*. Aug 2003;37(4):pp 284-286

二Improve Oxygenation of Your Heart

· Alan S. Go, et al. AHA Statistical Update Heart Disease and Stroke Statistics—2014 Update. A Report From the American Heart Association . *Circulation*. 2014;(129):e28-e292
· Nils Ringertz. *Alfred Nobel ' s Health and His Interest in Medicine*. http://www.nobelprize.org/alfred_nobel/biographical/articles/ringertz/ (accessed 2nd Sep 2014).
· NobelPrize.org. *The Nobel Prize in Physiology or Medicine 1998*. http://www.nobelprize.org/nobel_prizes/medicine/laureates/1998/ (accessed 2nd Sep 2014).
· Chang H R. *Nitric Oxide, the Mighty Molecule: Its Benefits for Your Health and Well- Being*. 1st ed. United States. ; 2011
· Dr Louis Ignarro Interview. *Dr Louis Ignarro Interview*. http://www.youtube.com/watch?v=FsA04n2k6xY (accessed 2nd Sep 2014).
· Dr Louis Ignarro Interview. *Dr Louis Ignarro on Nitric Oxide 2* . http://www.youtube.com/watch?v=B4KHlP8Bttw (accessed 2nd Sep 2014).

· Ignarro L. *NO More Heart Disease: How Nitric Oxide Can Prevent--Even Reverse-- Heart Disease and Strokes*. 1st ed. United States. St. Martin' s Griffin; Reprint edition; 2006
· Lundberga Jon, Weitzbergb E. Nasal nitric oxide in man. *Thorax* .1999;(54):947-952
· NBC News. *Breathe deep to lower blood pressure, doc says*. http://www.nbcnews.com/id/14122841/ns/health-heart_health/t/breathe-deep-lower- blood-pressure-doc-says/ (accessed 2nd Sep 2014).
· Mourya M1, Mahajan AS, Singh NP, Jain AK. Effect of slow- and fast-breathing exercises on autonomic functions in patients with essential hypertension. *J Altern Complement Med*. 2009 Jul;15(7):711-7
· Pramanik T1, Sharma HO, Mishra S, Mishra A, Prajapati R, Singh S. Immediate effect of slow pace bhastrika pranayama on blood pressure and heart rate.. *J Altern Complement Med*. 2009 Mar;15(3):293-5
· Goto C, Higashi Y, Kimura M, Noma K, Hara K, Nakagawa K, Kawamura M, Chayama K, Yoshizumi M, Nara I.. Effect of different intensities of exercise on endothelium-dependent vasodilation in humans: role of endothelium-dependent nitric oxide and oxidative stress. *Circulation*. 2003 Aug 5;108(5):530-5
· University of Exeter. (2009, August 7). *Beetroot Juice Boosts Stamina, New Study Shows*. http://www.sciencedaily.com/releases/2009/08/090806141520.htm (accessed 2nd Sep 2014).
· DR. HENDERSON, 70, PHYSIOLOGIST, DIES; Director of Yale Laboratory, I . *New York Times*. February 20, 1944;Expert on Gases, Devised I "Methods of Revival
· Henderson Y. Acapnia and shock- 1.Carbon Dioxide as a factor in the regulation of the heart rate. *AJP - Legacy Content*. February 1, 1908;21 no. 1:126-156
· Lum LC. Hyperventilation: the tip and the iceberg. *J Psychosom Res*. 1975;19(5- 6):375-83
· Rutherford, J.J. Clutton-Brock1, T.H. Parkes, M.J. 2005 Hypcapnia reduces the T wave of the electrocardiogram in normal human subjects. *Am J Physiol Regul Integr Comp Physiol* July 289:R148-R155;
· Hashimoto K, Okazaki K, Okutsu Y. 1990 Apr;39(4):437-41.The effect of hypocapnia and hypercapnia on myocardial oxygen tension in hemorrhaged dogs. *Masui*
· Kazmaier, S. Weyland, A. Buhre, W. et al. 1998 Effects of respiratory alkalosis and acidosis on myocardial blood flow and metabolism in patients with coronary artery disease. *Anesthesiology* 89:831-7.
· Neill, W.A. Hattenhauer, M. 1975 Impairment of myocardial O2 supply due to hyperventilation. *Circulation*. Nov;52(5):854-8.
· The Cormac Trust. http://www.thecormactrust.com (accessed 12th December 2012).
· Dr Domenico Corrado from the department of Cardiac, Thoracic and Vascular sciences at the University of Padvoa, Italy, presented to the 2009 European Society of Cardiology congress in Barcelona. The title of his presentation was "Electrical repolarization changes in young athletes: what is abnormal?"

Dr Corrado recognised that ECG changes in athletes are common and usually reflect remodelling of the heart as an adaptation to regular physical training. However, although an abnormal ECG reading of T-wave inversion is rarely observed in healthy athletes, it was found to be a potential expression of an underlying heart disease, presenting a risk of sudden death from cardiac arrest during sport.

See: Corrado D. *Electrical repolarization changes in young athletes: what is abnormal*? http://spo.escardio.org/eslides/view.aspx?eevtid=33&id=2616 (accessed 15th April 2013).
· In a 2008 paper published in the New England Journal of Medicine, researchers examined a database of 12,550 trained athletes. From this, a total of 81 athletes who had no apparent cardiac disease were identified as having ECG abnormalities of deeply inverted T waves. Of the 81 athletes with abnormal ECGs, one died suddenly at the age of 24 years from cardiac failure. Of the eighty surviving athletes, three developed heart disease at the ages of 27, 32, and 50, including one who had an aborted cardiac arrest. The researchers concluded that markedly abnormal ECGs in young and apparently healthy athletes may represent the initial expression of underlying cardiac disease, and that athletes

with such ECG patterns merit continued clinical surveillance.

· See: Antonio Pelliccia, M.D., Fernando M. Di Paolo, M.D., Filippo M. Quattrini, M.D., Cristina Basso, M.D., Franco Culasso, Ph.D., Gloria Popoli, M.D., Rosanna De Luca, M.D., Antonio Spataro, M.D., Alessandro Biffi, M.D., Gaetano Thiene, M.D., and Barry J. Maron, M.D. Outcomes in Athletes with Marked ECG Repolarization Abnormalities. *New England Journal of Medicine*. January 10, 2008; (358):152-161

· Jari and colleagues from the University of Kuopio, Finland investigated the association between ST-depression and the risk of sudden cardiac death in a population-based sample of 1,769 men. During the 18 years of follow up, a total of 72 deaths occurred due to sudden cardiac death in those found with asymptomatic ST- segment depression. The risk of sudden cardiac death was found to have increased among men with asymptomatic ST-segment depression during exercise and during the recovery period. It was noted "asymptomatic ST-segment depression was a very strong predictor of sudden cardiac death in men with any conventional risk factor but no previously diagnosed coronary heart disease."

See: Jari A. Laukkanen, Timo H. Mäkikallio, Rainer Rauramaa, Sudhir Kurl. (2009) Asymptomatic ST-segment depression during exercise testing and the risk of sudden cardiac death in middle-aged men: a population-based follow-up study. *Eur Heart J (2009) 30 (5)*: 558-565.

· Jameson, J. N. et al 2005.ISBN 0-07-140235-7 *Harrison's principles of internal medicine. New York: McGraw-Hill Medical Publishing Division.*

· *Thompson P. D. Lead Article Exercise and the heart: the Good, the Bad, and the Ugly- 141 Dialogues in Cardiovascular Medicine - Vol 7 .No. 3 .2002*

· Kligfield P, Lauer M, Exercise Electrocardiogram Testing *Beyond the ST Segment*. *Circulation*. 2006; 114: 2070-2082

· Alexopoulos D, Christodoulou J, Toulgaridis T, Sitafidis G, Manias O, Hahalis G, Vagenakis AG. Repolarization abnormalities with prolonged hyperventilation in apparently healthy subjects: incidence, mechanisms and affecting factors. Eur Heart J. 1996 Sep;17(9):1432-7.

· Royal College of Physicians. *Laurence Claude Lum*. http://munksroll.rcplondon.ac.uk/Biography/Details/6079 (accessed 2nd Sep 2014).

· Chelmowski, M.K, Keelan, M.H Jr. 1988 Hyperventilation and myocardial infarction. *Chest*. May;93(5): 1095-6.

· Elborn, J.S. Riley, M. Stanford, C.F and Nicholls, D.P. 1990 The effects of flosequinan on submaximal exercise in patients with chronic cardiac failure. *British Journal Clinical Pharmacology*. May; 29(5): p.519-524.

· Buller, N.P. Poole-Wilson, P.A. 1990; Mechanism of the increased ventilatory response to exercise in patients with chronic heart failure. *Heart*. 63; p.281-283.

· The authors observed that patients with breathing problems had reduced arterial carbon dioxide and increased breathing volume per minute. Furthermore, patients with problem breathing had greater impaired cardiac function.

See: Fanfulla, F. M. et al. . The development of hyperventilation in patients with chronic heart failure and Cheyne-Stokes respiration. *Chest*.1998;(114):1083-1090

· Vasiliauskas D, Jasiukeviciene L. 2004. Impact of a correct breathing stereotype on pulmonary minute ventilation, blood gases and acid-base balance in post-myocardial infarction patients. *European Journal of Cardiovascular Prevention and Rehabilitation*. Jun;11(3):223-7.

· Patients who practiced breathing exercises for reversing chronic hyperventilation evidenced significantly higher carbon dioxide levels and lower respiratory rates when compared with pre-treatment levels measured three years earlier. The authors concluded, "breathing retraining has lasting effects on respiratory physiology, and is highly correlated with a reduction in reported functional cardiac symptoms."

See: Deguire, S. Gervirtz, R. Kawahara, Maguire Y, 1992 Hyperventilation syndrome and the assessment of treatment for functional cardiac symptoms. *American Journal of Cardiology*. Sep 1;70(6):673-7.

· Researchers from the Division of Cardiology, Kumamoto University School of Medicine, Japan investigated the hyperventilation test as a clinical tool to induce coronary artery spasm (narrowing of blood vessels to the heart). The study involved 206 patients with coronary spasm and 183 patients without angina at rest (non- spasm). Each patient performed hyperventilation for six minutes. Of the spasm group, 127 showed positive responses to the test, including electrocardiographic changes attributable to reduced blood flow. No one in the non-spasm group showed any ischemia (narrowing of blood flow). When clinical characteristics were compared; high disease activity and severe arrhythmias were significantly higher in the hyperventilation test positive patients than in the negative patients (69 percent vs. 20 percent). The authors concluded that "hyperventilation is a highly specific test for the diagnosis of coronary artery spasm, and that hyperventilation test-positive patients are likely to have life-threatening arrhythmias during attacks." The paper also documented a study investigating ventilation per minute and survival rate during cardiac arrest in pigs. Three groups of seven pigs were treated with 12 breaths, 30 breaths and 30 breaths plus carbon dioxide per minute. Survival rates in the groups were as follows: six out of seven pigs treated with 12 breaths per minute, one out of seven treated with 30 breaths per minute and one out of seven pigs treated with 30 breaths per minute plus carbon dioxide.

- See: Nakao, K.et al 1997 Hyperventilation as a specific test for diagnosis of coronary artery spasm. *American Journal Cardiology* Sep 1;80(5):545-9
- In the aptly titled paper, *Death by Hyperventilation: A Common and Life-Threatening Problem During Cardiopulmonary Resuscitation*, researchers tested the hypothesis that excessive ventilation rates during the performance of CPR by overzealous but well-trained rescue personnel increases the likelihood of death. The paper investigated 13 adult deaths where manual CPR with an average of 30 breaths per minute was administered to patients. The authors commented that "despite seemingly adequate training, professional rescuers consistently hyperventilated patients during out-of- hospital CPR," and that "additional education of CPR providers is urgently needed to reduce these newly identified and deadly consequences of hyperventilation during CPR."
- See: Aufderheide, T.P. Lurie, K.G. 2004 Death by hyperventilation: a common and life-threatening problem during cardiopulmonary resuscitation. *Critical Care Medicine*. Sep;32(9 Suppl):S345-51.
- In a paper entitled 'Do we Hyperventilate Cardiac Arrest Patients?' published in the journal Resuscitation in 2007, researchers studied data from 12 patients who had received manual ventilation by a self-inflating bag in the emergency department of a UK hospital. Results showed that the number of manual breaths administered to the patients varied from 9 to 41 per minute, with an average of 26. The corresponding average volume of air per minute was 13 litres. The researchers noted that while guidelines on the number of breaths to administer during CPR are well known, "it would appear that in practice they are not being observed."
  See: O' Neill J.F. Deakin, C.D. 2007 Apr;73(1):82-5. Epub 2007 Feb 7. Do we hyperventilate cardiac arrest patients? Resuscitation.

12. Eliminate Exercise-Induced Asthma

- Rundell KW, Im J, Mayers LB, Wilber RL, Szmedra L, Schmitz HR. Self-reported symptoms and exercise-induced asthma in the elite athlete. *Med Sci Sports Exerc*. 2001 Feb;33(2):208-13
- Sidiropoulou MP, Kokaridas DG, Giagazoglou PF, Karadonas MI, Fotiadou EG. Incidence of exercise-induced asthma in adolescent athletes under different training and environmental conditions. *J Strength Cond Res*. 2012 Jun;26(6):1644-50
- Zinatulin S.N. *HEALTHY BREATHING: Advanced Techniques*. 1st ed. Dinamika Publishing House; 2003
- McArdle William, Katch Frank L, Katch Victor L. Pulmonary structure and function. In: (eds.) Exercise Physiology: Nutrition, Energy, and Human Performance . 1st ed. United States: Lippincott Williams & Wilkins; Seventh, North American Edition edition ; (November 13, 2009). p263
- Johnson BD, Scanlon PD, Beck KC, Regulation of ventilatory capacity during exercise in asthmatics, *J Appl Physiol*. 1995 Sep; 79(3): 892-901.
- Chalupa DC, Morrow PE, Oberdörster G, Utell MJ, Frampton MW, Ultrafine particle deposition in subjects with asthma Environmental Health Perspectives 2004 Jun; 112(8):

p.879-882.
· Bowler SD, Green A, Mitchell CA, Buteyko breathing techniques in asthma: a blinded randomised controlled trial. Med J of Australia 1998; 169: 575-578.
· GINA. *GINA Report, Global Strategy for Asthma Management and Prevention*. http://www.ginasthma.org/guidelines-gina-report-global-strategy-for-asthma.html (accessed 27 December 2012). Page 74
· McHugh P, Aitcheson F, Duncan B, Houghton F.. Buteyko Breathing Technique for asthma: an effective intervention. *The New Zealand Medical Journal*.2003 Dec 12;116(1187)
· Cowie RL, Conley DP, Underwood MF, Reader PG.. A randomised controlled trial of the Buteyko technique as an adjunct to conventional management of asthma. *Respiratory Medicine*. 2008 May;102(5);726-32
· Hallani M, Wheatley JR, Amis TC. Initiating oral breathing in response to nasal loading: asthmatics versus healthy subjects. *European Respiratory Journal*. 2008;Apr;31(4):800-6
· A paper published in the medical Journal Chest which noted that "asthmatics may have an increased tendency to switch to oral (mouth) breathing, a factor that may contribute to the pathogenesis of their asthma."
See: Kairaitis K, Garlick SR, Wheatley JR, Amis TC. Route of breathing in patients with asthma. *Chest*.1999;Dec;116(6):1646-52
· Fried R. In: (eds.)Hyperventilation Syndrome: Research and Clinical Treatment (Johns Hopkins Series in Contemporary Medicine and Public Health). 1st ed. : The Johns Hopkins University Press ; December 1, 1986.
· Djupesland PG, Chatkin JM, Qian W, Haight JS. Nitric oxide in the nasal airway: a new dimension in otorhinolaryngology. *Am J Otolaryngol*. 2001 Jan-Feb;22(1):19- 32
· Scadding G. Nitric oxide in the airways. *Curr Opin Otolaryngol Head Neck Surg*. 2007 Aug;15(4):258-63
· Vural C, Güngör A. [Nitric oxide and the upper airways: recent discoveries]. *Tidsskr Nor Laegeforen*. 2003 Jan;10(1):39-44
· Hallani M, Wheatley JR, Amis TC. Enforced mouth breathing decreases lung function in mild asthmatics. *6) Respirology*. 2008;Jun;13(4):553-8
· Shturman-Ellstein R, Zeballos RJ, Buckley JM, Souhrada JF. The beneficial effect of nasal breathing on exercise-induced bronchoconstriction. *American Review Respiratory Disease*. 1978; Jul;118(1):65-73
· Researchers studied the effects of nasal breathing and oral breathing on exercise- induced asthma. Fifteen people were recruited for the study and asked to breathe only through their nose. The study found that 'the post-exercise bronchoconstrictive response was markedly reduced as compared with the response obtained by oral (mouth) breathing during exercise, indicating a beneficial effect of nasal breathing'.
See: Mangla PK, Menon MP. Effect of nasal and oral breathing on exercise-induced asthma. *Clin Allergy*.1981;Sep;11(5):433-9
· In the words of respiratory consultant Dr Peter Donnelly, which were published in the medical journal The Lancet, 'In most land based forms of exercise, patterns of breathing are not constrained, ventilation increases proportionately throughout exercise and end tidal CO2 tensions are either normal or low. Therefore, there is no hypercapnic (increased carbon dioxide) stimulus for bronchodilation (airway opening) and asthmatics have no protection'.
· See: Donnelly Peter M. Exercise induced asthma: the protective role of Co2 during swimming. *The Lancet*.1991;Jan 19;337(8734):179-80
· Uyan ZS, Carraro S, Piacentini G, Baraldi E. Swimming pool, respiratory health, and childhood asthma: should we change our beliefs? *Pediatr Pulmonol*. 2009 ;Jan;44(1):31-7
· Fjellbirkeland L, Gulsvik A, Walløe A . Swimming-induced asthma. *Tidsskr Nor Laegeforen*. 1995 Jun 30;115(17):2051-3
· Bernard A, Carbonnelle S, Michel O, et al . Lung hyperpermeability and asthma prevalence in schoolchildren: unexpected associations with the attendance at indoor chlorinated swimming pools. *Occup Environ Med* .June 2003;60 (6):385–94
· Nickmilder M, Bernard A.. Ecological association between childhood asthma and availability of indoor chlorinated swimming pools in Europe. *Occup Environ Med*. 2007

Jan;64(1):37-46

13. **Athletic Endeavor – Nature or Nurture?**

- Charlie Cooper. *Friday 26 October 2012*. http://www.independent.co.uk/sport/racing/the-stud-why-retirement-will-be-a- fulltime-job-for-frankel-8228820.html (accessed 10th June 2013).
- Cunningham, E. P., Dooley, J. J., Splan, R. K. & Bradley, D. G. Microsatellite diversity, pedigree relatedness and the contributions of founder lineages to thoroughbred horses. *Animal Genetics* 32, 360 - 364 (2001)
- Abreu RR1, Rocha RL, Lamounier JA, Guerra AF. Prevalence of mouth breathing among children. *J Pediatr* (*Rio J*).2008 Sep-Oct;84(5):467-70.
- Tourne. *The long face syndrome and impairment of the nasopharyngeal airway*. Angle Orthod 1990 Fall 60(3) 167- 76
- Care of nasal airway to prevent orthodontic problems in children" J Indian Med association 2007 Nov; 105 (11):640,642
- Harari D, Redlich M, Miri S, Hamud T, Gross M.. The effect of mouth breathing versus nasal breathing on dentofacial and craniofacial development in orthodontic patients. *Laryngoscope* .2010 Oct;120(10);2089-93
- Yogi Bhajan. *The Living Chronicles of Yogi Bhajan aka the Siri Singh Sahib of Sikh Dharma*. http://www.harisingh.com/LifeAccordingToYogiBhajan.htm (accessed 2nd Sep 2014).
- Mallinson, James. 2007. *The Khecarívidyá of Adinathá*. London: Routledge. pp.17-19
- Wong EM, Ormiston ME, Haselhuhn MP. A face only an investor could love: CEOs' facial structure predicts their firms' financial performance. *Psychological Sciences*. 2011 Dec;22(12):1478-83.
- Okuro RT, Morcillo AM, Sakano E, Schivinski CI, Ribeiro MÂ, Ribeiro JD. Exercise capacity, respiratory mechanics and posture in mouth breathers. Braz *J Otorhinolaryngol*. 2011;Sep-Oct;77(5):656-62
- Okuro RT, Morcillo AM, Ribeiro MÂ, Sakano E, Conti PB, Ribeiro JD. Mouth breathing and forward head posture: effects on respiratory biomechanics and exercise capacity in children. J Bras Pneumol.2011;Jul-Aug;37(4):471-9
- Conti PB, Sakano E, Ribeiro MA, Schivinski CI, Ribeiro JD.. Assessment of the body posture of mouth-breathing children and adolescents. *Journal Pediatrics* (*Rio J*). 2011;Jul-Aug;87(4):471-9
- Jefferson Y: Mouth breathing: adverse effects on facial growth, health, academics and behaviour. General dentist.2010 Jan- Feb; 58 (1): 18-25
- Harvold EP, Tomer BS, Vargervik K, Chierici G.. Primate experiments on oral respiration. *American Journal Orthodontics*.1981 ;79(4):359-72
- Miller AJ, Vargervik K, Chierici G.. Sequential neuromuscular changes in rhesus monkeys during the initial adaptation to oral respiration. *American Journal Orthodontics*. 1982 Feb;81(2):99-107
- Moses A. *Airways and Appliances*. http://www.tmjchicago.com/uploads/airwaysandappliances.pdf (accessed 2nd Sep 2014).
- University of California. *Egil Peter Harvold, Orthodontics: San Francisco*. http://texts.cdlib.org/view?docId=hb0h4n99rb&doc.view=frames&chunk.id=div0002 9&toc.depth=1&toc.id= (accessed 2nd Sep 2014).
- Trabalon M, Schaal B. It Takes a Mouth to Eat and a Nose to Breathe: Abnormal Oral Respiration Affects Neonates' Oral Competence and Systemic Adaptation. *International Journal of Pediatrics*. 2012,;207605:10 pages
- O Hehir T, Francis A. *Mouth versus Nasal Breathing*.

http://www.hygienetown.com/hygienetown/article.aspx?i=297&aid=4026 (accessed 2nd Sep 2014).
· Meridith HV: Growth in head width during the first twelve years of life. Pediatrics 12:411-429, 1953
· Carl Schreiner, MD. Nasal Airway Obstruction In Children and Secondary Dental Deformities. UTMB, Dept. of Otolaryngology, Grand Rounds Presentation.1996

14. **Exercise as if Your Life Depends on It**

· Blair SN, Cheng Y, Holder JS. Is physical activity or physical fitness more important in defining health benefits? Med Sci Sports Exerc. 2001;33:S379–399.
· Crespo CJ, Palmieri MR, Perdomo RP, McGee DL, Smit E, Sempos CT, Lee IM, Sorlie PD. The relationship of physical activity and body weight with all-cause mortality: results from the Puerto Rico Heart Health Program. Ann Epidemiol. 2002;12:543–552
· Oguma Y, Sesso HD, Paffenbarger RS, Jr, Lee IM. Physical activity and all cause mortality in women: a review of the evidence. Br J Sports Med. 2002;36:162–172.
· A most interesting study investigating the relationship between regular physical exercise and cardiovascular health was conducted as far back as 1952 by Scottish epidemiologist Dr Jeremy Morris. Commonly, known as 'the bus conductor study', Dr Morris and colleagues investigated the incidence of heart attacks across 31,000 male transport workers between the ages of 35 and 65 who worked during the years 1949 and 1950.
See: Morris JN, Heady JA, Raffle PAB, et al. Coronary heart disease and physical activity of work. Lancet 1953;265(6795):1053-1057.
· Andrade J, Ignaszewski A. Exercise and the heart: A review of the early studies, in memory of Dr R.S. Paffenbarger. *BCMJ*.December 2007;49, 10, 540 – 546

15. **Appendix : Upper Limits and Safety of Breath Holding**

· The physiology and pathophysiology of human breath-hold diving. Peter Lindholm1 Claes EG Lundgren2. Journal of applied physiology
· The human spleen as an erythrocyte reservoir in diving-related interventions Kurt Espersen, Hans Frandsen1, Torben Lorentzen2, Inge-Lis Kanstrup1,Niels J. Christensen3 Journal of applied physiology
· The physiology and pathophysiology of human breath-hold diving. Peter Lindholm1 Claes EG Lundgren2. Journal of applied physiology
· Lin YC, Lally DA, Moore TA & Hong SK (1974). Physiological and conventional breath-hold break points. J Appl Physiol 37, 291–296.
· Nunn JF (1987). Applied Respiratory Physiology. Butterworth Ltd, London
· Ivancev et al. investigated whether repetitive breath holding blunts the chemoreceptors, resulting in reduced reactivity to carbon dioxide. Blunted chemoreceptors are recognised as a common result of obstructive sleep apnea. Ivancev et al. tested the hypothesis that repeated breath holds, which are an integral part of breath hold diving, blunt cerebrovascular reactivity to hypercapnia. Two groups of seven elite breath hold divers and seven non-divers were involved in the test. The study noted that breath hold divers had a greater tolerance to carbon dioxide, largely the result of lower breathing frequency. The findings of the study were 'that the regulation of the cerebral circulation in response to hypercapnia is intact in elite breath-hold divers, potentially as a protective mechanism against the chronic intermittent cerebral hypoxia and/or hypercapnia that occurs during breath-hold diving'. Therefore, regular breath hold practice does not impair cerebrovascular reactivity to high carbon dioxide pressure.
See: Cerebrovascular reactivity to hypercapnia is unimpaired in breath-hold divers.Ivancev V, Palada I, Valic Z, Obad A, Bakovic D, Dietz NM, Joyner MJ, Dujic Z. J Physiol. 2007 Jul 15;582(Pt 2):723-30. Epub 2007 Apr 5.
· With repeated practice, elite breath hold divers are able to sustain very long breath holds that induce a severe drop in oxygen without causing brain injury or blackouts. A study of the circulatory effects of apnea in elite breath hold divers by Joulia et al. showed that bradycardia and peripheral vasoconstriction were accentuated in breath hold divers compared

with non-divers. In addition, a decrease in oxygen saturation was less and carotid arteries blood flow was greater among the breath hold divers during apnea.

· See: Acta Physiol (Oxf). 2009 Sep;197(1):75-82. Epub 2009 Feb 28. Circulatory effects of apnea in elite breath-hold divers. Joulia F, Lemaitre F, Fontanari P, Mille ML, Barthelemy P.

· Navy Seals. *Preparation*. http://www.navyseals.com/preparation (accessed 20th August 2012).

索引

一至三畫

四畫

五至七畫

吸氣（Inhalation） 47, 52, 55, 60, 73, 78, 85, 86, 88, 91, 93, 100, 101, 104, 107, 121, 124, 127, 139,146, 176, 187, 206, 222, 227, 243, 256, 258, 259, 261, 262, 263, 268, 269, 270, 272, 310,
抑制食欲，抑制胃口（Appetite suppression） 22, 23, 194, 98, 293
抗氧化物（Antioxidants） 47, 209, 210, 211, 212
身體的自動功能（Automatic bodily functions） 178

八畫

乳酸（Lactic acid） 98, 100, 119
乳癌（Breast cancer） 130
呼吸中止（Apnea） 73, 80, 81, 125, 189, 308,
呼吸肌的肌力（Respiratory muscle strength） 49
呼吸系統（Respiratory system） 32, 35, 43, 62, 67, 82, 90, 236, 249, 274
呼吸的「事半功倍」理論（“Less is more” theory of breathing） 100, 213
呼吸量（Breathing volume） 5, 10, 34, 35, 36, 37, 38, 40, 41, 42, 44, 45, 47, 51, 53, 56, 57, 58, 59, 61, 62, 65, 66, 67, 68, 69, 78, 82, 91, 93, 94, 100, 102, 103, 105, 130, 137, 142, 149, 150, 156, 198, 199, 200, 202, 205, 208, 212, 213, 216, 223, 225, 226, 227, 228, 229, 230, 232, 233, 236, 237, 238, 239,240, 241, 247, 259, 260, 269, 270, 271, 272, 273, 274, 299,
呼吸道（Airways） 7, 12, 14, 38, 39, 40, 41, 58, 75, 76, 80, 98, 99, 100, 103, 105, 106, 138, 190,218, 231, 235, 236,237,239, 240,241,253, 298, 299, 300, 303, 304
呼吸練習（Breathing exercises） 5, 6, 19, 23, 32, 48, 50, 54, 59, 60, 61, 62, 63, 78, 80, 83, 107, 138, 141, 157, 177, 187, 194, 196, 227, 229, 230, 235, 236, 238, 239, 242, 244, 252, 255, 261, 262, 271, 274, 275, 276, 278, 279, 282, 286, 288, 289, 293, 294, 296, 316
帕普沃斯呼吸法（Papworth method） 228
放輕呼吸（Light breathing） 46, 83, 91, 92, 175, 177, 196, 205, 206, 229, 231, 233, 238, 259, 272, 278, 292
昆達利尼瑜伽（Kundalini yoga） 301
波耳效應（Bohr Effect） 14, 37, 38, 39, 40, 124, 253
注意廣度（Attention spans） 162
直覺能力（Intuitive intelligence） 164, 175
空氣品質（Quantity of air） 10, 235
肥胖（Obesity） 13, 200
肺泡（Alveoli） 32, 33
肺部（Lungs） 11, 14, 15, 18, 19, 20, 32, 33, 34, 35, 36, 37, 38, 39, 43, 44, 51, 52, 53, 65, 70, 71, 72, 73, 75, 76, 85, 86, 87, 90, 97, 98, 99, 101, 108, 111, 115, 124, 125, 127, 135, 194, 213, 218, 221, 228, 236, 239, 240, 241, 256, 265, 270, 272, 300, 307, 309, 310
金霍恩癌症中心（Kinghorn Cancer Center） 208
長道競速滑冰（Long track speed skating） 118

九畫

十畫

十一畫

十二畫

十三畫

十四畫

碳酸氫鈉（Bicarbonate of soda） 130, 131, 132
精胺酸（L-arginine） 220
裸鼴鼠（Naked mole rat） 213, 214
酸性食物（Acid-forming foods） 68, 198, 199, 200
酸鹼值（pH scale） 35, 39, 42, 90, 124, 127, 130, 131, 198, 199, 253
鼻甲骨（Turbinates） 71
鼻呼吸（Nasal breathing） 4, 24, 52, 60, 63, 64, 66, 67, 68, 70, 71, 72, 73, 76, 77, 78, 79, 80, 81, 82, 86, 89, 96, 98, 99, 100, 101, 102, 103, 104, 105, 106, 107, 108, 129, 136, 137, 141, 146, 148, 149,154, 155, 158, 200, 201, 202, 205, 213, 218, 219, 222, 227, 232, 233, 234, 239, 240, 243, 244, 247, 248, 256, 257, 260, 261, 262, 263, 264, 268, 275, 278, 279, 281, 282, 284, 285, 286, 288, 289, 290, 292, 293, 295, 296, 297, 299, 300, 301, 302, 305, 306, 313, 314, 315
鼻炎（Rhinitis） 77, 314
鼻息肉（Nasal polyps） 76
鼻腔（Nasal cavity） 7, 8, 9, 68, 71, 72, 73, 75, 77, 79, 80, 125, 217, 218, 300
鼻塞（Blocked nose‥Nasal congestion） 7, 12, 18, 21, 54, 63, 65, 66, 77, 78, 79, 142, 238, 239, 248, 258, 284, 296, 299, 302, 314

十五畫

腦內啡（Endorphins） 106
腹式呼吸（Abdominal breathing） 67, 68, 75, 83, 87, 89, 94, 205, 206, 236,266, 270, 271, 282
演化（Evolution） 33, 68, 70, 71, 121, 199, 302
增重（Weight gain） 198, 199
憂鬱症（Depression） 4, 275
模擬高地訓練（Simulated high-altitude training） 15, 16, 25, 49, 61, 64, 94, 120, 126, 138, 143, 145, 151, 154, 155, 198, 200, 201, 241, 255, 261, 262, 263, 265, 282, 283, 284, 285, 286, 287, 288, 290, 293, 308
熱身，暖身（Warm-up） 100, 102, 103, 104, 105, 129, 148, 149, 185, 243, 244, 264, 268, 282, 285, 288

十六畫

運動引起的哮喘（Exercise-induced asthma , EIA） 21, 25, 55, 56, 142, 235, 240
運動表現（Sports performance） 11, 13, 18, 20, 24, 25, 31, 37, 38, 43, 45, 48, 54, 55, 58, 66, 72, 76, 89, 97, 99, 100, 101, 110, 111, 115, 116, 119, 120, 125, 130, 131, 132, 138, 147, 156, 168, 169, 189, 215, 241, 248, 252, 253, 254, 271, 284, 286, 296, 300, 306, 315
違規增血（Blood doping） 110, 111, 113, 125
嘴巴貼膠帶（Mouth taping‥Taping the mouth） 81, 96, 227
潛水員（Divers） 122, 155, 157, 211, 308
橫膈膜（Diaphragm） 19, 67, 75, 85, 86, 87, 88, 89, 91, 104, 127, 147, 152, 205, 219, 227, 266, 267, 268, 269, 270, 271, 272
糖尿病（Diabetes） 4, 78, 195, 246, 258, 261, 275, 307

十七畫

十八畫以上

其他

Eurasian Publishing Group
圓神出版事業機構
用心與你對話・視野無限寬廣
如何出版社
Solutions Publishing

www.booklife.com.tw reader@mail.eurasian.com.tw

Happy Body 172

改變人生的最強呼吸法！連氣喘都能改善，還能順帶瘦身！

作　　者／派屈克・麥基翁（Patrick McKeown）
譯　　者／蔡孟儒
發 行 人／簡志忠
出 版 者／如何出版社有限公司
地　　址／台北市南京東路四段50號6樓之1
電　　話／（02）2579-6600・2579-8800・2570-3939
傳　　真／（02）2579-0338・2577-3220・2570-3636
總 編 輯／陳秋月
主　　編／柳怡如
責任編輯／張雅慧
校　　對／張雅慧・柳怡如
美術編輯／李家宜
行銷企畫／張鳳儀・曾宜婷
印務統籌／劉鳳剛・高榮祥
監　　印／高榮祥
排　　版／陳采淇
經 銷 商／叩應股份有限公司
郵撥帳號／18707239
法律顧問／圓神出版事業機構法律顧問　蕭雄淋律師
印　　刷／祥峰印刷廠
2018年7月　初版
2024年7月　10刷

THE OXYGEN ADVANTAGE: SIMPLE, SCIENTIFICALLY PROVEN BREATHING TECHNIQUES TO HELP YOU BECOME HEALTHIER, SLIMMER, FASTER, AND FITTER by PATRICK MCKEOWN

定價 330 元　ISBN 978-986-136-512-1

不管是業餘或專業運動員在熟習自古流傳的正確吸呼法後，
在體能、肌耐力和運動成績方面，都取得了驚人的進步。
而有慢性過度呼吸和呼吸系統疾病、睡眠品質不佳、
口臭、注意力不集中、體重過重、疲勞不去、精神不振……等人，
只要願意實踐本呼吸計畫，都一定能獲得正面的健康效益。

——《改變人生的最強呼吸法！》

國家圖書館出版品預行編目資料

改變人生的最強呼吸法！連氣喘都能改善，還能順帶瘦身！／派屈克．麥基翁（Patrick McKeown）著；蔡孟儒 譯. -- 初版. -- 臺北市：如何，2018.07
352面；14.8×20.8公分. --（Happy Body：172）
譯自：The oxygen advantage : simple, scientifically proven breathing techniques to help you become healthier, slimmer, faster, and fitter
ISBN 978-986-136-512-1（平裝）

1.塑身 2.減重 3.呼吸法

425.2　　　107007236